U0249386

城市水资源与水环境国家重点实验室优秀成果

生物复合絮凝剂的开发与应用

马 放 高宝玉 胡勇有 周集体 彭先佳 等 著

科学出版社

北 京

内 容 简 介

本书全面阐释生物复合微生物絮凝剂的开发、复配技术、环境安全性及工程应用等。全书共分为 5 章，系统介绍了多元化生物质废弃物高值利用制备生物絮凝剂关键技术、生物复合絮凝剂高效复配/复合关键技术、生物复合絮凝剂环境安全性分析及生物复合絮凝剂规模化生产关键技术和工程应用示范等相关内容，这有助于增进读者对这类新型环境生物功能材料的理解及认识。

本书可作为环境微生物学、环境科学与工程等专业研究生的参考用书，以及高校相关专业教师的教学和科研用书，也可供相关领域科研人员参考。

图书在版编目（CIP）数据

生物复合絮凝剂的开发与应用/马放等著. —北京：科学出版社，2017.3
城市水资源与水环境国家重点实验室优秀成果
ISBN 978-7-03-052338-9

Ⅰ. ①生… Ⅱ. ①马… Ⅲ. ①絮凝剂–研究 Ⅳ. ①TQ047.1

中国版本图书馆 CIP 数据核字(2017)第 051359 号

责任编辑：朱 丽 李丽娇 / 责任校对：何艳萍
责任印制：肖 兴 / 封面设计：王 浩

科 学 出 版 社 出版
北京东黄城根北街 16 号
邮政编码：100717
http://www.sciencep.com
北京盛通印刷股份有限公司 印刷
科学出版社发行 各地新华书店经销

*

2017 年 3 月第 一 版 开本：720×1000 1/16
2017 年 3 月第一次印刷 印张：20 1/4
字数：400 000
定价：128.00 元
(如有印装质量问题，我社负责调换)

《生物复合絮凝剂的开发与应用》编委会

主　编：马　放　高宝玉　胡勇有　周集体　彭先佳

主　审：任南琪

编写人员 （按参与编写单位排列）：

哈尔滨工业大学

李　昂　杨基先　郭海娟　王　立　邱　珊
邢　洁　吴　丹　魏　薇　李立欣　皮姗姗
陈　婷

山东大学

王　燕　岳钦艳　薄晓文　赵艳侠

华南理工大学

于　琪　雷志斌　成　文　黄晓武

大连理工大学

王　竞　张爱丽　吕　红　金若菲　张　玉
项学敏　曲媛媛　张　瑛　乔　森

中国科学院生态环境研究中心

倪　帆

上善若水，天道酬勤

——《城市水资源与水环境国家重点实验室优秀成果》丛书序

　　随着我国城市化进程的加快，尤其是当前我国的社会经济进入快速发展轨道，我国面临着资源需求增加、能耗水平高、水资源缺乏以及水生态环境改善缓慢等问题，城市水环境存在着巨大的、难以预测的风险，严重制约着城市化进程的发展及和谐社会的建设，也严重影响着我国居民用水安全及健康。城市水系统相关理论和保障技术也越来越受到高度重视，是我国经济社会可持续发展的重要方面和保障之一。

　　哈尔滨工业大学环境科学与工程学科和市政学科的发展最早可以追溯到 20世纪 50 年代建立的卫生工程专业，在半个多世纪的发展过程中，该方向一直处于学科发展的前沿，为我国在该领域的发展做出了重要贡献，并为国家培养了大批优秀人才。进入新世纪，我国环境与生态问题面临着前所未有的挑战，经济发展和生态环境保护之间的矛盾与冲突也越来越大，全球环境问题以及由此带来的一些经济摩擦也对我国环境生态保护及经济发展提出了新的要求，传统的污染治理模式亟需改革与突破，以适应循环经济、低碳、可持续发展等国际化发展主题。在周定、李圭白、王宝贞、张杰等老一代专家的指导下，在新一代中青年学者共同努力下，近十年来哈尔滨工业大学相关学科发展迅速，科学研究水平取得了重要进展。于 2007 年开始建设的城市水资源与水环境国家重点实验室正是在这一背景下发展起来的一个新的重要的国家级研究平台。

　　本实验室紧密结合国家战略需求和经济社会发展需要，围绕城市水系统中的关键科学与技术问题，以"格物穷理，知行合一，海纳百川"的实验室文化为基础，在应用基础理论研究方面取得了一批重要研究成果，为我国污染控制与节能减排做出了重要贡献。为总结实验室在过去十几年取得的研究成果，实验室整理出版了这套《城市水资源与水环境国家重点实验室优秀成果》丛书，丛书从多尺度阐述了可持续发展的城市水资源与水环境理论与技术。丛书汇集了城市水资源与水环境国家重点实验室在城市水生态安全、城市水水质保障、城市水健康循环、多元生物质能源化与资源化、城市水环境系统节能及优化理论与技术等方面的研究成果。丛书系统总结了实验室人员在环境化学、环境生物学等理论方面的一些重要研究进展和新的发现，以及实验室研究人员在水与废水处理及保障技术方面的成果、工程实践，还涵盖了实验室近年来在新兴污染物检测与去除、环境风险评价与预警等方面的研究进展与实用技术。

本套丛书在策划和出版过程中，得到了实验室许多前辈的指导和帮助，以及实验室成员的大力支持，也得到了科学出版社等出版机构的大力支持，在此一并表示感谢。

"半世纪风雨兼程，六十载春花秋实"。本套丛书的出版，既是对以往实验室成果的总结，也是对未来实验室发展的鞭策。实验室将秉承"以人为本，自主创新，重点跨越，引领未来"的方针，继续为我国城市水系统可持续发展做出应有的贡献。

2011 年 10 月

序

随着世界人口剧增和工业高速发展，全球用水量急剧增长，而城市污水、工业污水的大量排放给工农业生产、生态环境和人类健康带来严重的影响。因此，水处理技术的发展成为社会经济可持续发展的必要组成，而水处理技术的生物方法推动了环境科学和污染治理技术的发展，这其中以环境生物菌剂的应用最为广泛。

为满足可持续发展的基本要求，根据水处理化学药剂的安全标准，研发绿色高效、环境友好型的生物絮凝剂产品迫在眉睫，其可生物降解性及无毒无害的本质特点，能有效避免二次污染，有利于降低污水后续处理压力及成本，对工业生产、人类健康和环境保护都有很重要的现实意义，是顺应时代环保需求、构建和谐社会、共创美丽中国的大势所趋。2009 年，科技部专门设立了国家高技术研究发展计划（"863"计划）子课题"生物复合絮凝剂的制备和应用关键技术与工程示范"来推动我国微生物絮凝剂的研究与应用。而近年来出台的《"十一五"生物技术发展规划》和《"十二五"生物技术发展规划》都强调重点发展高性能的水处理絮凝剂、混凝剂等生物技术产品，这就为生物絮凝剂的产业化生产及工业化应用提供了重要的机遇。

我国生物絮凝剂的研究起始于 20 世纪 90 年代，在生物絮凝剂开发、应用等方面取得了巨大进展。絮凝剂总的发展趋势是由低分子向高分子，由单一向复合。努力寻求一种廉价实用、环保、无毒高效型的絮凝剂是当今该领域研究者的主要任务之一。哈尔滨工业大学马放教授团队、华南理工大学胡勇有教授团队、山东大学高宝玉教授团队、大连理工大学周集体教授团队及中国科学院生态环境研究中心彭先佳团队在此方面做了大量的工作。

在多元化生物质废弃物高值利用制备生物絮凝剂的基础上，以生物絮凝剂为主体，制备出多功能生物复合型絮凝剂，开发出廉价、高效的生物复合絮凝剂，实现优势互补，提高了污水和废水中絮凝处理的效果。在此基础上，提出了生物复合絮凝剂的规模化生产和评价综合体系，进一步推动了生物复合絮凝剂的产业化生产。

该书凝结了多个生物絮凝剂研究团队多年来的研究成果，详细介绍了以多元化废弃物为基本原料的生物絮凝剂制备、生物复合絮凝剂高效复配/复合、生物复合絮凝剂规模化生产等关键技术,对于生物复合絮凝剂的研发、生产及应用做了详细的论述。很高兴见证生物复合絮凝剂研究成果的出版,相信其必为生物絮凝剂的产业化生产做出巨大贡献,必会对推动生物絮凝剂的工业化应用提供重要依据。

2016 年 12 月

前　言

随着水资源危机和水环境污染的日趋严重，污水处理对污水处理制剂的需求与日俱增，从而掀起了开发绿色环保的新型水处理制剂的热潮。生物絮凝剂是由微生物天然产生的多糖、蛋白质或脂类等无毒无害的生物大分子，具有可生物降解、无二次污染、高效无毒、易于发酵、广泛适用等优势，具有巨大的应用价值及市场潜力。哈尔滨工业大学马放教授团队、华南理工大学胡勇有教授团队、山东大学高宝玉教授团队、大连理工大学周集体教授团队及中国科学院生态环境研究中心彭先佳团队长期致力于生物絮凝剂的相关研究，开发以生物絮凝剂及生物复合絮凝剂为主的绿色净水剂，取得了一系列具有自主知识产权的特色研究成果，并达到国际先进水平。在总结各团队前期研究成果的基础上，完成了本书的撰写，旨在对生物复合絮凝剂这一新型绿色净水剂的制备、原理、应用及发展进行详尽、清晰地阐述，为我国在该领域的研究发展总结出一套创新思路。

《生物复合絮凝剂的开发与应用》阐述了生物复合絮凝剂的特性、制备、生产及应用方面的相关技术，内容以生物絮凝剂为研究对象，从多元化废弃物为基本原料的生物絮凝剂制备到生物絮凝剂与常规絮凝剂复配/复合，开发出天然无毒害、生产成本低的新型生物菌剂，在此基础上完成了生物复合絮凝剂环境安全、保质措施、规模化生产及工程应用的研究，并实现了生物复合絮凝剂的产业化与应用。本书共分为 5 章，第 1 章为总论部分，作为起点范畴篇，分析了生物絮凝剂存在的问题，以及该瓶颈如何激发生物絮凝剂的产生与发展；第 2 章论述了多元化生物质废弃物高值利用制备生物絮凝剂关键技术，开发出以多元化废弃物为基本原料的生物絮凝剂制备关键技术，包括利用复杂基质产絮微生物的选育方法，微生物种质资源库构建，确定多元混合原料预处理技术；第 3 章论述了生物复合絮凝剂高效复配/复合关键技术，以生物絮凝剂为主体，制备出多功能生物复合型絮凝剂；第 4 章介绍了生物复合絮凝剂环境安全性分析，介绍了水质特点、絮凝条件、净化效果与生物复合絮凝剂种类相对应的数据库，论述了生物复合絮凝剂存储、运输等环节的保质技术措施和生物复合絮凝剂的安全应用模式等；第 5 章论述了生物复合絮凝剂规模化生产关键技术及工程应用示范，论述典型产品的规模化生产线，集质量标准、效能评价及安全性评价为一体的综合技术体系的建立。

　　本书由马放教授和李昂博士共同统稿，参加本书编写的人员有哈尔滨工业大学马放、李昂、杨基先、郭海娟、王立、邱珊、邢洁、吴丹、魏薇、李立欣、皮姗姗、陈婷，山东大学高宝玉、王燕、岳钦艳、薄晓文、赵艳侠，华南理工大学胡勇有、于琪、雷志斌、成文、黄晓武，大连理工大学王竞、周集体、张爱丽、吕红、金若菲、张玉、项学敏、曲媛媛、张瑛、乔森，中国科学院生态环境研究中心彭先佳、倪帆。

　　谨以此书献给已故中国科学院生态环境研究中心栾兆坤研究员，感谢栾老师在项目实施及本书撰写过程中所做的贡献。

　　本书的编写一直得到任南琪院士的关怀，任南琪院士在百忙之中为本书欣然作序并担任本书的主审，在此，作者及全体编写者表示衷心感谢！

　　本书的编写和出版得到了城市水资源与水环境国家重点实验室、国家高技术研究发展计划（"863"计划)(No. 2009AA062906) 及国家自然科学基金委面上项目（No. 51578179) 的资助，同时感谢城市水资源与水环境国家重点实验室2015年自主课题（2015 DX06）资助，在此深表谢忱！

　　本书在编写过程中参考了大量的教材、专著及国内外相关资料，在此对这些著作的作者表示感谢。

　　由于生物复合絮凝剂的研究日新月异，且编著者水平有限，书中疏漏和不妥之处在所难免，敬请广大读者批评指正。

著　者

2016 年 7 月

目　　录

第1章 总 论

水资源是人类生产和生活中不可缺少的自然资源，也是生物赖以生存的环境资源，随着水资源危机的加剧和水环境质量不断恶化，水资源短缺已成为当今世界备受关注的环境问题之一。

随着人民生活水平的提高，用水量日益增加，世界性的水资源危机日益加重。我国水资源匮乏，目前已有 300 多个大中城市缺水，其中 1/3 的城市严重缺水，工业用水占城市用水的 70%～80%以上，加之严重的环境污染，我国估计每年缺水 300 亿吨（雷川华和吴运卿，2007）。这将严重影响人民的日常生活和国民经济的发展。因此，治理污水，提高水的重复利用率，保护水资源迫在眉睫。

当今环保产业领域中，污水的处理方法有生化法、离子交换法、吸附法、化学氧化法、电渗析法、絮凝沉淀法等，其中絮凝技术是目前国内外普遍采用的经济简便的水处理方法，它广泛地应用于水污染控制、水体富营养化、节水回用净化工程技术、城镇用水及工业废水、食品和发酵工艺、制药工程、化工冶金及矿选工程等水处理领域（李桂娇等，2003）。絮凝技术的特点是基建投资少、处理时间短，尤其适合一些中小型企业的污水处理。目前絮凝法已在水处理中占有重要地位，其核心技术为絮凝剂的选择与使用。絮凝剂（flocculent 或 flocculating agent）是指能够将水溶液中的溶解物、胶体或者悬浮物颗粒凝聚产生絮状物沉淀的物质。随着科学技术的发展，絮凝剂由单一向多样化转变，成为市场上消耗量最大的水处理药剂，根据化学成分不同，主要分为无机絮凝剂、有机絮凝剂、生物絮凝剂和复合絮凝剂四大类，常用的絮凝剂及其分类如表 1-1 所示。

表 1-1 常用絮凝剂分类及典型代表物（李雨虹等，2014）

分类	类型	典型代表物
无机絮凝剂	无机低分子型	明矾（KA），硫酸铝（AS），硫酸铝（FS），三氯化铁（FC），活化硅酸（AS）
	无机高分子阴离子型	聚合氯化铝（PAC），聚合氯化铁（PFC），聚合硫酸铝（PAS），聚合硫酸铁（PFS），聚合磷酸铝（PAP），聚合磷酸铁（PFP）
	无机高分子阳离子型	聚合磷酸（PSi），聚合硅酸（PS）
	无机高分子阴离子复合型	聚合氯化铝铁（PAFC），聚合硫酸铝铁（PAFS），聚合磷氯化铁（PPFC），聚硫氯化铝（PACS）
	无机高分子阳离子复合型	聚合硅酸硫酸铁铝（PFASSi），聚合硅酸氯化铝（PACSi），聚合硅酸硫酸铝（PASSi），聚合硅酸氯化铁（PFCSi），聚合硅酸硫酸铁（PFSSi）

续表

分类	类型	典型代表物
有机高分子絮凝剂	人工合成有机高分子型	聚丙烯酰胺（PAM），水解聚丙烯酰胺，聚氧乙烯，乙烯吡啶共聚物
	天然有机高分子型	甲壳素，木质素，腐殖酸，动物胶
	天然改性有机高分子型	淀粉衍生物，甲壳素衍生物，木质素衍生物
生物絮凝剂	微生物絮凝剂	NOC-1，黄原胶
	复合型生物絮凝剂	HITM02
	其他生物质絮凝剂	甲壳素，木质素，腐殖酸，动物胶
	改性生物质絮凝剂	淀粉衍生物，甲壳素衍生物，木质素衍生物
复合高分子絮凝剂	无机与无机复合高分子絮凝剂	同无机高分子阴离子和阳离子复合型
	无机与有机复合高分子絮凝剂	聚硅酸铝锌（PSAZ），聚合铝聚丙烯酰胺，聚合铁甲壳素等
	微生物无机复合絮凝剂	微生物絮凝剂与其他絮凝剂的配合使用，如微生物絮凝剂与硫酸铝、水合氧化铁溶胶的复配；或者微生物与微生物絮凝剂的复配使用
助凝剂	天然矿物类	膨润土，硅藻土，沸石
	改性矿物类	改性膨润土，改性硅藻土，改性粉煤灰，矿化垃圾
	人工合成矿物类	人工合成沸石，活性炭
	其他	CaO，$Ca(OH)_2$，Na_2CO_3，$NaHCO_3$

1.1 国内外常规絮凝剂的研究现状

1.1.1 无机絮凝剂的研究及发展

无机絮凝剂也称凝聚剂，应用历史悠久，因其良好的絮凝效果和低廉的价格优势，广泛用于饮用水和工业水的净化处理。无机絮凝剂按金属盐种类可分为铝盐系和铁盐系两类；按阴离子成分又可分为盐酸系和硫酸系；按相对分子质量则可分为低分子体系和高分子体系两大类。无机絮凝剂主要应用在印染、造纸、饮用水处理等几个方面，在水处理中仍占有较大的市场（崔子文和郝红英，1999）。

1. 无机低分子絮凝剂

无机低分子絮凝剂是一类低分子的无机盐，是最传统的絮凝剂，主要包括硫酸铝、明矾、硫酸铝铵、氯化铁、硫酸铁和硫酸亚铁水合物等。该类絮凝剂的絮凝作用机理为无机盐溶解于水中，电离后形成阴离子和金属阳离子。由于胶体颗粒表面带有负电荷，在静电的作用下金属阳离子进入胶体颗粒的表面中和一部分负电荷而使胶体颗粒的扩散层被压缩，使胶体颗粒的 ζ 电位降低，在范德华力的作用下形成松散的大胶体颗粒沉降下来。虽然无机低分子絮凝剂使用历史悠久，但由于其较低的相对分子质量导致在使用过程中投入量较大，产生的污泥量很大，絮体较松散，含水率很高，污泥脱水困难。20 世纪 60 年代后期逐渐被迅速发展起来的无机高分子絮凝剂所取代，退出了历史舞台。

2. 无机高分子絮凝剂

无机高分子絮凝剂是 20 世纪 60 年代在传统的铁盐、铝盐等无机低分子絮凝剂基础上发展起来的一种水处理药剂，主要产品包括聚合氯化铝（PAC）、聚合氯化铁（PFC）、聚合硫酸铝（PAS）、聚合硫酸铁（PFS）、聚合磷酸铝（PAP）、聚合磷酸铁（PFP）、活化硅酸（AS）和聚合硅酸（PS）等，其中聚合氯化铝和聚合硫酸铁较为常用。

国外对于无机高分子絮凝剂的絮凝机理及应用研究起步很早，迄今在美国、日本、俄罗斯和西欧国家等的生产已达到工业化和规模化。2011 年，高宝玉等研究了具产业化前景的基于聚氯化铝的复合絮凝剂的制备工艺及其作用机理，认为此类絮凝剂絮凝效率高，应用面广（Bo et al.，2011）；Subbiah 等（2000）对于不同絮凝剂产品去除工业污水中锌的效果进行评价，采用复配的絮凝剂具有较好的去除效率。

我国无机高分子絮凝剂研制始于 20 世纪 70 年代，在絮凝剂市场上，无机高分子絮凝剂的用量则占八成以上。近年来我国在无机高分子絮凝剂的絮凝理论、技术及其现代产业化工艺等方面取得了重要的创新成果，研制开发出拥有我国自主知识产权的高纯纳米型聚合氯化铝，稳定性聚合氯化铁等无机高分子絮凝剂，从原料配比、聚合反应、熟化以至固化的全部工艺流程中均有独特技术。技术居国内外领先地位并实现了现代规模化生产，不仅极大地推动了我国无机高分子絮凝剂及相关絮凝技术的发展与进步，实现了我国无机高分子絮凝剂现代产业技术的跨越式发展，并且基本满足了我国饮用水净化处理、水污染治理和水回用等水处理工程的需求。我国无机高分子絮凝剂目前有以下发展趋势：①向高分子聚合铝、聚合铁的方向发展；②聚合铝（铁）的主要形态向高电荷多核络合物的方向发展；③对聚合铝铁、聚铝（铁）硅酸盐絮凝剂的开发；④以矿物、矿渣废料为原料开发复合絮凝剂。

近年来，人们开始对无机高分子絮凝剂，尤其是聚合氯化铝絮凝剂的聚合形态及机理进行了大量的研究，发现无论在形态结构特征、絮凝机理，还是絮凝效能等诸多方面都与传统铝盐絮凝剂存在本质的区别。大量絮凝科学研究及应用实践表明，无机高分子絮凝剂的高效除浊功能就在于铝/铁盐水解聚合可生成巨大的多羟基络合离子，能够中和、吸附或凝聚胶体微粒及悬浮物表面的电荷，降低 ζ 电位，吸附胶体微粒，同时也使胶体粒子之间发生互相吸引，通过黏附、桥联及卷扫絮凝作用，伴随各种物理和化学变化，促进胶体凝聚形成絮凝沉淀，破坏胶团稳定性，促进胶体微粒碰撞，从而促使水中胶体快速凝聚沉降。聚合物既有吸附脱稳作用，又可发挥黏附作用，因此无机高分子絮凝剂的絮凝效能是无机低分子絮凝剂的 2～3 倍。聚合氯化铝絮凝剂中的纳米型 Al13 聚合阳离子被一致认为是最佳凝聚絮凝羟基聚合形态，其含量多少直接反映了絮凝剂制品的絮凝效能，因而制备高纯纳米型（高含量 Al13）聚合氯化铝絮凝剂就成为聚合氯化铝絮凝剂生产工艺和过程所追求的目标。但与有机高分子絮凝剂相比，无机高分子絮凝剂存在着处理后残余离子浓度大、影响水质、二次污染等问题（佟瑞利等，2007）。

3. 无机高分子复合絮凝剂

随着我国水污染程度的加剧和水治理力度的加大，为了进一步提高污染物去除效能，扩展应用范围，无机复合型高分子絮凝剂研制曾一度成为 20 世纪 90 年代国内研究的热点，相继研制开发了各种无机高分子复合型絮凝剂，如氧化型聚合（氯化）硫酸铁、聚硅酸铝（铁）、聚磷酸铝（铁）等。无论哪种复合絮凝剂，基本都是在聚合氯化铝、聚合硫酸铁等无机高分子絮凝剂的基础上进行改性复合。改性复合的根本目的是通过引入高电荷离子提高电中和能力/吸附凝聚能力，或引入羟基、磷酸根等增强配位络合架桥能力，起到协同絮凝增效作用，提高净化处理效能。因此，除高效絮凝性能外，兼有杀菌、脱色、缓蚀等多种功能的无机复合型高分子絮凝剂将是今后无机复合型高分子絮凝剂的发展方向（郑怀礼和刘克万，2004）。

1.1.2　有机絮凝剂的研究及发展

有机高分子絮凝剂是 20 世纪 60 年代开始使用的第 2 代絮凝剂，近年来已经得到迅速发展。有机高分子絮凝剂由于分子上的链节与水中胶体微粒有极强的吸附作用，絮凝架桥能力较强，因此絮凝效果优异。即使是阴离子型聚合物，对负电胶体也有较强的吸附作用，有机高分子絮凝剂分子可带—COO—、—NH—、SO_3^-、—OH 等亲水基团，并具有链状、环状等多种结构，有利于污染物进入絮体，脱色性能好。与无机高分子絮凝剂相比，有机高分子絮凝剂具有用量少，絮凝速度快，受共存盐类、污水、pH 及温度影响小，生成污泥量少等独特的优点（苗庆显等，2006）。在发达国家有机高分子絮凝剂已得到迅速发展，从一般的应用于工业废水处理发展到生活饮用水的处理。有机高分子絮凝剂可分为天然有机高分子絮凝剂、天然改性有机高分子絮凝剂和人工合成高分子絮凝剂三大类。

1. 天然有机高分子絮凝剂

天然高分子絮凝剂主要包括淀粉、纤维素、含胶植物、多糖类和蛋白质等衍生物。由于天然高分子絮凝剂相对分子质量较低，电荷密度较小，易受酶的作用而降解，稳定性差，储存期短，多为阴离子型，絮凝效能低，因此越来越被不断降低成本的人工合成有机高分子絮凝剂所取代（肖锦和周勤，2005）。

2. 天然改性有机高分子絮凝剂

天然改性有机高分子絮凝剂通常是用一些天然物经过改性后制成，使其活性基团大大增加，聚合物呈枝化结构，分散了絮凝基团，对悬浮体系中颗粒物有更强的捕捉与促沉作用。可以用作絮凝剂的天然有机物有淀粉、木质素、甲壳素、纤维素、含胶植物、多糖类和蛋白质等类别的衍生物，目前产量约占高分子絮凝剂总量的 20%。根据原料来源不同分为淀粉衍生物絮凝剂、纤维素衍生物絮凝剂和甲壳素衍生物絮凝剂。经改性后的天然高分子絮凝剂与合成的有机高分子絮凝剂相比，具有原料来源广泛、价格低廉、无毒无二次污染、易于生物降解、相对分子质量分布广等特点，对废水具有很好的处理效果，受到了国内外众多研究工作者的重视和关注（姜红波，2010）。

在天然改性有机高分子絮凝剂中，淀粉改性絮凝剂的研究开发尤为引人注目。我国天然淀粉资源十分丰富，如土豆、玉米、木薯、菱角、小麦等均具有含量较高的淀粉。据统计，自然界中含淀粉的天然碳水化合物年产量达 5000 亿吨，是人类可以取用的最丰富的有机资源。淀粉及其衍生物是一种多功能的天然高分子化合物，具有无毒、可生物降解等优点。淀粉分子是一种六元环状天然高分子，带有很多羟基，通过这些羟基的醚化、氧化、酯化、交联、接枝共聚等化学改性，其活性基团大大增加，聚合物呈枝化结构，分散了絮凝基团，因而对悬浮体系中颗粒物有更强的捕捉与促沉作用（赵艳和李风亭，2005）。淀粉基絮凝剂主要有以下 4 种：阳离子型淀粉基絮凝剂、阴离子型淀粉基絮凝剂、非离子型淀粉基絮凝剂和两性淀粉基絮凝剂。改性淀粉絮凝剂性质比较稳定，能够进行生物降解，不会对环境造成二次污染，从而可以减轻污水后续处理的压力。淀粉能与乙烯类单体如丙烯腈、丙烯酸、丙烯酰胺等起接枝共聚反应生成共聚物，可用作絮凝剂、增稠剂、黏合剂、造纸助留剂等。因此，以淀粉为原料的絮凝剂应用前景十分广阔。

3. 人工合成有机高分子絮凝剂

人工合成的有机高分子絮凝剂始于 20 世纪 50 年代，主要包括聚丙烯酰胺（PAM）及其衍生物、聚乙烯亚胺、聚乙烯嘧啶、聚丙烯酸钠等。有机高分子絮凝剂的相对分子质量可从几十万到几千万不等，有线性或环状等多种分子链结构并携带数量不等的—COO—、—NH—、SO_3^-、—OH 等活性官能基团。依据其分子链所含有不同的活性官能团离解带电情况又分为阳离子型、阴离子型、非离子型 3 大类。

在合成有机高分子絮凝剂中，主要研究集中在聚丙烯酰胺、烷基烯丙基卤化铵、环氧氯丙烷与胺反应物三大类，并取得巨大成果。其中聚丙烯酰胺（PAM）相对分子质量高，多在 150 万～800 万，絮凝架桥能力强，对悬浮于水介质中的粒子产生吸附，使粒子之间产生交联，从而使其絮凝沉降。该系列有机高分子絮凝剂具有用量小、污泥量少、絮体易分离、除油及脱水性能好等优点，充分显示出在水处理中的优越性，对给水处理中的高余浊水、低余浊水和废水处理等都有显著的效果，广泛应用于饮用水、工业用水和工业废水的处理，成为目前最重要的和使用较多的一种高分子絮凝剂，在美国、欧洲、日本等市场占有率达 80%以上。烷基二烯丙基氯化铵中具有代表性的是二甲基二烯丙基氯化铵的均聚物，王萍等（1993）采用聚二甲基二烯丙基氯化铵来处理印染废水，处理效果比较明显。聚二甲基二烯丙基氯化铵作为絮凝剂，在国内应用不多，但在国外应用极为广泛，几乎涉及工业废水、生活污水及饮用水的各个方面。环氧氯丙烷与胺反应物的优点是能在含氯分散相的水分散体中使用而不与氯化物起作用，它多应用于油污泥水和印染废水中。

1.1.3 常规絮凝剂存在的问题

不同絮凝剂产品由于其不同的絮凝机制而具有不同的作用效果和使用范围，随着环保意识的不断增强，部分对环境有害的传统絮凝剂产品将逐渐边缘化，可降解无二次污染的新型产品无疑将成为絮凝剂市场的主角。目前常用絮凝剂虽然都有各自的优势及适用范围，但仍存在着不容忽视的缺陷。

1. 无机絮凝剂存在的问题

无机絮凝剂虽然在絮凝能力和经济性能方面有许多优点，但其在形态、聚合度和相应的凝聚、絮凝效果等方面介于传统的金属盐絮凝剂与有机絮凝剂之间，且相对分子质量、粒度及絮凝架桥能力仍比有机絮凝剂差，还存在不稳定、易水解等问题（张本兰，1996）。

首先是使用效果问题。无机絮凝剂虽然很早在造纸废水及净化污水等过程中就得到很好的应用，但不同药剂仍有不同弱点。硫酸铝在低水温时水解困难，形成的絮体较松散。三氯化铁处理后的水色度比较高，且其晶体物或受潮的无水物腐蚀性极大，调制和加药设备必须考虑耐腐蚀材料。硫酸亚铁离解出的 Fe^{2+} 只能生成最简单的单核络合物，不如三价铁盐混凝效果好。在使用硫酸亚铁时应将二价铁先氧化为三价铁，然后再起混凝作用。因此随着无机高分子絮凝剂的出现，无机低分子絮凝剂逐渐被取代。

其次是对人类健康造成巨大危害。无机絮凝剂在使用过程中易给被处理液带入大量无机离子,增加了脱盐工序,过量的无机离子不仅影响产品的风味、口感,也不利于人的健康。有关研究表明,铝系絮凝剂的频繁使用,导致饮用水中含有过量的铝离子。摄入过多铝离子的人群中,老年性痴呆症的患者比例较高。随着全球性人口老龄化的出现和加剧,人们对铝系絮凝剂的使用安全性提出了质疑。水中铁化合物的浓度达到 0.1~0.3 mg/L 时,会影响水的色、嗅、味等感官性状,降低地表水和地下水的水质;含铁、铝的废渣进入土壤并达到一定浓度时,会影响粮食的品质,进而通过食物链危害人类健康。

2. 有机絮凝剂存在的问题

有机絮凝剂价格昂贵,使用时投加量较大,且受反应条件影响较大。在安全性方面,完全聚合化的聚丙烯酰胺类絮凝剂不存在问题,本身并没有任何毒性,但其作为人工合成的聚合物分子能抵抗生物降解,在环境中积累造成二次污染。更令人担忧的是其聚合单体丙烯酰胺,不仅具有强烈的神经毒性,而且是强致癌物质,现在许多国家和领域已禁止或限量使用此类絮凝剂,如美国批准使用的聚丙烯酰胺 Separum Nplo 最大容许浓度为 1 mg/mL;英国规定聚丙烯酰胺的投加量平均不得超过 0.5 mg/mL,最大投加量不得超过 1 mg/mL(杨翠香和陈婉蓉,1998)。天然有机高分子絮凝剂虽然具有原料资源丰富、产品高效、价廉、无毒等优点,越来越引起人们的广泛重视,但其较弱的稳定性限制了其广泛应用,可以通过改性改善稳定性,但还远远不能满足人们的实际需要,而且缺乏实际生产的配套设备及工艺,还需加大研究力度。

综上所述,絮凝剂在水处理中具有重要地位,随着工业的发展,污水量的增加,絮凝剂的需求量也与日俱增。尽管目前大量使用的无机、有机絮凝剂在一定程度上能够满足工业要求,但因价格较贵或用量大,企业难以承受。从环境保护和可持续发展的要求出发,全球范围内节水意识的增强及化学药品的安全性对水处理剂提出了新的要求,绿色化无疑是 21 世纪水处理剂发展的趋势。开发一种安全无毒、絮凝活性高、无二次污染的新型絮凝剂对物质产品的生产工艺改进、人类健康和环境保护都有很重要的现实意义,是大势所趋。因此,人们寄予厚望的生物絮凝剂因其环境友好和易降解的优势已经成为研究热点。

1.2 国内外生物絮凝剂的研究现状

生物絮凝剂(bioflocculant,简称 BF)是一类由生物产生的,主要是通过微生物发酵而得的,可使液体中不易降解的固体悬浮颗粒、菌体细胞及胶体粒子等凝聚、沉淀的特殊高分子物质,利用生物技术,经过微生物发酵、代谢产物分离、提取得到的新型絮凝剂，具有生物降解性和安全性。它是一种新型、高效、无毒、无二次污染的水处理剂，对人类的健康和环境保护都具有很重要的现实意义。生物絮凝剂是典型的绿色水处理剂，它适应当代可持续发展的要求，代表了絮凝剂研发的重要方向。

1.2.1 生物絮凝剂的发展简史

微生物的絮凝现象最早出现于酿造工业中，法国 Louis Pasteur 于 1876 年发现了发酵后期的酵母菌 Levure casseeuse 具有絮凝能力。1879 年，Bordet 在细菌培养中也观察到从血液中分离出的抗体可以凝集细菌细胞。在水处理和环境保护领域中，最早发现的具有分泌絮凝剂能力的微生物，即絮凝剂产生菌，是 Butterfield 于 1935 年从活性污泥中筛选得到的。20 世纪 50 年代，日本学者就发现了能产生絮凝作用的细菌培养液。70 年代时，美国学者通过对活性污泥菌胶团的详细研究，发现约占污泥量 2% 的微生物相生枝动胶菌（*Zoogloea ramigera*）有着良好的絮凝活性，其在生长过程中能产生出聚合纤维素纤丝，且存在荚膜。同一时期，在研究酞酸酯生物降解的过程中，日本学者发现了具有絮凝作用的微生物培养液（Salehizadeh et al.，2001）。从此，人们展开了对生物絮凝剂及其产生菌的研究（Kurane et al.，1992；Salehizadeh et al.，2000）。到 1976 年，Nakamura 等（1976）的工作才真正掀起了生物絮凝剂研究的热潮。他们从分离和纯化的 214 种菌株中，筛选出 19 种具有絮凝能力的微生物，包括霉菌 8 种、酵母菌 1 种、细菌 5 种、放线菌 5 种，并证实了活性污泥具有很好的沉降性能与这些絮凝性微生物分泌的胞外物有直接关系。

20 世纪 80 年代以后，生物絮凝剂的研究工作进入了全面启动阶段，并取得了一些著名的研究成果，代表性人物有 Nakamura、Takagi 和 Kurane 等。1985 年，Takagi 等（1985）研究出了 PF101 生物絮凝剂，相对分子质量约为 30 万，主要成分是半乳糖胺。它对枯草杆菌、大肠杆菌、啤酒酵母等均有良好的絮凝效果。1986 年，Kurane 等（1986）采用从自然界分离出的红平红球菌 *Rhodococcus erythropolis* S-1，制成蛋白质类絮凝剂 NOC-1。NOC-1 具有强而广泛的絮凝活性，且应用范围广、生产成本相对较低，是目前发现的絮凝效果最好的生物絮凝剂。Toeda（1991）从土壤中分离出一株革兰氏阴性菌——产碱杆菌 *Alcaligene cupidus* KT201。1997 年，Suh 等首次发现杆状细菌也能产生絮凝，并由此分离出 DP-152 絮凝剂。1999 年，Watanabe 等发现海洋光合细菌 *Rhodovulum* sp. PS88 的胞外聚合物具有絮凝性能。2001 年，Shih 等再次发现了一株杆状细菌 CCRCl2826 可产絮凝剂，并指出该絮凝剂的相对分子质量达 2×10^{6}，最适环境为中性。2003 年新加坡国立大学的 Deng 等从土壤中分离出一株黏质杆状细菌，研究了该菌产生的

MBF A9 的组成特性,把它用于处理淀粉废水可使 SS 和 COD 分别降低 85.5%和 68.5%。

到目前为止,已发现的具有絮凝活性的微生物种类有霉菌、酵母菌、细菌、放线菌和藻类等,其产生的生物絮凝剂类型很多。其中报道较多的主要有酱油曲霉(*Aspergillus sojae*)产生的 AJ7002 絮凝剂、红平红球菌 S-1(*Rhodococcus erythvopolis* S-1)产生的生物絮凝剂 NOC-1、拟青霉菌 I-1(*Paecilomyces* sp. I-1)产生的生物絮凝剂 PF101 等。NOC-1 是目前最好的生物絮凝剂,也是研究最为深入的絮凝剂。研究表明,它对猪尿和粪便有很好的处理效果,在日本已被用于畜产品废水的处理(周群英和高廷耀,2000)。

我国生物絮凝剂研究起步相对较晚,开发研制的生物絮凝剂数量和种类相对较少。20 世纪 90 年代起,国内有关的报道日渐增多,我国已筛选分离出一些絮凝剂产生菌,有的还进行了培养基、生物絮凝剂的制备和应用方面的研究。山东大学王镇和王孔星(1995)从土壤和活性污泥中筛选出 4 株活性较高的生物絮凝剂产生菌株,得到絮凝剂 MF3、MF6、MF8、HF24,其对多种废水均有较好的絮凝效果。1996 年,中国科学院成都生物研究所张本兰从活性污泥中分离得到的 *P. alcaligenes* 8724 菌株产生的絮凝剂。1997 年,江苏微生物研究所陆茂林等从土壤和活性污泥中筛选得到 3 株高效絮凝剂产生菌,并且对邻苯二甲酸二丁酯和苯二甲酸二异辛酯有良好的处理能力。南开大学的庄源益等(1997)从土壤中筛选到代号为 NAT 型的生物絮凝剂。东北大学邓述波等(2001)从土壤中分离筛选得到硅酸盐芽孢杆菌新变种产生的絮凝剂 MBFA9。1999 年,上海大学的黄民生等(2000)从活性污泥中分离出 Q3-2 菌株,其产生的絮凝剂有良好的净化效果,最高的絮凝率可达 99.5%。2002 年,无锡轻工大学何宁等从土壤中分离出一株诺卡氏菌(CCTCC M201005),并从中提取到一种生物絮凝剂 REA-11,是一种以半乳糖醛酸为主要结构单元的酸性蛋白聚糖。1997 年,华南理工大学的胡勇有等从活性污泥中筛选高效生物絮凝剂产生菌,并通过超化学诱变得到 6 株霉菌属高絮凝活性的絮凝剂产生菌,包括 HHE-A8 曲霉属烟曲霉(*Aspergillus fumigatus*),HHE-A26 曲霉属杂色曲霉(*Aspergillus versicolor*)、HHE-P7、HHE-P24、HHE6 青霉属产紫青霉(*Penicillium purpurogenum*),HHE-P21 青霉属圆弧青霉(*Penicillium cyclopium*),并开展了廉价培养的探索研究,它们对建材废水、餐厅废水、市政废水、淀粉废水的絮凝率都在 90%以上,同时还在微生物絮凝强化好氧、厌氧污泥颗粒化及生物吸附染料及重金属方面取得了系列成果(胡勇有和高宝玉,2006)。大连理工大学周集体等(2003)发现假单胞菌 *Pseudomonas* sp. GX4-1,可以利用多种有机废水生产生物絮凝剂,并着重考察了该菌种在鱼粉废水培养基中合成 PSD-1 絮凝剂的基本特性,研究证明该絮凝剂对高岭土悬液的絮凝活性较高（絮凝率达 95% 以上），发酵液经中速离心获得的上清液作为絮凝剂样品不仅具有良好的热稳定性，且低温储存 170 d 活性稳定。该絮凝剂对土壤悬液和大肠杆菌悬液表现出良好的絮凝能力（周旭等，2003）。2006 年，山东大学高宝玉等发现土壤杆菌 Agrobacterium sp. LG5-1 能够利用酱油酿造废水作为替代培养基生产生物絮凝剂，研究了碳源、氮源、初始 pH 及培养时间等条件对絮凝剂的产量及絮凝剂活性的影响，获得的絮凝剂 GIL-1 具有较高的絮凝率和较好的稳定性能，低温储存 200 d，絮凝率仍可达 76.3%（王曙光等，2006）。哈尔滨工业大学马放等（2003）分离筛选出絮凝效果明显的生物絮凝剂产生菌 12 株，得到高效生物絮凝剂产生菌 F2 土壤根瘤杆菌（*Agrobacterium tumefaciens*）、F6 球形芽孢杆菌（*Bacillus sphaeicus*），构建出高效复合型生物絮凝剂产生菌群，率先提出了"复合型生物絮凝剂"（compound bioflocculants）的概念，并发明了"复合型生物絮凝剂的两段式发酵方法"，成功地开发出复合型生物絮凝剂 HITM02，复合型生物絮凝剂与化学絮凝剂联合作用的絮凝效果要比单独使用其中一种絮凝剂效果显著，并使复合型生物絮凝剂的使用量降低 60%～75%，对不同的水质都表现出很好的脱色、除浊和去除有机物的能力，应用效果较好。通过对复合型生物絮凝剂絮凝形态的系统分析证明了絮凝作用方式有吸附、中和及化学键合，并发现 Ca^{2+} 在复合型生物絮凝剂的絮凝过程中发挥着不可忽略的作用，并且率先将絮凝形态学中的分形理论应用于生物絮凝剂动态絮凝过程检测研究中，证明分形理论用于生物絮凝剂的生产过程中的检测及絮凝效果预测是可行的。2004 年，哈尔滨工业大学王爱杰等开发出利用生物发酵残液制备生物絮凝剂的新方法，用于废水的除浊、脱色，效果显著（董双石等，2004）。

1.2.2 生物絮凝剂产生菌种类及其图谱

生物絮凝剂产生菌的筛选过程中，通常会观察平板培养的菌落特征，菌苔较为黏稠者大多具有一定的产絮能力。这些细菌在生长过程中大多能够形成荚膜或黏液层，此类高分子分泌物一般都具有絮凝活性。相当一部分的优良生物絮凝剂产生菌株来源于污水处理中沉降性能良好的活性污泥，如有助于菌胶团形成的动胶菌。从宏观上讲，细菌的细胞表面带负电荷，利用不同种微生物细胞表面细微成分及结构的差别可以引起絮凝作用。另外，细菌菌体自身也含有多种可作絮凝剂的物质，如革兰氏阳性细菌细胞壁中的磷壁质、蛋白质、肽聚糖中 *N*-乙酰葡萄糖胺、*N*-乙酰胞壁酸及生长过程中陈化细胞的自溶溶出物。藻类、霉菌和酵母也是一类重要的高效生物絮凝剂产生菌株资源。这一类菌株多利用其细胞壁提取物作絮凝剂。例如，藻类细胞壁基质中主要成分异多糖、脂类物质和蛋白质；酵母菌细胞壁中的葡聚糖、甘露聚糖、蛋白质及 *N*-乙酰葡萄糖胺等成分，而丝状真菌的细胞壁多糖除了纤维素、甘露聚糖和葡聚糖外，还有一种极其重要的多糖——几丁质。这些天然高分子物质均可起到絮凝作用。

微生物细胞及其分泌物普遍富含具有絮凝活性的高分子物质，因此，在自然界中有着丰富的高效生物絮凝剂产生菌种资源，开发潜力巨大。从土壤、活性污泥及各类沉积物样品中，均可筛选、纯化得到具有产絮能力的微生物，包括细菌、藻类、放线菌、真菌和酵母等。

迄今为止，共筛选出 30 多种絮凝剂产生菌，分别属于细菌、真菌、放线菌和藻类等，见表 1-2。

表 1-2 已分离出的微生物絮凝剂产生菌

菌类	年份	菌种名称
细菌	1976	*Flavobacteriun* sp. 黄杆菌属
	1976	*Brevibacterium insectiphilum* 嗜虫短杆菌
	1976	*Staphylococcus aureus* 金黄色葡萄球菌
	1976	*Pseudomonas aeruginosa* 铜绿假单胞菌
	1976	*Pseudomonas fluorescent* 荧光假单胞菌
	1985	*Alcaligenes faecalis* 粪产碱杆菌
	1986	*Rhodococcus erythropolis* 红平红球菌
	1991，1994	*Alcaligenes latus* 广泛产碱菌
	1991	*Alcaligenes cupidus* 协腹产碱杆菌
	1993	*Dematinum* sp. 暗色孢属
	1993	*Bacillus* sp. 芽孢杆菌属
	1994	*Agrobacterium* sp. 土壤杆菌属
	1999	*Methylobacterium rhodesianum* 罗得西亚甲基杆菌
		Pseudomonas sp. 假单胞菌属
放线菌	1976	*Streptomyces vinaceus* 酒红色链霉菌
	1992	*Nocardia amarae* 苦味诺卡氏菌
	1996	*Streptomyces griseus* 灰色链霉菌
	1999	*Nocardia calcarca* 石灰壤诺卡氏菌
	1999	*Nocardia rhodni* 红色诺卡氏菌
	1999	*Nocardia restrica* 椿象虫诺卡氏菌
真菌	1976	*Circinella sydowi* 聚多卷霉
	1976	*Aspergillus sojae* 酱油曲霉
	1976	*Aspergillus ochraceus* 棕曲霉
	1976	*Aspergillus parasiticus* 寄生曲霉
	1976	*Eupenicillium crustaceus* 皮壳正青霉
	1976	*Monascus anka* 赤红曲霉
	1976	*Geotrichum candidum* 白地霉

菌类	年份	菌种名称
真菌	1976	*Sordaria fimicola* 粪生粪壳
	1985	*Paecilomyces* sp. 拟青霉属
	1990	*Saccharomyces cerevisiae* 酿酒酵母
	1996	*Hansenula anomala* 异常汉逊酵母
	1996	*Aspergillus* sp. 曲霉属
	2004	*Penicillium purpurogenum* 产紫青霉
	2004	*Penicillium cyclopium* 圆弧青霉
	2004	*Aspergillus versicolor* 杂色曲霉
	2004	*Aspergillus fumigates* 烟曲霉
藻类	1987	*Phormidium* sp. 席藻属
	1987	*Calothrix desertica* 沙漠眉藻
	1992	*Anabaenopsis circularis* 环圈项圈蓝细菌

能产生生物絮凝剂的微生物种类很多,现在已知的种类有细菌、放线菌、霉菌、真菌和藻类等。这些已经鉴定的絮凝微生物,大量存在于土壤、活性污泥和沉积物中。

1. 细菌

能产生生物絮凝剂的细菌有：土壤杆菌属（*Agrobacterium* sp.）、粪产碱菌（*Alcaligenes faecalis*）、广泛产碱杆菌（*Alcaligenes latus*）、协腹产碱杆菌（*Alcaligenes cupidus*）、芽孢杆菌属（*Bacillus* sp.）、棒状杆菌（*Corynebacterium brevicale*）、暗色孢属（*Dematium* sp.）、草分枝杆菌（*Mycobacterium phlei*）、红平红球菌（*Rhodocoddus erythropolis*）、铜绿假单胞菌（*Pseudomonas aeruginosa*）、荧光假单胞菌（*Pseudomonas fluorescens*）、粪便假单胞菌（*Pseudomonas faecalic*）、发酵乳杆菌（*Lactobacillus fermentum*）、嗜虫短杆菌（*Brevibacterium insectiphilum*）、金黄色葡萄球菌（*Staphylococcus aureus*）、环圈项圈蓝细菌（*Anabaenopsis circularis*）、厄式菌属（*Oerskwvia* sp.）、不动细菌属（*Acinetobacter* sp.）、斯氏假单胞菌（*Pseudomonas stutzeri*）、甲基杆菌（*Methylobacterium rhodesianum*）、产黄杆菌（*Flavobacterium* sp.）、马克斯克鲁维酵母（*Kluyveromyces marxianus*）、栖冷克吕沃尔菌（*Kluyvera cryocrescens*）、动胶菌属（*Zoogolea* sp.），共 24 种。

1）土壤杆菌属（*Agrobacterium* sp.）

生理特征及其他特性（图1-1）：土壤杆菌呈杆状，大小为（1.5～0.3）μm×（0.6～1.0）μm，单个成对排列。不形成芽孢。革兰氏阴性。以1～6根周毛运动。严格好氧，以分子氧为末端电子受体。一些菌株可在有硝酸盐的环境中进行厌氧呼吸。大多数菌株可在低氧压的植物组织中生长，最适温度为25～28℃，菌落通常凸起，全缘光滑，无色素至浅灰黄色。在碳水化合物培养基上常产生丰富的胞外多糖黏液。接触酶阳性，通常氧化酶和尿素酶都是阳性。有机化能营养。可广泛利用简单的碳水化合物、有机酸盐和氨基酸作为碳源，但不能利用纤维素、淀粉、琼脂糖、半乳糖及其他糖类。

模式种：根癌土壤杆菌（*Agrobacterium tumefacines*）。

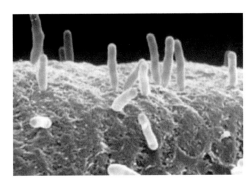

图1-1 根癌土壤杆菌显微镜照片

2）粪产碱菌（*Alcaligenes faecalis*）

生理特征及其他特性（图1-2）：细胞为杆状、球杆状或球状，（0.5～1.2）μm×（0.5～2.6）μm，通常单个出现。未知有休止期。革兰氏染色阴性。以1～8根（偶尔可达12根）周毛运动。专性好氧具严格代谢呼吸型，以氧作为电子最终受体。有些菌株在存在硝酸盐或亚硝酸盐时进行厌氧呼吸。适宜生长温度为20～37℃。营养琼脂上的菌落不产生色素。氧化酶、接触酶阳性。不产生吲哚。通常不水解纤维素、七叶灵、明胶及 DNA。化能有机营养型菌株利用不同的有机酸和氨基酸为碳源。通常不利用糖类。有些菌株可利用 D-葡萄糖、D-木糖作碳源产酸。

模式种：粪产碱菌（*Alcaligenes faecalis*）。

3）芽孢杆菌属（*Bacillus* sp.）

生理特征及其他特性：芽孢杆菌属为能产生芽孢的杆状菌，多数有鞭毛，

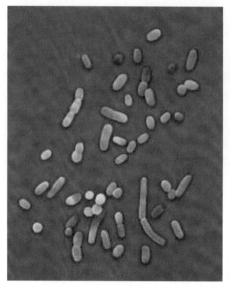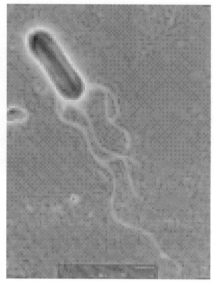

图 1-2　粪产碱菌显微照片

不形成荚膜。好氧或兼性厌氧。代表种为枯草芽孢杆菌，为革兰染色阳性，周生鞭毛，芽孢椭圆形，生于细胞中央。在环境各种有机质的转化与分解中起重要作用。常见种类见图 1-3。

4）棒状杆菌（*Corynebacterium brevicale*）

生理特征及其他特性（图 1-4）：产生呈角度的和栅状的细胞排列。一般不运动。革兰氏染色阳性，虽然有些种（如白喉棒杆菌）易于褪色，特别是在其老的培养物中，而其他菌是固色力强的；然而，颗粒是革兰氏强阳性的。不抗酸。细胞壁组分的是：具有作为肽聚糖二氨基酸的消旋二氨基庚二酸，还含有阿拉伯糖、半乳糖，并常常还有甘露糖的多糖。化能异养：碳水化合物的代谢是发酵和呼吸的混合型。不产生可溶性的溶血素，但在含血固体培养基上靠近菌落的红细胞可能发生溶解。有些致病菌产生外毒素。好氧和兼性厌氧；好氧生长良好者常有表面膜。接触酶阳性（布坎南和吉本斯，1984）。

5）暗色孢科（*Dematiaceae*）

生理特征及其他特性（图 1-5）：暗色孢科重要属详述如下：①尾孢属（*Cercospora*），梗青褐色至黑褐色，顶端呈曲膝状；孢子线形，鞭形呈蠕虫状，多胞，无色或有色。引致花生黑斑和褐斑病；②枝孢属（*Cladosporium*），梗黑色、分枝，分生孢子单细胞或双胞，黑褐色，圆筒形、卵圆形，柠檬形或不规则形，常芽殖形成

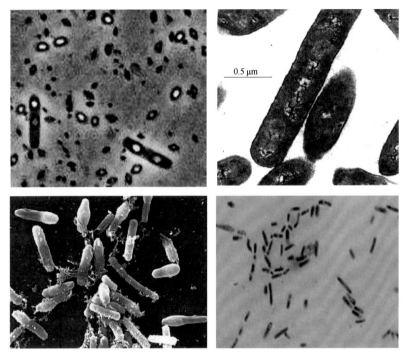

图 1-3 芽孢杆菌属显微照片

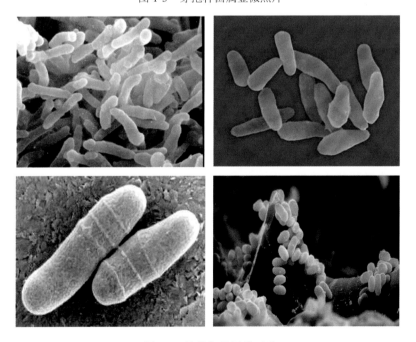

图 1-4 棒状杆菌显微照片

短串。引致番茄黑腐病；③链格孢属（*Alternaria*），梗深色，顶单生或串生淡褐至深褐色，砖隔状的分生孢子。分孢倒棍棒形、椭圆形或卵圆形，顶端有喙状细胞。引致番茄早疫病；④弯孢霉属（*Curvularia*），梗顶曲膝状，分生孢子单生，弯曲，近纺锤形，大多具 3 个隔膜，中间 1～2 个细胞特别膨大，分枝处稍缢缩。引致草坪草病害；⑤长蠕孢属（*Helminthosporium*）；⑥平脐蠕孢属（*Bipolaris*），引致水稻胡麻斑病；⑦突脐蠕孢属（*Exserohilum*），引致玉米大斑病；⑧内脐蠕孢属（*Drechslera*），引致大麦网斑病。

图 1-5　暗色孢显微照片

6）草分枝杆菌（*Mycobacterium phlei*）

生理特征及其他特性（图 1-6）：短杆菌，长 1.0～2.0 μm，很少更长。抗酸染色，特别是在延长培养 5～7 天后，可能很不规则（5%～100%的细胞抗酸）。在凝缩的卵培养基上稀释按种培养 2～5 天后，一般产生粗糙又粗皱的深黄色到橙色的菌落，少数培养物光滑、柔软、呈奶油状。在油酸卵蛋白洋菜上生长不丰茂；菌落可能光滑，中心圆顶状，周围扁平、半透明、全缘或边缘不规则，靠近菌落小心有暗色颗粒；粗糙型菌落扁平，外貌颗粒状和松散的绳索状，近中心处有颗粒，边缘不规则。能在 22～52℃范围内生长（布坎南和吉本斯，1984）。

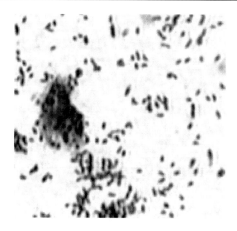

图 1-6 草分枝杆菌显微照片

7）红平红球菌 NOC-1（*Rhodocoddus erythropolis*）

生理特征及其他特性：所产絮凝剂的主要成分为蛋白质。

8）铜绿假单胞菌（*Pseudomonas aeruginosa*）

生理特征及其他特性（图 1-7）：该菌是（0.5～0.8）μm×（1.5～3.0）μm 的杆菌，单个，成对或成短链。以极生的单鞭毛运动（有两个或两个以上的极生鞭毛的细胞，但不常见）。大多数菌株在合适的培养基中，产生可扩散的荧光色素和可溶的吩嗪色素，脓青素（在中性或碱性培养基中呈蓝色，在酸性培养基中呈红色）。在含蔗糖的培养基上不产生黏液。微弱地分解脂肪，卵黄反应阴性。不需要有机生长因素。营养多样化，单个菌株的生长可利用 76～82 种或更多的不同有机化合物对将这个种中不产脓青素的菌种与其他荧光假单胞菌种区分出来，是特别有用的。专性好氧，在硝酸盐培养基中除外。最适 37～41℃生长而 4℃不生长。能从土壤和水中分离到，特别是从反硝化细菌加富培养基中能分离到。通常临床样品中分离（布坎南和吉本斯，1984）。

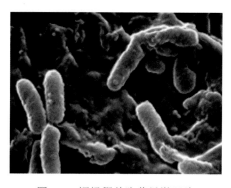

图 1-7 铜绿假单胞菌显微照片

9）荧光假单胞菌（*Pseudomonas fluorescens*）

生理特征及其他特性（图 1-8）：该菌是对数生长期时为（0.7～0.8）μm×（2.3～2.8）μm 的杆菌，在老培养物中可能变短和变细。单个和成对出现。以极生丛毛运动；偶见不运动的。培养物产生扩散性的荧光色素，特别是在缺铁培养基中是如此。某些菌株产生非扩散的蓝色素。在 2%～4%蔗糖培养基上，生物型 I、II和IV的菌落是黏性的，这是由于形成果聚糖的结果。该菌生长不需要有机生长因素，所需营养呈现。单个菌株能利用 60～80 个以上的碳源，除了能进行反硝化并能在硝酸盐培养基上厌氧生长的菌株之外，都呈专性好氧生活。最适生长温度为25～30℃。大多数菌株在 4℃以下生长。在 41℃不生长。存在于土壤和水中，经用各种碳源的培养基在好氧条件下加富培养后可以分离到这种菌。所产絮凝剂的主要成分为黏多糖（布坎南和吉本斯，1984）。

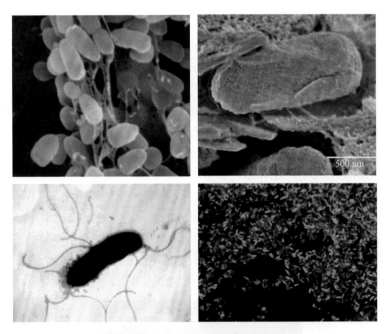

图 1-8　荧光假单胞菌显微照片

10）粪便假单胞菌（*Pseudomonas faecalic*）

所产絮凝剂的主要成分为黏多糖。

11）发酵乳杆菌（*Lactobacillus fermentum*）

生理特征及其他特性（图 1-9）：杆菌，大小可变，通常短，（0.5～1.0）μm×3.0 μm或以上，有时成对或成链。不运动。菌落通常为扁平、圆形或不规则到粗糙，常常透明。无色素，但个别菌株产生锈橙色素。异型发酵，从葡萄糖产酸产气，在 4%葡萄糖酸盐中生长，并产生丰富的 CO_2 发酵 D-核糖成乳酸和乙酸，但不产气。从果糖产生甘露醇。在 15℃不生长，在 45℃生长。新鲜分离的菌株最适温度为 41～42℃。高温度产气的杆菌都包括在这个种内（布坎南和吉本斯，1984）。

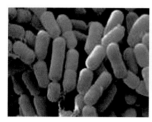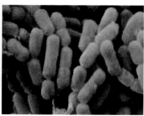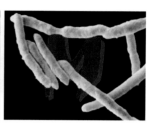

图 1-9　发酵乳杆菌显微照片

12）嗜虫短杆菌（*Brevibacterium insectiphilum*）

生理特征及其他特性（图 1-10）：幼龄培养基的细胞呈现不规则杆状，(0.6～1.2) μm×(1.5～6) μm 单个、成对排列，常呈 V 形排列。可出现分支，但不形成菌丝体，老培养物变成球状。革兰氏阳性，菌落呈黄色到橙色或紫色，不运动、不产孢、不抗酸。最适生长温度 20～35℃。

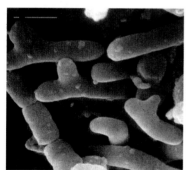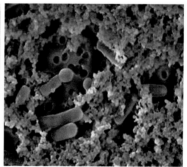

图 1-10　嗜虫短杆菌显微照片

13）金黄色葡萄球菌（*Staphylococcus aureus*）

生理特征及其他特性（图 1-11）：葡萄球菌属（*Staphylococcus*）球形，直径 0.5～1.5 μm，各个菌体的大小及排列也较整齐。细胞繁殖时呈多个平面不规则分裂，有单生、成对或堆积成葡萄串状排列。无芽孢及鞭毛，不运动。一般不形成荚膜。革兰染色阳性。含有胡萝卜素类色素。兼性厌氧微生物，在厌氧条件下发酵葡萄糖主要产生乳酸，在有氧条件下主要产生乙酸及少量 CO_2。生长适宜温度为 35～40℃，适宜 pH 为 7～7.5。在 15%食盐液中能生长，对一般抗生素敏感。常在动物体上寄生，有致病性。代表种为金黄色葡萄球菌（布坎南和吉本斯，1984）。

图 1-11　金黄色葡萄球菌显微照片

14）环圈项圈蓝细菌（*Anabaenopsis circularis*）

生理特征及其他特性（图 1-12）：细胞呈环形，革兰氏阴性菌。

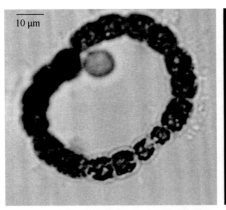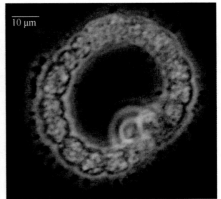

图 1-12　环圈项圈蓝细菌显微照片

15）不动细菌属（*Acinetobacter* sp.）

生理特征及其他特性：杆菌，通常非常短粗，对数期典型菌为（1.0～1.5）μm×（1.5～2.5）μm，静止期近乎球状；排列以成对和短链占优势，在所有培养物中有少量的大而不规则的细胞和丝状体，不形成芽孢，无鞭毛。有些菌株在固体的表面在特殊情况下生长。"抽搐"式的运动。荚膜和纤毛可能有或没有。不产生聚 β-羟基丁酸盐细胞内含物。革兰氏染色阴性。为具氧化代谢的化能异养菌。作为碳和能源而利用的有机物通常是多样化的。从糖类产能或不能产酸。氧化酶阴性，接触酶阳性。不产生乙酰甲基甲醇、吲哚和 H_2S。专性好氧菌。最适温度为 30～32℃。最适 pH 约为 7、抗青霉素。自由生活的、普遍存在的腐生菌（图 1-13）（布坎南和吉本斯，1984）。

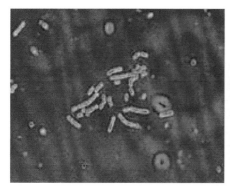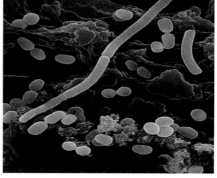

图1-13　不动细菌属显微图片

16）斯氏假单胞菌（*Pseudomonas stutzeri*）

生理特征及其他特性（图1-14）：新分离的菌落是黏着的，具有特征性的皱褶状。呈红褐色而不是黄色。实验室培养基中重复传代之后，菌落变为光滑、奶油状和灰白色。不产生可溶性色素。以氧或硝酸盐作为电子受体的呼吸代谢。具有强烈的反硝化作用，这个作用可能延缓或为了它的出现，需要在半好氧条件下于硝酸盐培养基中进行一系列的转移。新分离菌落的特征性的颜色反映了个体细胞色素含量高。大多数菌株水解淀粉。卵黄反应阴性。不需要有机生长因子。大多数菌株至少能利用50种不同的有机化合物作为唯一碳源而生长，有的至少能利用65种。对已研究过的所有菌株来说，已发现只有5种化合物（乙酸盐、琥珀酸盐、乳酸盐、丙酮酸盐和乙二醇）是普遍的基物。适合多数菌株生长的特征性基物是淀粉、麦芽糖、硫甘醇和乙二醇，而戊糖、己糖（除葡萄糖和果糖以外）、双糖（除麦芽糖以外）、2-酮基葡萄糖酸盐、精氨酸盐、组氨酸和肌氨酸通常不被利用。专性好氧，在有硝酸盐的培养基中除外。大多数菌株于40℃和41℃能生长，有的在43℃生长。没有一个能在4℃生长。最适生长温度约35℃。利用不同碳源如乙醇，在有硝酸盐的培养基中于30℃厌氧的条件下，经加富培养后可在土壤和水中分离出这个菌。L(+)-酒石酸盐在加富培养中效果很好，但相反的是，由此而得的菌株在纯培养中有酒石酸却不能生长。许多菌株是从临床样品上分离的（布坎南和吉本斯，1984）。

17）甲基杆菌（*Methylobacterium rhodesianum*）

生理特征及其他特性（图1-15）：甲基杆菌属拉丁学名（*Methylobacterium*）杆状，（0.8～1.0）μm×（1.0～8.0）μm。单个或罕见成簇，也罕见分枝或多形态。以单极毛、亚极毛或侧生鞭毛运动，有的菌没有剧烈的运动。细胞常含有大的嗜苏丹颗粒，有时有异染粒。细胞革兰氏阴性，有的菌株为革兰氏染色可变，

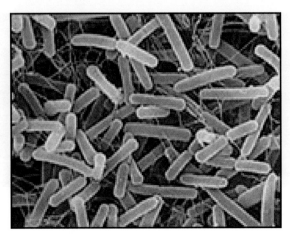

图 1-14　斯氏假单胞菌显微照片

代表菌株具有革兰氏阴性细胞多层细胞壁结构和柠檬酸盐合成特性。多数菌株生长缓慢，有的不能在营养琼脂上生长；在甘油-蛋白胨琼脂上的菌落直径为 1～3 mm。浅粉到亮橙红色。在甲醇-无机盐琼脂上菌落为更均一的浅粉色。色素是非水溶性，可能是类胡萝卜素。在液体培养基中会形成粉色表面菌环或菌膜。严格好氧，氧化酶和接触酶（常弱）阳性。化能异养菌，兼性甲基营养菌和罕有兼性甲烷营养菌。有的菌株可利用甲烷作为唯一碳源、能源，但如在无机培养基上不能维持甲烷环境，该特性很易丧失。有报道代表菌株能消化 C1 化合物和同型柠檬酸途径（icl-途径）。当在复杂的有机培养基上有完整的三羧酸循环。该属成员分离于土壤、尘土、淡水、湖泥、叶表、瘤、稻谷和医院环境。最适温度为 25～30℃，包括 8 个种（http://www.biotech.org.cn）。

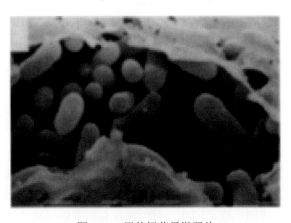

图 1-15　甲基杆菌显微照片

18）产黄杆菌（*Flavobacterium* sp.）

生理特征及其他特性（图 1-16）：细胞变化由球杆到细杆菌。用周生鞭毛运动或不运动。不运动者在营养洋菜上也不显示滑行运动（屈挠细菌的现象）或泳功（噬胞菌的现象）。不形成芽孢。革兰氏阴性。在固体培养基上生长物有黄色、橙色、红色或褐色的色素，其色泽可随培养基和温度而变化。在土豆、明胶或含有牛奶的培养基上并在低温（15～20℃）时颜色最显著。产生最多的色素时常需要光。色素不溶于培养基中，未曾描述其特征，但一般假定为类胡萝卜素；然而，至少有两个种大概产生非胡萝卜素的色素。菌落典型半透明、光滑、全线或偶尔不透明。该菌最初分离出后往往培养物难于保持。这种困难性来源于对氮源的需求，需要外源代谢物如 B 族维生素或物理条件，如培养基中洋菜的浓度。呼吸代谢类型。发酵作用不明显，在含有碳水化合物培养液内反应一般不产酸也不产气。当这种培养物在低蛋白胨浓度培养基内振荡培养时常有产酸反应。少数培养物兼性厌氧。培养温度最好在 30℃ 以下，更高的温度可抑制生长，很少数的种 37℃ 生长广泛分布在土壤、淡水和海水中。一般发现在商业流通的蔬菜和乳制品中。所产絮凝剂主要成分为蛋白质（布坎南和吉本斯，1984）。

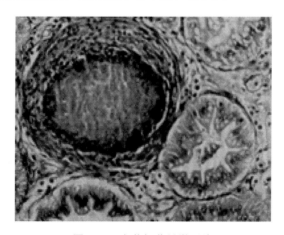

图 1-16　产黄杆菌显微照片

19）马克斯克鲁维酵母（*Kluyveromyces marxianus*）

生理特征及其他特性（图 1-17）：所产絮凝剂主要成分为多肽。

20）栖冷克吕沃尔菌（*Kluyvera cryocrescens*）

生理特征及其他特性：小的杆状细胞，（0.5～0.7）μm×（2～3）μm，与肠杆菌属的定义相符。革兰氏阴性。以稀周毛运动。兼性厌氧。接触酶阳性。硝酸盐还原到亚硝酸盐。从葡萄糖产酸产气。葡萄糖发酵时产生大量的 α-酮基戊二酸。

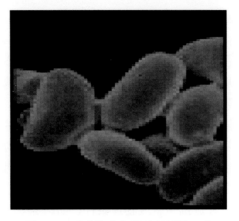

图 1-17　马克斯克鲁维酵母显微照片

可发酵大多数其他的碳水化合物，但对聚羧基醇类一般不发酵。大多数菌株吲哚
阳性。柠檬盐通常可作为唯一碳源。甲基红阳性。V-P 阴性。鸟氨酸脱羧酶阳性，
精氨酸双水解酶阴性。利用丙二酸和可在 KCN 中生长。还原硝酸盐。出现于食
物、土壤和污水中。

21）动胶菌属（*Zoogolea* sp.）

生理特征及其他特性（图 1-18）：动胶菌属（*Zoogloea*）细胞呈杆状，（0.5～
1.0）μm×（1～3）μm，幼龄菌体借端生单鞭毛活泼运动，具荚膜，易形成菌胶团。
革兰染色阴性，无芽孢。化能有机营养型需氧菌，能利用某些糖及氨基酸，不能
利用淀粉、肝糖、纤维素、蛋白质等，不产生色素，需要维生素 B_{12} 以供生活。
在好氧活性污泥工艺中，动胶菌是活性污泥工艺中常见的重要杆菌，是形成絮状
活性污泥贡献最大的菌种。所产絮凝剂主要成分为氨基多糖（布坎南和吉本斯，
1984）。

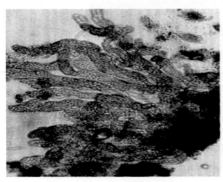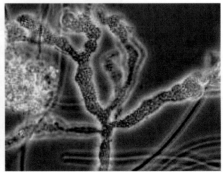

图 1-18　动胶菌属显微照片

2. 放线菌

1) 椿象虫诺卡菌（*Nocardia restriea*）

生理特征及其他特性（图 1-19）：在普通培养基培养一周后，该菌呈现白色或黄色或呈褐色的颗粒状菌落，表面干燥有褶或光滑呈蜡样，革兰氏阳性菌。

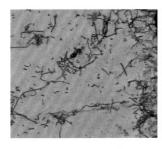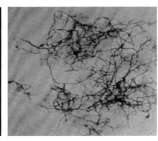

图 1-19　椿象虫诺卡菌显微照片

2) 灰色链霉菌（*Streptomyces griseus*）

生理特征及其他特性：孢子丝直或柔曲，无螺旋。孢子表面光滑。合成琼脂：气丝绒状，浅黄色至绿灰色。基丝皱，浅黄色、浅褐色至铜红色。葡糖天冬素琼脂：气丝浅黄色，尘状。基丝薄、浅黄色。淀粉平板：气丝弱，浅黄色。基丝薄，无色至浅黄色。可溶色素灰蓝色。苹果酸钙琼脂：气丝绒状，浅黄色至绿灰色。基丝浅褐色。可溶色素栗褐色。葡萄糖琼脂：基丝薄、少，浅黄色。马铃薯块：气丝稀疏，浅黄色至绿灰色。基丝浅褐色至灰白色。可溶色素浅黄色。明胶液化，红褐色素。牛奶缓慢凝固并胨化。淀粉水解。产生灰诺霉素（*griseonomycin*）抑制革兰氏阳性和阴性细菌、丝状真菌。合成琼脂：气丝淡灰色带绿彩。基丝暗苍色。可溶色素略暗。葡糖天冬素琼脂：气丝丰茂，生孢子多。基丝反面白色。淀粉平板：气丝和孢子成斑片，白色带灰绿色区。基丝反面淡色。苹果酸钙琼脂：无气丝。基丝垩白色，反面肉桂黄色。营养琼脂：气丝淡乳脂色，有孢子。基丝白色。葡萄糖琼脂：气丝乳脂白色，边缘带灰绿色彩。基丝反面黄褐色。伊氏琼脂：气丝丰茂，乳脂色，孢子多。基丝好，淡黄褐色。马铃薯块：气丝乳脂白，绒状。薯块暗褐色。明胶液化快。牛奶胨化。淀粉水解。硝酸盐还原。不产生类黑色素和酪氨酸酶。利用阿拉伯糖、果糖、棉子糖（较差）、甘露醇及乳糖、甘露糖、麦芽糖、甘油、卫矛醇、水杨苷；不利用鼠李糖及半乳糖、山梨醇、七叶树素。用此菌的孢子悬液处理番茄种子可防止烂秧。

3) 酒红链霉菌（*Streptomyces vinaceus*）

生理特征及其他特性：孢子丝直、弯曲、钩状、环状至不完全螺旋形。孢子球形、卵圆形，表面光滑。甘油天冬素琼脂（ISP）、无机盐淀粉琼脂（ISP）、酵母精麦芽精琼脂、燕麦粉琼脂：气丝灰黄粉色、浅红褐色、浅黄粉色。基丝反面在第一种培养基上灰黄色至黄粉色；在第三种培养基上强褐色或橙褐色；在其余两种培养基上橙黄色、黄褐色或灰黄粉色。可溶色素无或只迹量黄色或粉色。产生类黑色素和 H_2S，但无酪氨酸酶反应。利用 D-葡萄糖、D-果糖、D-甘露醇；对 L-阿拉伯糖利用可疑；不利用 D-木糖、鼠李糖、蔗糖、棉子糖、肌醇。产生维生素 B_{12}。孢子丝直、柔曲。孢子卵圆形、长圆形，表面光滑。合成琼脂：气丝微白色。基丝反面绛红色。可溶色素日久蓝红色。甘油天冬素琼脂、无机盐淀粉琼脂、酵母精麦芽精琼脂、燕麦粉琼脂：气丝红色系列：灰黄粉色，有时在后两种培养基上黄灰色，在第二种培养基上淡黄色、淡黄绿色。基丝反面在第三种培养基上红褐色至红绛红色；在其余三种培养基上灰黄粉色至绛红粉色或淡绛红色，对 pH 不敏感或只有轻微变化。在这三种培养基内可能有红色或黄色可溶色素，对 pH 不敏感。营养琼脂：气丝微白色。基丝反面蓝红色。无可溶色素。葡萄糖琼脂：气丝微白色。基丝反面暗红蓝色。可溶色素日久红蓝色。马铃薯块：基丝微白色。无可溶色素。明胶液化快。淀粉水解。不产生类黑色素、酪氨酸酶和 H_2S。生长适温 22～28℃。利用 D-葡萄糖、D-木糖、D-果糖、D-甘露醇；不利用 L-阿拉伯糖、蔗糖、鼠李糖、棉子糖、肌醇。产生酒活菌素（vinactin）=紫霉素（viomycin），抑制革兰氏阳性细菌、分枝杆菌。

4）厌氧诺卡氏菌（Nocardia amarae）

生理特征及其他特性：诺卡氏菌属（Ncardia）即原放线菌属。在培养基上形成典型的分枝菌丝体，弯曲或不弯曲，多数无气生菌丝。培养 15 h 至无菌丝产生横隔膜，突然断裂成长短近于一致的杆状、环状体，或带叉的杆状体。每个杆状体内至少有一个核，因此可以复制并形成新的多核菌丝体。菌落一般比链霉菌菌落小，表面多皱，致密干燥，一触即碎。多为需氧型腐生菌，少数厌氧型寄生菌。已报道有100余种，主要分布于土壤。许多种能产生抗生素，如利福霉素（rifomycin）等，有的用于石油脱蜡、烃类发酵及污水处理等。所产絮凝剂主要成分为蛋白质。

3. 真菌

能产生生物絮凝剂的真菌有：烟曲霉（Aspergillus fumigatus）、产紫青霉（Penicillium purpurogenum）、杂色曲霉（Aspergillus versicolor）、圆弧青霉系（Penicillium cyclopium）、酱油曲霉（Aspergillus sojae）、棕曲霉（Aspergillus ochraceus）、寄生曲霉（Aspergillus parasiticus）、赤红曲霉（Monascus anka）、拟青霉属（Paecilomyces sp.）、棕腐真菌（Brown rot fungi）、白腐真菌（White rot fungi）、白地霉（Georrichum candidum）、粟酒裂殖酵母（Schizosaccharomyces pombe）、正青霉菌（Eupenicillium crustaceus）、卷霉属（Circinella sydowi）、粪壳霉菌（Sordaria fimicola）、异常汉逊酵母（Hansenula anomala）、酿酒酵母（Saccharomyces cerevisiae），共 18 种。

1）酱油曲霉（*Aspergillus sojae*）

生理特征及其他特性（图 1-20）：所产絮凝剂主要成分为多聚糖胺、蛋白质、有机酸。

图 1-20　酱油曲霉显微照片

2）棕曲霉（*Aspergillus ochraceus*）

生理特征及其他特性（图 1-21）：分生孢子梗直，其菌落表面呈现颗粒状，孢子密集，呈现穗浅黄色或赭色。

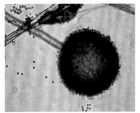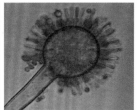

图 1-21　棕曲霉显微照片

3）寄生曲霉（*Aspergillus parasiticus*）

生理特征及其他特性（图 1-22）：寄生曲霉菌生长快，其菌落由致密而厚的基质菌丝组成，呈现平坦、圆形、深黄绿色，表面有辐射状沟纹。

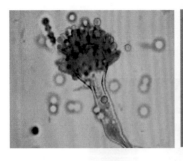
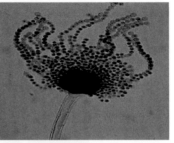

图 1-22　寄生曲霉显微照片

4）赤红曲霉（*Monascus anka*）

生理特征及其他特性（图 1-23）：赤红曲霉菌落表面呈现酒红色，为好氧自养型。

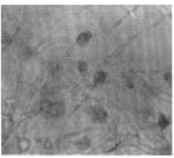

图 1-23　赤红曲霉显微照片

5）烟曲霉（*Aspergillus fumigatus*）

生理特征及其他特性（图 1-24）：所产絮凝剂主要成分是多糖，并含有很少量的核酸（成文等，2004b）。

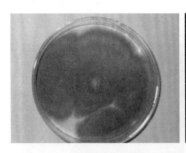

图 1-24　烟曲霉平板培养及显微照片

6）产紫青霉（*Penicillium purpurogenum*）

生理特征及其他特性（图 1-25）：所产絮凝剂主要成分是多糖，并含有很少量的蛋白质（成文等，2004b）。

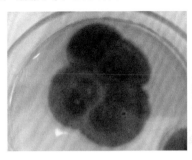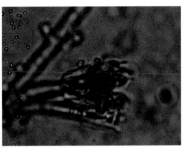

图 1-25 产紫青霉平板培养及显微照片

7）拟青霉属（*Paecilomyces* sp.）

生理特征及其他特性（图 1-26）：所产絮凝剂主要成分聚半乳糖胺。

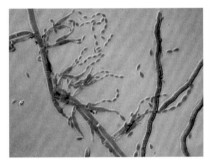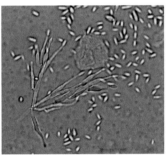

图 1-26 拟青霉属显微照片

8）白腐真菌（*White rot fungi*）

生理特征及其他特性（图 1-27）：菌落正面为白色，背面无色，表明绒状，菌株为有性繁殖，多为菌丝体；分生孢子器白色，呈现球形或扁球形并有孔口，着生在孢子器底物组织上的分生孢子梗为单孢，无色。

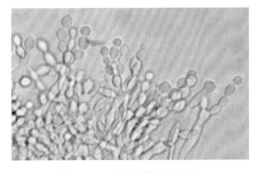

图 1-27 白腐真菌显微照片

9）粟酒裂殖酵母（*Schizosaccharomyces pombe*）

生理特征及其他特性（图1-28）：粟酒裂殖酵母为无性繁殖，细胞裂殖，营养细胞为圆柱形。

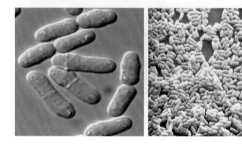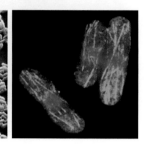

图1-28 粟酒裂殖酵母纤显微照片

10）卷霉属（*Circinella sydowi*）

生理特征及其他特性（图1-29）：卷霉属为小型丝状真菌。

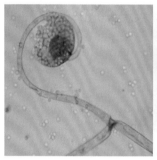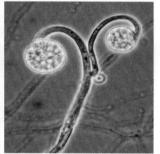

图1-29 卷霉属显微照片

11）粪壳霉菌（*Sordaria fimicola*）

生理特征及其他特性（图1-30）：粪壳霉菌是一种常见霉菌。

图1-30 粪壳霉菌显微照片

12）异常汉逊酵母（*Hansenula anomala*）

生理特征及其他特性（图 1-31）：所产絮凝剂主要成分为蛋白质。

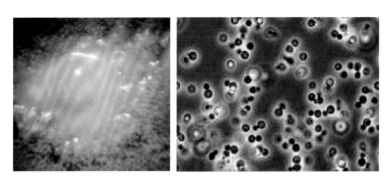

图 1-31　异常汉逊酵母显微照片

13）酿酒酵母（*Saccharomyces cerevisiae*）

生理特征及其他特性（图 1-32）：所产絮凝剂主要成分为多肽。

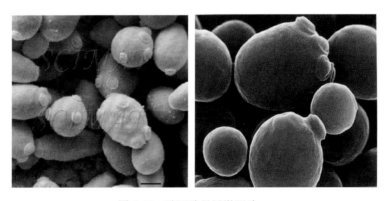

图 1-32　酿酒酵母显微照片

1.2.3　生物絮凝剂的分类及结构性质

生物絮凝剂属于天然有机高分子絮凝剂，针对其生物质特性，可以进行如下分类：

（1）根据来源不同，生物絮凝剂可分为 3 类：①直接利用微生物细胞的絮凝剂，如某些细菌、霉菌、放线菌和酵母，它们大量存在于土壤、活性污泥和沉积物中；②利用微生物细胞提取物的絮凝剂，如酵母细胞壁的葡聚糖、甘露聚糖、蛋白质和 *N*-乙酰葡萄糖胺等成分均可作为絮凝剂；③利用微生物细胞代谢产物的絮凝剂，微生物细胞分泌到细胞外的代谢产物，主要是细菌的荚膜和黏液质，除水分外，其余主要成分为多糖及少量的多肽、蛋白质、脂类及其复合物。

（2）根据化学组成的不同，生物絮凝剂可分为 3 类：①糖类物质，目前已发现的生物絮凝剂主要有效成分多数含有多糖类物质；②多肽、蛋白质和 DNA 类物质，根据文献报道，已知絮凝能力最好的生物絮凝剂 NOC-1 的主要成分即为蛋白质，而且分子中含有较多的疏水氨基酸，包括丙氨酸、谷氨酸、甘氨酸、天冬氨酸等，其最大相对分子质量为 75 万；③脂类物质，目前发现的唯一的脂类絮凝剂是 1994 年 Kurane 从 *Rhodococcus erythropolis* S-1 的培养液中分离出来的生物絮凝剂。其分子中含有葡萄糖单霉菌酸酯（GM）、海藻糖单霉菌酸酯（TM）、海藻糖二霉菌酸酯（TDM）三种组分，霉菌酸碳链长度从 C32 到 C40 不等，其中以 C34、C36 和 C38 居多。

（3）根据在分散介质水中所带电荷的不同，生物絮凝剂可分为 3 类：①两性型，蛋白质和多肽类大分子为两性电解质，该化学组成的生物絮凝剂一般为两性型。这是由于蛋白质和多肽类物质分子中既有碱性的氨基，又有酸性的羧基。在偏酸性介质中蛋白质能形成带正电荷的离子，在偏碱性介质中则形成带负电荷的离子。蛋白质分子中的氨基和羧基的数目并不完全相等，产生的正负离子数也不相等；②非离子型，多糖类生物絮凝剂属于非离子型絮凝剂；③阴离子型，直接利用微生物细胞的絮凝剂，如活性污泥，因其等电点较低，离散在介质水中一般带有负电荷，属于阴离子型絮凝剂。

由于微生物絮凝剂种类繁多，因此其结构性质差异较大。一般地，微生物絮凝剂相对分子质量大于 10^5，部分生物絮凝剂的结构与性质见表 1-3。

表 1-3　部分生物絮凝剂的结构与性质

絮凝剂产生菌	絮凝剂种类	主要成分
杆菌属 DP-152	生物高聚物絮凝剂	葡萄糖、甘露糖、半乳糖、岩藻糖
混合培养菌 R-3	酸性多糖类絮凝剂 APR-3	葡萄糖、半乳糖、琥珀酸、丙酮酸
Phormidium sp.	多糖类絮凝剂	糖醛酸、鼠李糖、甘露糖、半乳糖
Anabaenopsis circularis	多糖类絮凝剂	以酮酸基和中性糖为主，不含脂肪酸、蛋白质和硫酸盐
Oscillatoria sp.	杂多糖类絮凝剂	以 2.2%的谷氨酸和 1.86%的葡萄糖醛酸为主
红平红球菌 S-1	脂类絮凝剂 NOC-1	葡萄糖单霉菌酸酯（GM），海藻糖单霉菌酸酯（TM），海藻糖二霉菌酸酯（TDM）
混合培养菌 F⁺	复合型生物絮凝剂	主要由葡萄糖、半乳糖和甘露糖组成

1.2.4　生物絮凝剂的化学组成

由微生物产生的絮凝剂是一种无毒的生物高分子化合物，包括机能性蛋白质或机能性多糖类物质。到目前为止，已报道的微生物产生的絮凝物质均为糖蛋白、黏多糖、蛋白质和纤维素等高分子化合物，其相对分子质量一般在 10^5 以上。

Pseudomonas sp. C-120 产生的絮凝剂是天然双链 DNA，*Rhodococcus erythropolis* 产生的 NOC-1 是多糖蛋白，*Paecilomyces* sp.产生的 PE101 是由氨基半乳糖相连而成的黏多糖，而 *Coryvrebactarium hydrocaboncalastus* 产生的絮凝剂中则含有聚多糖和蛋白质。有的微生物絮凝剂的组成更复杂，如 *Aspergillus sojae* AJ7002 产生的絮凝剂是蛋白质、己糖；真菌 *Phorinidium* sp.产生的絮凝剂主要成分是连接了脂肪酸和蛋白质的磺酸异多糖，其多糖的基本骨架是氨基酸、甘乳糖、鼠李糖和半乳糖。

从化学本质来讲，多糖类生物絮凝剂最为常见，尤其是微生物代谢产生的各种多聚糖类，这类多聚糖中有些是由单一糖单体组成；有些是由多种糖单体构成的杂多聚糖；有些生物絮凝剂是蛋白质（或多肽）；有些是有蛋白质（或多肽）的参与。脂类、DNA 等其他类型的生物絮凝剂较为少见。另外，有些絮凝剂中还含有无机金属离子，如 Ca^{2+}、Mg^{2+}、Al^{3+}、Fe^{3+}等。研究表明并非细菌合成的所有多糖均具有絮凝活性，在 *Pseusdomonas* sp. 絮凝过程中只有10%的多糖发挥了作用。实验研究也证明，某些生物絮凝剂的分子结构还会随培养条件的改变而相应变化（吕向红，1995）。

1.2.5　生物絮凝剂的安全性

生物絮凝剂广泛应用于饮用水预处理、食品工业和发酵工业等与人类健康密切相关的领域，因此其使用安全性备受关注。

生物絮凝剂作为细胞分泌的代谢产物，自身具有无毒的特点。同时，由于多糖等成分决定了其具有可生物降解性，故可以作为无毒水处理药剂使用。

随着生物絮凝剂从实验室研究模式向工业化大批量生产模式的发展，除生物絮凝剂自身无毒无害性得到关注，其生产成品的产品质量标准也至关重要。生物絮凝剂经发酵和提取后，便可进行销售，实现商业价值。但面对琳琅满目、良莠不齐的品种，广谱良好、细致严谨的产品质量标准是保证使用者人身安全的重要屏障。早在1985年，国家标准委和卫生部就已经发布了《生活饮用水卫生标准》和13项生活饮用水卫生检验方法国家标准，规定了生活饮用水水质卫生要求、生活饮用水水源水质卫生要求、集中式供水单位卫生要求、二次供水卫生要求、涉及生活饮用水卫生安全产品卫生要求、水质监测和水质检验方法。这些标准大多针对出水水质进行限值，但生物絮凝剂本身质量标准的制定还未形成体系（胡勇有和高宝玉，2006）。

1.2.6　生物絮凝剂的絮凝机理

生物絮凝剂具有絮凝活性的有效成分主要是多糖、蛋白质、多肽、DNA 和脂类等生物大分子，与其他有机高分子絮凝剂相比，主要成分、分子结构和所带的活性基团相似。因此，水处理絮凝学中传统的四种絮凝机理：吸附架桥作用、电荷中和作用、网捕卷扫作用和"化学反应"作用同样适用于生物絮凝剂。

（1）吸附架桥作用：絮凝剂大分子借助离子键、氢键和范德华力，同时吸附多个胶体颗粒，适宜的条件下在颗粒之间产生"架桥"现象，从而形成一种三维网状结构而沉淀下来，"架桥"的必要条件是微粒上存在空白表面。该学说可以解释大多数生物絮凝剂引起的絮凝现象，以及一些因素对絮凝的影响，并为一些实验所证实，因此受到人们的普遍接受。

（2）电荷中和作用：水体中的污染物颗粒和胶体粒子一般带有负电荷，具有链状结构的生物高分子絮凝剂及其水解产物整体表现为带有一定正电荷，靠近这些颗粒物质或者被吸附到胶粒表面上时，将会中和胶粒表面上的一部分电荷，减少静电斥力，从而使胶粒间能发生碰撞而凝聚。当絮体凝聚到足够大时，在重力作用下沉降下来。

（3）网捕卷扫作用：当生物絮凝剂投量一定且形成小粒絮体时，可以在重力作用下沉降。在沉降过程中，大量的絮体在拥挤沉降阶段，如同一张过滤网在下降，不断卷扫水中的胶粒及超微细颗粒（<5 μm），最终产生沉淀分离，这种现象被称为网捕卷扫作用。该作用是一种物理机械作用。当水中胶体杂质浓度很低时，所需絮凝剂量与原水杂质含量成反比，即原水中胶体含量少时，所需絮凝剂量大；反之亦然（朱艳彬，2006）。

（4）"化学反应"作用：生物絮凝剂高分子中的某些活性基团与被絮凝物质的相应基团发生化学反应，聚集成较大分子而沉淀下来。

絮凝过程是一个复杂的理化过程，在水处理中常常不是单独孤立的现象，而往往可能是上述机理同时存在、协同作用而最终实现的，只是在某一特定情况下以某种或某几种现象为主而已。目前，水处理絮凝学研究中普遍认可的"桥联作用"机理，即絮凝剂在水体中主要通过吸附架桥作用、电荷中和作用、网捕卷扫作用和"化学反应"作用等几个物理化学过程共同作用，最终发生凝聚和絮凝（王春丽等，2007）。

一般认为，高分子絮凝剂的吸附架桥作用是"桥联作用"的核心内容，也是促进胶体物质絮凝沉降的最主要作用力。以微生物分泌的胞外聚合物（extracellular polymer substances，EPS）作为絮凝活性成分的生物絮凝剂，其絮凝过程主要用"桥联作用"机理加以解释。生物絮凝剂的主要成分中含有亲水的活性基团，如氨基、羟基、羧基等，使细胞容易结合凝聚产生絮凝现象，其絮凝机制与有机高分子絮凝剂相同。大分子有线性结构，如果分子结构是交联或支链结构，其絮凝效果就差。相对分子质量对絮凝活性也有影响，一般来说相对分子质量越大，絮凝活性越高。

生物絮凝剂生物絮凝剂产生菌种类繁多，絮凝活性成分来源差异大、成分不单一，基于以上特质，生物絮凝剂的作用机理与传统絮凝剂还是存在一定不同之处的。针对生物絮凝剂的作用机理，先后提出过若干假说：如利用 PHB 酯合假说、荚膜假说、疏水假说、"三维基质模型"假说、阳离子直接作用假说、"类外源絮凝聚素"假说、病毒假说和菌体外纤维素学说等（苏峰等，2010）。

（1）利用 PHB 酯合假说：Crabtree 的 PHB 酯合假说是根据生枝动胶菌积累聚 β-羟基丁酸（PHB）提出的，主要用于解释含有 PHB 絮凝剂所引起的絮凝现象。

（2）荚膜假说：荚膜假说认为微生物细胞在生长过程中形成了黏性荚膜，从而使粘连颗粒形成絮体。

（3）疏水假说：疏水假说认为微生物细胞表面的疏水性与絮凝过程有关，颗粒与细胞表面的疏水作用对细菌的黏附起到重要作用。

（4）"三维基质模型"假说："三维基质模型"假说认为在离散细胞和伸展的桥键之间形成三维基质模型，在静止条件下可以沉降。

（5）阳离子直接作用假说：二价阳离子等离子产生的絮凝效应，有人认为是架桥作用，也有人认为是阳离子直接影响细胞壁含量，从而影响微生物细胞的絮凝性状。

（6）"类外源絮凝聚素"假说："类外源絮凝聚素"假说是针对絮凝菌的絮凝现象而提出的一种假说，认为絮凝性酵母细胞壁上的特定表面蛋白与其他酵母细胞表面的甘露糖残基之间的专一性结合引起絮凝。絮凝供体对蛋白酶敏感，仅存在于絮凝细胞上；受体对蛋白酶不敏感，受甘露糖专一控制，存在于絮凝和非絮凝细胞上（章承林和李万德，2004）。

（7）病毒假说：病毒假说是由 Strantford 提出的有关酵母絮凝作用的解释，认为外源絮凝集素可能从酵母的一种感染剂产生，而非酵母本身产生。例如，酵母絮凝可能受病毒转移激活蛋白表达的诱导；Kill-L 病毒与 FLO 表型伴随并且 LdsRNA 与假定的絮凝结构基因相一致，这提示了酵母絮凝是 Kill-L 病毒外壳蛋白表达的结果。但是病毒假说是基于间接证据的推理，需要进一步的实验证明。

（8）菌体外纤维素学说：Friedman 的菌体外纤维素学说主要是针对纤维素类生物絮凝剂提出的，由于部分引起絮凝的菌体外有纤丝，认为是这些胞外纤丝直接参与了絮凝，纤丝把颗粒联结在一起，聚合形成絮体。

利用脱离菌体且游离于发酵液中的 EPS 作为絮凝活性成分只是生物絮凝剂中的一类，所以"桥联"机理并不能通用于解释一切生物絮凝现象。上述一系列假说，对部分生物絮凝现象作出了合理的推论和解释，但是普遍存在适用范围窄的局限。生物絮凝剂是一种具有广谱絮凝活性的新型水处理剂，其作用机理复杂，需要综合絮凝剂自身及其作用水体的颗粒组成、结构、电荷、构象和各种反应条件的影响来进行深入的探讨，属于生物絮凝剂研究和开发工作的重点和难点（成文等，2003）。

1.2.7　生物絮凝剂絮凝效果的影响因素

1. 影响絮凝效果的内因

（1）微生物絮凝剂的相对分子质量。絮凝剂相对分子质量的大小对絮凝活性有较大影响。通常，絮凝剂相对分子质量越大，分子链越长，所带电荷和活性吸附位点越多，电荷中和能力就越强，架桥作用和卷扫作用越明显，其絮凝活性就越高。但过大的相对分子质量也会导致分子链因过长而折叠，反而影响胶粒的靠近，削弱架桥效应。根据目前国内外已经报道的微生物絮凝剂来看，其相对分子质量一般在 $10^5 \sim 10^6$（成文和胡勇有，2004b）。

（2）微生物絮凝剂的分子构型。絮凝剂分子在水中的伸展状态直接影响絮凝活性，一般以直链型为佳。

2. 影响絮凝效果的外因

（1）絮凝剂的投加剂量：每一种絮凝剂都有一个最佳投加剂量，过多或过少，絮凝效果均会下降。陈宗洪认为，絮凝剂的最佳投放量应为固体颗粒表面吸附大分子化合物达到饱和时吸附量的一半，因为此时架桥概率最大。实际操作过程中，每升废液中微生物絮凝剂的投加量一般在几毫升到几十毫升之间，所需浓度非常小（陈宗洪，1984）。

（2）温度：微生物絮凝剂易受温度的影响，主要是因为适当的升温可加速胶体粒子的运动速度而使絮凝过程加快，但温度过高会使絮凝剂有效成分因变性及空间结构改变，而不再与悬浮颗粒结合，表现出絮凝活性下降。一般对蛋白质类絮凝剂的影响较大。如 *R. erythropolis* 产蛋白质类絮凝剂 NOC-1 在 100℃下加热 15 min，絮凝活性即丧失 50%。微生物絮凝剂 TH6 在 30～50℃絮凝性能不受影响，在 80℃加热 20 min 絮凝活性即降低 34%。

（3）絮凝环境的 pH：微生物絮凝剂的絮凝能力与絮凝环境的 pH 有关，主要是因为酸碱度的变化影响微生物絮凝剂分子及其被絮凝胶体微粒表面电荷的性质、数量、形态结构及中和电荷的能力。不同的微生物絮凝剂对不同的被絮凝物具有不同的初始 pH 要求，这种差异主要是由絮凝剂的化学成分决定的。一般微生物絮凝剂的使用有一个最佳 pH 域，多在 2～10。

（4）金属离子的种类和浓度：金属离子的种类和浓度对微生物絮凝剂的影响很大。一定浓度的金属离子可以使微生物絮凝剂分子与悬浮颗粒以离子键结合，从而促进絮凝，对于提高微生物絮凝剂的絮凝活性有重要意义，但过高的离子浓度对絮凝性能提升有限，有时反而会降低絮凝性能。有人认为，这是因为金属离子的存在降低了胶粒表面电荷，促进了絮凝分子与胶粒以离子键结合（Xing et al.，2013）。

如图 1-33 所示，没有 Ca^{2+} 参与时形成的絮体体积大，致密性差，在搅拌速度过快等的情况下，很容易由大块变成小块，小块变成悬浮物，悬浮物变成胶体颗粒而重新恢复稳定。这样的絮体是不利于絮凝沉淀的，所以适量的添加金属离子有利于絮凝作用的产生。同时，不同价态的金属离子，其絮凝效果不尽相同，研究认为价态越高，促凝效果越显著，三价＞二价＞一价。

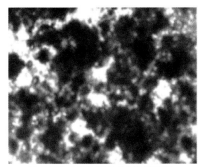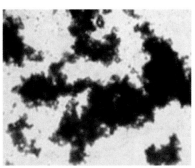

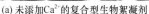
(a) 未添加 Ca^{2+} 的复合型生物絮凝剂 　 　 　 　 (b) 添加 Ca^{2+} 的复合型生物絮凝剂

图 1-33 　 未投加 $CaCl_2$ 溶液与投加 $CaCl_2$ 溶液后形成絮体的显微镜照片对比

（5）被絮凝胶粒表面电荷：胶粒表面电荷影响絮凝活性，同一絮凝剂对不同胶粒会表现出不同的絮凝活性。研究事实证明，由于微生物絮凝剂所带电荷多数为负电荷，因此更适合于处理阳离子型废水，对阴离子型废水则效果不明显。这是因为在处理阳离子型废水时，加入的生物高聚物吸附在带电胶粒上，将中和胶粒的表面电荷，这就降低了胶粒的 ξ 电位而使其聚沉，提高了絮凝活性。

1.2.8 　 生物絮凝剂的发酵生产工艺

微生物絮凝剂产生菌在通过有效的菌株筛选流程和纯化富集后，还要在最佳的发酵条件下生长培养，才能发挥巨大的絮凝作用。传统的发酵生产多以一段式发酵为主，但随着社会生产力的不断提升，污水量剧增，一段式发酵工艺已不能满足水处理的需求，因此众多学者纷纷关注对最佳发酵条件的探索，絮凝剂发酵过程动力学模型应运而生。例如，崔玉海采用 Logistic 方程和 Luedeking-Piret 方程分别建立菌体生长和底物消耗的动力学模型。虽然这些模型能够很好地模拟絮凝剂的发酵过程，但模型所得数据均为拟合的结构，并不适合直接应用于实际生产中，且模型单一，大多针对于氨基酸类絮凝剂的发酵生产。为实现絮凝剂广谱性良好的工业化生产，哈尔滨工业大学的马放等率先提出了两段式发酵工艺。即利用纤维素降解菌 HIT-3 和实验室絮凝菌 F2-F6 组成的复合型生物絮凝剂产生菌群进行两段式发酵生产，从而使产量得到显著提升，絮凝效果优良的微生物絮凝剂。在第一段发酵工艺中，秸秆类纤维素预处理后，利用筛选的高效纤维素降解菌 HITM-3，实现高效糖化。纤维素发酵液进入第二段发酵工艺中，利用复合型生物絮凝剂产生菌 F2-F6 制备复合型生物絮凝剂。在混合发酵条件下，菌株 F2 和 F6 产絮能力可保持高效和稳定。在葡萄糖浓度 20 g/L 时获得最佳产絮能力，絮凝率为 97.1%（Wang et al.，2011）。复合型生物絮凝剂两段式发酵生产工艺流程见图 1-34。

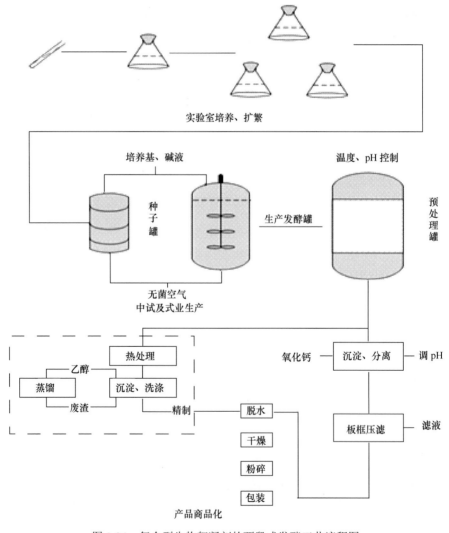

图 1-34 复合型生物絮凝剂的两段式发酵工艺流程图

1.2.9 生物絮凝剂的优势

随着生活品质的提高和环保意识的增强，常用絮凝剂在使用过程中的不安全性和给环境造成的二次污染越来越引起人们的重视，存在的问题主要包括：

（1）给被处理液带入大量无机离子，需增加脱盐、去离子工序，过量的无机离子不仅影响产品的风味、口感，也不利于人的健康。

（2）铁盐类絮凝剂具有很强的腐蚀性，限制了某些设备的使用；易残留铁离子，使被处理水带有颜色，影响水质。当处理含有较多硫化物的工业废水时，Fe^{3+} 会被还原为 Fe^{2+}，同时生成 FeS 和 Fe_2S_3 的混合物，此混合物呈胶体状态，带负电荷，很难形成絮凝沉淀。

（3）铝盐类絮凝剂由于沉淀物中含有大量该金属的氢氧化物而导致污泥机械脱水困难。有关资料显示，水中铝含量高于 $0.2 \sim 0.5$ mg/L 即可使鲑鱼致死；在碱性条件下（pH 为 $8.0 \sim 9.0$），水中铝酸根离子浓度高于 0.5 mg/L（以铝计）也可使鲑鱼致死。另外，铝对人类的危害也引起了注意：老年痴呆症与现在广泛使用的无机絮凝剂——聚合氯化铝有关。

（4）有机合成高分子絮凝剂丙烯酰胺多聚体虽然本身没有任何毒性，但是在使用中发现，聚丙烯酰胺的生物降解性差，会对环境造成二次污染，而且聚合单体丙烯酰胺具有强烈的神经毒性，是强致癌物。现在美国、日本等发达国家在许多领域已禁止或限量使用。

生物絮凝剂作为一种安全无毒、絮凝活性高、无二次污染的新型絮凝剂，对人类的健康和环境保护都有很重要的现实意义。生物絮凝剂的出现不仅解决了上述问题，而且因为其独特的性质具有以下优势：

（1）无毒无害，安全性高。生物絮凝剂为微生物菌体或菌体外分泌的生物高分子物质，属于天然有机高分子絮凝剂，它安全无毒，这已被许多实验证明。例如，生物絮凝剂 BFA9 的急毒试验结果表明：小白鼠一次性吞食 1.0 g/kg 的该絮凝剂后，体态、饮食、运动等均无异常反应；给小鼠，豚鼠注射 *R. erythropolis* 的细胞及培养液，均不致病。因此，生物絮凝剂不仅可以应用于水处理领域，而且完全适用于食品、医药等行业的发酵后处理。

（2）无二次污染，属于环境友好材料。目前使用的絮凝剂如铝盐、铁盐及其聚合物、聚丙烯酰胺衍生物等，经过絮凝之后形成的废渣，不能或难于生物降解，严重污染水体、土壤，造成二次污染，并且在水中积累达到一定浓度后，会对人体健康造成危害。生物絮凝剂是微生物的分泌物，主要成分是多聚糖、多肽和蛋白质等，具有可生化性，易被微生物降解，不会影响水处理效果，且絮凝后的残渣可被生物降解，对环境无害，不会造成二次污染。

（3）使用范围广，净化效果好。生物絮凝剂可以广泛地应用于给水处理、废水处理、食品发酵和生物制药等方面，能够提高对油和无机超微粒子的净化效果，具有良好的除浊和脱色性能等；同时还具有受 pH 条件影响小、热稳定性强、用量少等特点。

在乳化液的油水分离实验中，用 *Alcaligenues latus* 培养物，可以很容易地将棕榈酸从其乳化液中分离出来，在细小均一的乳化液中即形成明显可见的油滴，下层清液的 COD 去除率达 48%，远高于无机絮凝剂和高分子絮凝剂的絮凝效果。从日本的研究工作看，生物絮凝剂处理畜牧产业废水，瓦厂废水均具有较好的净化效果。瓦厂废水主要有胚体废水和釉药废水，投加 NOC-1 生物絮凝剂处理后，废水余浊大幅度下降，可得到几乎透明的上清液。据此，可望提高对无机超微粒子的净化效果。生物絮凝剂对废水的脱色效果也很显著，如用 *Alcaligenues latus* 培养物处理某造纸厂的有色废水时，即可形成肉眼可见的絮体，浮于水面，脱色率为 94.6%，而下层清水的透光率几乎与自来水相近（王卫平等，2009）。

（4）生物絮凝剂的生产和使用成本较低。主要从两方面考虑：生物絮凝剂为微生物菌体或有机高分子，应比化学絮凝剂便宜。生物絮凝剂是靠生物发酵产生的，化学絮凝剂是人工合成的。从生产所用原材料、生产工艺能源消耗等方面考虑，生物絮凝剂应是经济的，这一点为国内外普遍认同。生物絮凝剂处理技术总费用较化学絮凝处理技术总费用低。一般工业废水采用生物处理的技术费用低于化学处理技术的处理费用，前者约为后者的 2/3。以印染工业的漂洗水为例，达到二级排放标准，采用活性污泥法处理费用一般为 0.3～0.5 元/m³。采用化学混凝处理的费用一般为 0.7～1.0 元/m³。

采用生物絮凝剂处理废水，前面以生物吸附为主，后面以生物降解为主，其过程类似于 AB 法，其处理费用较目前的化学絮凝处理费用低，大约节约 1/3 的资金。

此外，生物絮凝剂易于实现固液分离，形成沉淀物少，适用范围广，具有除浊和脱色性能等。有的生物絮凝剂还具有不受 pH 条件影响、热稳定性强、用量小等特点。

可以预计，生物絮凝剂将使彻底消除污染成为现实，它终将大部分或全部取代合成高分子絮凝剂。在研制和开发新型的水处理剂已被提上议事日程的我国，将生物絮凝剂作为新一代高效无毒水处理剂进行研究并开发，是一个极为重要的方向。

1.2.10　生物絮凝剂在水处理中的应用

水中往往含有颗粒物、有毒有害物质、有机物、无机物及水中滋生的病原菌等，大量实验研究证实微生物絮凝剂在给水及饮用水方面有着其他无机及有机絮凝剂不可比拟的优势。同时，对于一些特殊废水，如畜产高浓度有机废水、含有建筑材料的高浓度无机废水及需要回收的食品及餐饮行业产生的废水，微生物絮凝剂因其特有的高效性、无毒性及可消除二次污染等优点，处理废水后均可达到满意的效果。生物絮凝剂的应用领域见图1-35。

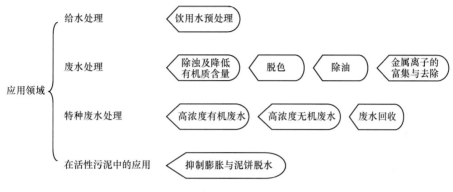

图 1-35 微生物絮凝剂的应用领域

1. 生物絮凝剂在城市给水排水中的应用

微生物絮凝剂在城市给水排水方面有很大的优势，同样的条件下，生物絮凝剂在沉降速度、絮凝率方面均优于无机絮凝剂，絮体无毒且可生物降解。

城市给水处理中，董军芳等（2002）把微生物絮凝剂和硫酸铝两种絮凝剂进行复合，处理自来水原水，并把复合的最佳方案用于 50 L 大批量自来水原水处理，获得较理想的结果。林文銮等（2001）从土壤和污泥中筛选获得两株絮凝活性较高的菌株，对泉州地区的原水处理获得良好效果。邓述波等从土壤中分离筛选得到一株能产高效絮凝剂的硅酸盐芽孢杆菌，该菌产生的絮凝剂具有用量少、絮凝效果好等特点。在 5000 mg/L 的高岭土悬浮液中使用该絮凝剂，絮凝率高达 99.6%，用于河水的处理效果理想。

城市污水处理中，用生物絮凝剂进行污水处理的研究有很多。康建雄等（2005）研制的普鲁兰作为絮凝剂，具有特殊的吸附性及电化学性，使其在有助凝剂的作用下进行分子架桥、吸附、絮凝与收缩沉淀。其可用作饮用水及生活、工业污水的净化剂，去除水中的悬浮物、BOD、COD，并脱色。杨桂生等（2004）从污水处理厂活性污泥中筛选获得了絮凝性能最优的菌株 GS7，GS7 对城市污水、餐饮废水和医院废水均有良好的絮凝除浊效果。曹建平等（2004）从污水处理厂的活性污泥和污水中筛选到一株有高絮凝活性的微生物（命名为 WB2），由该菌株分泌的微生物絮凝剂对高岭土有很好的絮凝效果，与聚合硫酸铁助絮凝剂共同使用时，该微生物絮凝剂对含藻污水的絮凝能达到理想的效果。曹建平等（2004）在城市污水强化一级处理的基础上，投加高效微生物絮凝剂产生菌 M-25，促进天然絮凝物质的产生，强化生物絮凝吸附作用，使污水 COD、SCOD 和 SS 的去除率有所提高。Levy 等从活性污泥及土壤中筛选出一株对高岭土悬浊液具有良好絮凝效果的黑曲霉，其去菌体培养液有较高的絮凝活性。宫小燕等（2003）考察了微生物菌 B-2 产生的絮凝剂的絮凝特性，该絮凝剂对热不敏感，100℃加热 25 min 絮凝活性才丧失 30%，它最大的特点是能处理偏碱性废水。He 等从活性污泥中筛选出一株高效的微生物絮凝剂产生菌，初步鉴定为霉菌 HHE6，高岭土絮凝实验结果表明，该菌产絮凝剂在不添加任何助凝剂的情况下，絮凝率达到 95.08%，用 $CaCl_2$ 复配该絮凝剂对城市污水的余浊去除率为 88%。

2. 生物絮凝剂在废水处理中的应用

李智良等（1997）从废水、土壤、活性污泥中分离出 42 株细菌，获得 5 株微生物絮凝剂产生菌：Ⅰ-23、Ⅰ-24、Ⅱ-2、Ⅱ-8、Ⅱ-12，其发酵离心液对造纸黑液、皮革废水、偶氮染料废水、硫化染料废水、电镀废水、彩印制板废水、石油化工废水、造币废水及蓝墨水、碳素墨水等进行絮凝试验，废水固液分离效果良好，COD 去除率为 55%～98%，悬浮物、色度、余浊去除率为 90% 以上。

1）脱墨剂废水

Fujita 等从污水处理厂回流污泥中筛选出 Q3-2 菌株，用其产生的絮凝剂对脱墨剂废水、碳素墨水悬浊液、涂料废水和豆制品废水进行絮凝净化实验，有极好的絮凝效果，尤其对脱墨剂废水的综合处理效果最佳，絮凝率为 91.4%，SS 去除率为 99.2%，对豆制品废水的处理效果稍差。

2）建材废水

建材废水含有大量无机颗粒，不易溶于水而呈悬浮状存在于溶液中，有时还含有染料和有机物，处理难度较大，生物絮凝剂同时具有絮凝和脱色性能，能满足处理要求。张晓辉等用所制备的微生物絮凝剂对建材中的透辉石和高岭土深加工废水进行了处理，效果较好。黄晓武、胡勇有等使用所制备的微生物絮凝剂对建材废水进行处理，在碱性条件下，每升废水中投放 8～10 mL 絮凝剂，能使余浊去除率达 92% 以上，与常规絮凝剂相比，具有用量少、絮凝速度快的优点。

3）印染废水

印染废水是棉、毛、化纤等纺织产品在预处理、染色、印花和整理过程中所排放的废水，色度高、COD 高、含多种有机成分且具有生物毒性。肖子敬等采用成型化的膨润土基多孔黏土材料作为固定混合脱色菌的载体，成功地制成了膨润土固定化细胞颗粒材料，应用于染料阳离子红 X-GRL 的脱色处理，具有良好的效果。Shih 等用自行研制的 NAT 型系列生物絮凝剂,对染料脱色进行了实验,研究结果表明从土壤中分离得到的 6 株菌株(命名为 NAT-1 至 NAT-6)所产生的絮凝剂,对活性艳蓝 KN-R、酸性湖蓝 A、酸性品蓝 G、直接深棕 M、直接耐晒蓝 B2RL、酸性媒介深蓝 AGLD 和直接黑染料生产废水具有良好的脱色性能。辛宝平等分别筛选并研究了吸附菌 GX2、菌株 HX、青霉菌 X5、菌株 ND1、菌株 ND2、青霉属(菌Ⅰ、菌Ⅱ)和头孢霉属(菌Ⅲ)的真菌对活性艳蓝 KN-R 的脱色作用及影响因素。Fujita 等研究了菌株 TKF04 对溴氨酸的脱色特性及影响因素,彭晓文等研究了影响微生物絮凝剂 L-3 絮凝活性的因素,并考察了其对酸性湖蓝、碱性品红、活性翠绿 KN-R、直接深紫 NM 的脱色性能。Zhang 等获得了产生高絮凝活性物质的动胶菌 SH-1,并以此对高岭土、泥浆、活性炭悬浊液和味精废水及酸性湖蓝 A 染料废水的净化进行了实验,在最佳实验条件下对酸性湖蓝 A 染料水溶液絮凝脱色率达 80%。满悦之等(2003)筛选出了一株丝状真菌(GX2)并对活性、酸性、碱性和直接染料进行了吸附及解吸试验,结果表明,该菌株对活性、酸性和直接染料有较高的吸附率,但碱性染料难被吸附;丙酮是较好的解吸剂,碱性介质有利于染料的解吸。黄惠莉等筛选出具有良好脱色活性的混合菌 A,并从中分离出单菌 N 和 F,以去除印染废水中的红颜色,脱色率为 80%。

4)制药废水

制药废水中含有机物,COD 含量大,余浊高且含抗生素。夏元东等(2002)采用微生物絮凝剂和粉煤灰过滤相结合的预处理工艺,其综合的效果可以将高浓度制药废水中的 COD 去除率为 80%,基本脱色澄清,且可以将对生化处理有抑制作用的抗生素予以降低。

5)含油污水

含油污水是一种常见的工业废水和生活废水,包括石油开采和石油化工排放的石化废水,以及其他行业排放的含油废水。絮凝剂处理含油污水由于费用低,常作为含油污水的一级处理。崔建升等(2004)制备的生物絮凝剂对试验用乳浊液絮凝除油效率达 95%以上,优于商品破乳剂 E-3453 的絮凝性能。将生物絮凝剂用于含油废水的处理,出水含油量小于 5 mg/L。尹华等对多糖微生物絮凝剂 JNBFs-25 的结构和性质进行研究,该絮凝剂对石化废水有良好的处理效果,并且对污泥的沉降性能有较好的改善。李桂娇等(2003)筛选出了 3 株絮凝活性很高的菌种(JSP-18、JSP-26、WU-16),分别采用 80%(体积比)的 JSP-18、JSP-26、WU-16 的培养液与 20%(体积比)的 J-25 菌液联合处理某石化厂废水,其除浊率大于 90%,对 COD 的去除率分别为 70.0%、44.0%和 23.0%。

6)洗毛废水

洗毛废水是洗羊毛生产工艺排出的高浓度有机废水,外表常呈灰黑色或浅棕色，表面覆盖一层含各种有机物、细小悬浮物及各种溶解性有机物的含脂浮渣。林俊岳等（2004）研究了生物絮凝剂代替化学絮凝剂处理高浓度洗毛废水的絮凝效果，试验结果表明微生物絮凝剂的絮凝效果优于化学絮凝剂，可以使洗毛废水的 COD 去除率达到 85%，SS 去除率达到 88%，水的颜色由灰黑色变成红褐色。

7）味精废水

味精废水具有余浊高、黏性大、pH 低、SS 和 COD 含量高等特点，必须经适当的处理后才可排放。陶涛等研究了微生物絮凝剂普鲁兰处理味精废水的絮凝效果及最佳反应条件，小试结果表明，普鲁兰用于高浓度味精废水的预处理，可以有效地降低出水的 COD 和 SS，并且不需要调节 pH。郭雅妮等（2004）对酵母菌处理味精废水的工艺条件进行了研究，在最佳工艺条件下，该技术作为前处理工艺，可使废水 COD 的去除率达 60%以上，为后处理的达标排放提供了基础，并可回收一定的酵母蛋白。

8）酱油废水

曹建平等（2004）利用高效絮凝剂产生菌 M-25 所产生的微生物絮凝剂处理酱油废水，处理结果与 $Al_2(SO_4)_3$ 和 PAM 作对比。结果表明：微生物絮凝剂 M-25 单独处理酱油废水的效果优于 $Al_2(SO_4)_3$，与 PAM 效果接近，且所需沉降时间最短，仅为 30 min；与 $Al_2(SO_4)_3$ 复配后，可提高处理效率，絮凝率和 COD 去除率分别达到 77.2%和 79.8%。

9）啤酒废水

啤酒厂废水中含有许多易于生物降解的有机物，其中 COD、BOD_5 高达 1000mg/L 以上。啤酒废水中有机物含量较高，直接排放会大量消耗水体中的溶解氧，导致环境恶化。目前我国啤酒废水多采用好氧生物处理法进行处理，不仅电耗大、成本高，而且处理后废水中的 N、P 含量仍然偏高。陈烨等（2004）采用一株硅酸盐细菌 GY03 菌株所产生高效生物絮凝剂，对高浓度啤酒废水进行了初步处理，提出最佳处理条件和工艺，废水的 SS、BOD_5 和 COD 的去除率分别可达 93.5%、77.4%和 70.52%，处理效果理想。

10）麸质废水

淀粉制造工艺产生的麸质废水（俗称黄浆废水）中含有细小的悬浮麸质颗粒及溶解性蛋白。Deng 等使用阴离子多糖类絮凝剂 MBFsA9 对淀粉废水进行处理，1 m^3 废水可回收 2 kg 固体沉淀剂，废水中的 SS、COD 去除率分别达 85.5%和 68.5%，效果明显优于常用的化学絮凝剂。他们还利用从土壤分离、筛选得到的高效絮凝剂产生菌 A-9 产生的絮凝剂处理淀粉厂的黄浆废水，效果明显优于常用的聚铝、聚丙烯酰胺。

11）金属废水

金属废水中的许多金属离子具有生物毒性，在生物链中易积累，大量排放金属废水，不但会危害人体健康，也会使其中的稀有贵金属流失，因此，金属废水的治理和贵金属的回收已成为生态环境治理的一个热点。生物絮凝剂由于具有来源广、吸附能力强、适用条件宽、易于分离回收等特点，已广泛应用于金属废水处理领域。王竞等研究了胞外高聚物 WJ-I 对水溶性染料及 Cr(VI)的吸附特性及吸附机理，pH<2 时，Cr(VI)的吸附率最大值达 98%；WJ-I 对水溶性染料的吸附符合架桥模型；Cr(VI)的吸附过程符合 Freundlich 数学模型和表面螯合机理。王竞等研究了一种新型细胞外聚合物 WJ-I 对水中重金属 Cr(VI)的吸附特性，整个吸附过程符合 Langmuir 吸附模型。陈欢等（2002）用纤维堆囊菌 NUST06 发酵液精制产生一种新型生物絮凝剂 SC06。SC06 的絮凝活性依赖于阳离子的存在，适宜处理重金属废水、砖厂废水和煤矿废水等带正电荷的废水。Dermlim 采用梯度浓度驯化的方法，从自然界筛选了高耐铜的微生物枝孢霉属菌，可有效去除电镀废水中的铜。

生物絮凝剂因其具有超强的絮凝性能，可使一些难处理的高浓度废水得到絮凝，并明显降低 COD、色度等指标，同时，微生物絮凝剂易生物降解，对环境安全，无二次污染，是一种有着良好发展前景的新型绿色药剂，具有广阔的应用前景。

1.2.11 复合型生物絮凝剂的内涵及研究进展

目前，生物絮凝剂研究多处于实验室水平，主要集中在生物絮凝剂产生菌种的筛选及其产生絮凝剂的絮凝性能方面的研究。生物絮凝剂发酵成本高是限制其工业化生产和大规模应用的瓶颈问题。因此，哈尔滨工业大学马放教授率先提出了复合型生物絮凝剂的概念。以农业废弃物秸秆类纤维素为发酵原料，利用纤维素降解菌群和生物絮凝剂产生菌菌群组成的复合型生物絮凝剂产生菌菌群，进行二段式发酵，实现纤维素糖化段与絮凝剂产生菌产絮段的复合，生产高效复合型生物絮凝剂（Wang et al.，2011）。

1. 复合型生物絮凝剂的开发历程

在复合型生物絮凝剂的生产中，通过有效的生物絮凝剂产生菌筛选方法，获得了复合型生物絮凝剂产生菌群的构建方案，即采用 F2 和 F6 菌株作为高效复合型生物絮凝剂产生菌，用以制备复合型生物絮凝剂。其中，菌株 F2 和 F6 分离、筛选自土壤和油田废水处理单元的活性污泥样品（李大鹏，2010）。

通过探讨复合型生物絮凝剂对松花江源水、强酸性废水、生活污水、墨汁废水、中药废水和泥浆废水的絮凝效果，证明其对不同的水质都表现出良好的絮凝能力、脱色能力、除浊能力和有机物去除能力。对复合型生物絮凝剂应用的安全性问题进行了研究，根据急性经口毒性实验、骨髓嗜多染红细胞微核实验、Ames实验、致畸实验，证明复合型生物絮凝剂是一种无毒、安全的新型水处理剂，其应用前景将相当广阔。

课题组成功研发了复合型生物絮凝剂应用过程的智能检测和控制系统，是推动复合型生物絮凝剂大规模应用过程中的重要环节。

2. 复合型生物絮凝剂的生产工艺及技术

在充分调研和可行性论证的基础上，马放教授等提出了一套具有自主知识产权的复合型生物絮凝剂的完整工艺路线，并申请了国家专利（马放等，2012），其关键步骤如下：

（1）秸秆类纤维素原料预处理：采用物理-化学法联用技术对秸秆类纤维素进行预处理，加入营养盐进行配料，成为发酵生产初始物料。

（2）第一段发酵：即纤维素高效糖化段，将高效纤维素降解菌菌群接入准备好的发酵物料中，完成纤维素的高效糖化过程。

（3）第二段发酵：即糖化液制取生物絮凝剂段，将高效生物絮凝剂产生菌菌群接入纤维素糖化液中，制备得到复合型生物絮凝剂。

该项技术的特点在于：①采用混合培养方式，利用生物絮凝剂产生菌株构建生物絮凝剂产生菌菌群，用于生产絮凝剂，以实现产絮能力的高效和稳定；②高效纤维素降解菌的增殖、产酶和酶水解在同一体系中进行，省去了酶提取步骤，避免了酶活在提取中的损失，同时简化了工艺，减少了设备投资，并大大降低了生产成本。复合型生物絮凝剂有效降低了发酵生产的成本，有利于实现产业化和广泛的水处理应用推广。

3. 复合型生物絮凝剂的内涵

复合型生物絮凝剂的技术特点及其创新性集中体现在3个"复合型"的特点。

（1）发酵工艺复合型：复合型生物絮凝剂采用混合菌种，进行二步发酵生产，具有发酵工艺复合型的特点。纤维素降解菌的筛选及其菌群的构建实现了糖化段的高效、便捷；生物絮凝剂产生菌群的筛选和构建实现了生物絮凝剂生产的高效、稳定；二者有机偶联，工艺流程简便、高效。

（2）主要成分复合型：复合型生物絮凝剂主要成分具有复合型特点，包括生物絮凝剂产生菌株分泌的胞外分泌物、纤维素降解菌和生物絮凝剂产生菌菌体及其自溶溶出物、纤维素残体等。其中，既含有低分子物质如纤维二糖，又含有高分子物质如胞外多糖、菌体蛋白等。

（3）絮凝机理复合型：复合型生物絮凝剂的絮凝机理具有复合型特点，这是由其主要成分复合型所决定的。

综上所述，与国内同类产品比较，复合型生物絮凝剂的前景好、容量大，具有较强的市场竞争力和较好的潜在经济效益及社会效益。

1.3 生物絮凝剂的发展趋势及展望

目前，我国絮凝剂产业及其应用发展与水环境污染治理、水资源回用和安全饮用水供给的巨大市场需求尚存在一定差距，尤其适用于低温低浊水质、高效除磷控藻，去除重金属、COD 和色度去除等的高效、环境友好型絮凝剂产品匮乏。絮凝剂总的发展趋势是由低分子向高分子，由无机向有机，由单一向复合。努力寻求一种廉价实用、环保、无毒高效型絮凝剂是当今该领域研究者的主要任务之一。生物絮凝剂能克服无机/有机絮凝剂在应用过程中存在的二次污染等问题，越来越受到环境工程界的青睐（Bo et al.，2012）。但是，生物絮凝剂作用范围相对较窄和制备成本偏高等劣势是制约规模化应用的主要瓶颈。因此针对生物絮凝剂目前存在的问题，可以从以下几个方面展开进一步研究。

1）生物絮凝剂产生菌菌种资源库的构建

在常规传统选育方法的基础上，进一步完善产絮微生物选育方法及诱变育种方法，以及利用复杂基质产絮微生物的选育、培养及保藏，开发多元化与和谐化的混合生物絮凝剂产生菌群，提高水处理系统中生物处理环节的稳定性及多样性，构建智能化菌种资源库，从而可以针对不同的处理对象选取不同菌种资源。

2）寻找廉价底物，开发废弃物预处理技术及资源化利用

昂贵的原材料和培养成本一直是困扰生物絮凝剂发展的最主要原因之一，要想尽早将生物絮凝剂应用到生产实践中，必须解决好这个经济成本问题，近年来这方面的研究也日益增多。开发以多元化废弃物，如以有机废料、发酵残液、剩余污泥等为廉价原料的生物絮凝剂制备技术，解决廉价培养营养物质的组成及残留营养物质的利用问题；在探明多元化混合原料对微生物发酵产絮影响规律的基础上，着重研发多元化混合原料的预处理工艺技术，以及产品后处理工艺技术，从而实现混合底物的定向转化。

3）生物絮凝剂产生菌的复配技术，开发复合型生物絮凝剂

随着生物絮凝剂研究工作的不断开展，单一类型的生物絮凝剂已经有些局限。已有不少科研工作者将目光转向复合型生物絮凝剂的研究，以期实现优势互补（Zhao et al.，2012b）。因此，研究多种混合基质中产絮微生物及混合菌群

的生长特性及产絮效能,建立生物絮凝剂产生菌群复配方法及扩大培养技术,探索基于多元化廉价混合原料的生物絮凝剂生产工艺,实现混合菌群利用混合底物的定向转化。

4)深入研究絮凝机理

从物理、化学和生物学等不同角度深入研究生物絮凝剂的絮凝机理,分析探讨不同的生物絮凝剂对不同类型的污水废水的作用原理,找出其中的规律,以指导开发出更具有针对性的新型高效生物絮凝剂。

5)改进生物絮凝剂的提纯方法

由于生物絮凝剂主要是由多聚糖和蛋白质等组成,其提取方法与一般的多聚糖和蛋白质的提取方法相近,但这些方法流程复杂,操作烦琐,药耗较大,不利于生物絮凝剂的推广。因此,亟待开发出新的经济简便高效的、适应于大规模生产的絮凝剂提纯方法。

6)构建高效生物絮凝剂工程菌

实践证明,从自然界分离筛选到的絮凝剂产生菌,不但生产成本高,而且絮凝效果也不稳定,难以适应实际的应用需求。而利用现代分子生物学技术和转基因技术构建的基因工程菌,具有较强的目的性和针对性,使其具有双亲的优良性状,不但可以大幅提高絮凝剂产量,而且更具有稳定的絮凝能力。

第2章 多元化生物质废弃物高值利用制备生物絮凝剂关键技术

本章阐明了多种混合基质中产絮微生物及混合菌群的生长特性及产絮效能。开发了一种以菌丝球为载体发酵生物絮凝剂的方法,实现了生物絮凝剂的固定化。构建了生物絮凝剂产生菌种质资源库,实现了菌种资源的统一与共享。

2.1 高效产絮微生物的选育及菌种资源库的构建

2.1.1 高效产絮微生物的选育

在油污土壤及废水处理单元曝气池的活性污泥中经过初筛、复筛得到高效产絮菌 F2、F6 和产业化备用菌株 MF1、MF3、MF6、MF9、MF15、L4#、HHE-P7、HHE-A8、HHE-P21 和 HHE-A26 等。根据形态特征、BIOLOG 菌种鉴定仪鉴定结果,结合 16S rRNA 测序结果,依据多相分类综合定属的原则,确定 F2 菌株为土壤根瘤杆菌(*Agrobactrium tumefaciens*)、F6 菌株为球形芽孢杆菌(*Bacillus sphaeicus*)、备用菌株 MF3 为弗里德兰德氏杆菌(*Klebsiella pneumoniae*)。如图 2-1～图 2-3 所示(张沫,2006)。

由图 2-1～图 2-3 可以清晰地看到,菌体细胞之间有很多黏稠的物质存在;透射电镜照片中,可以清晰地观察到菌体四周有黏液状物质存在。

2.1.2 产絮菌菌株 BIOLOG 系统分析

产絮菌株 F2 和 F6 分别在 BIOLOG GP2 96 微孔板上,经过在 30℃、有氧环境中培养 4～6 h 后,通过系统自动检测到所发生的显色反应,其中红色圆圈表示可利用该位置上的碳源,白色圆圈表示不可利用该位置上的碳源,白色和绿色相间的圆圈表示现象不明显。产絮菌株 F2 和 F6 的 BIOLOG 系统生化分析数据,如图 2-4 和图 2-5 所示。

由图 2-4 和图 2-5 可知,对于 95 种不同的碳源,菌株 F2 可利用其中的 50 种,占 52.6%;菌株 F6 可利用其中的 75 种,占 79.0%。这说明,产絮菌株 F2 和 F6 生长所需的碳源具有广谱性,即复合型生物絮凝剂适宜的工业化碳源原材料的选择范围较为广阔(张沫,2006;王薇,2009)。

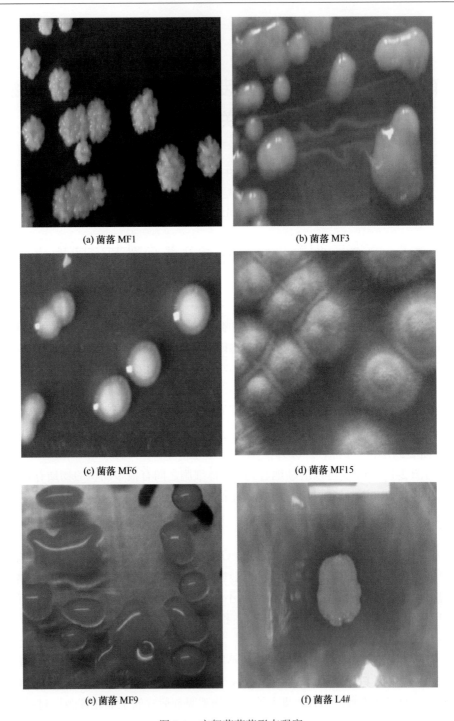

(a) 菌落 MF1　　　　　　　　　　　(b) 菌落 MF3

(c) 菌落 MF6　　　　　　　　　　　(d) 菌落 MF15

(e) 菌落 MF9　　　　　　　　　　　(f) 菌落 L4#

图 2-1　产絮菌菌落形态观察

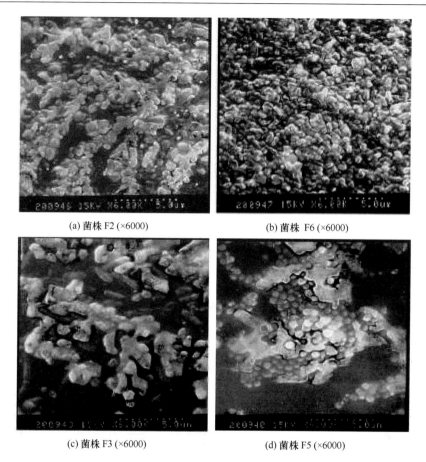

(a) 菌株 F2 (×6000)　　　　　　　　(b) 菌株 F6 (×6000)

(c) 菌株 F3 (×6000)　　　　　　　　(d) 菌株 F5 (×6000)

图 2-2　产絮菌扫描电镜观察

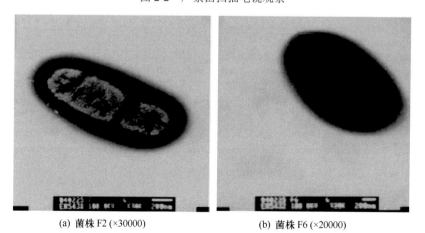

(a) 菌株 F2 (×30000)　　　　　　　　(b) 菌株 F6 (×20000)

图 2-3　产絮菌透射电镜观察

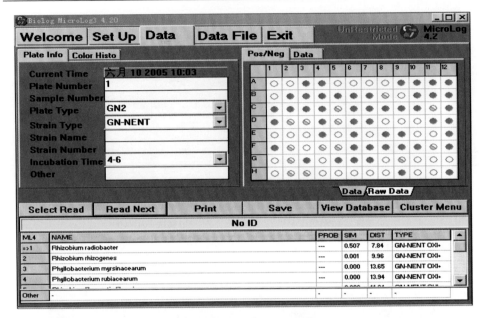

图 2-4　BIOLOG 系统 F2 鉴定数据

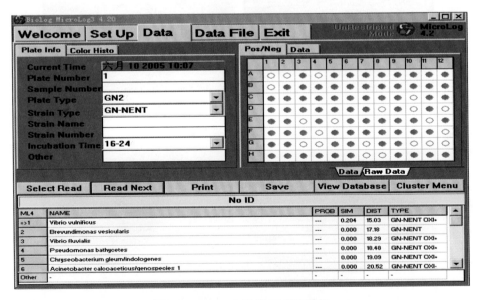

图 2-5　BIOLOG 系统 F6 鉴定数据

同时，用 MicroLog4 菌种鉴定软件对图 2-4 和图 2-5 进行数据分析，并与 BIOLOG 菌种库中菌种进行比对得出结果，再次证明 F2 菌株为土壤根瘤杆菌（*Agrobactrium tumefaciens*），F6 菌株为球形芽孢杆菌（*Bacillus sphaeicus*）。

2.1.3　产絮菌生长特性研究

1. 产絮菌产絮能力的遗传稳定性

高效产絮菌种的一个必备的优良特性是其产絮能力遗传稳定性。为此，考察产絮菌种的传代稳定性。考察传代 1～10 次过程中，产絮菌株的絮凝能力，如图 2-6 所示。发现 F2 和 F6 所产生物絮凝剂絮凝效果一直保持在 90.0%以上，说明具有良好的高效产絮遗传稳定性（朱艳彬，2006）。

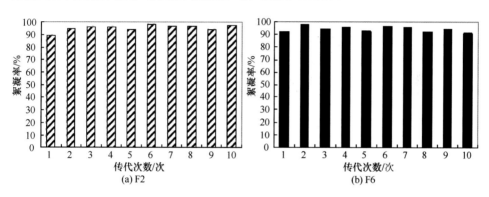

图 2-6　菌株 F2 和 F6 的产絮能力遗传稳定性

2. 产絮菌的生长曲线

从图 2-7 可看出菌体的静止期在接种后的 4 h 内，然后进入对数生长期，并且一直持续到第 14 h，接种后第 14 h 进入稳定期，在 48 h 之后光密度不再明显变化。这说明引起絮凝的活性物质是由微生物在发酵过程中生物合成的，并非微生物细

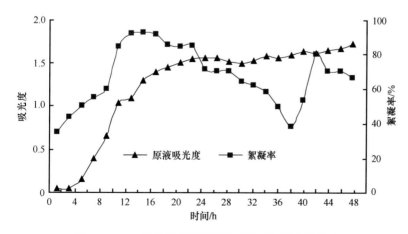

图 2-7　MF3 的生长曲线及培养时间对絮凝率的影响

胞自溶产生的。以后随着培养时间的增长，絮凝活性有所下降，该现象可解释为由体系中解絮凝酶的产生和细菌内源呼吸所致。

从图 2-8 可以看出 F6 的生长曲线与 F2 不同，与一般的生长曲线也不同，它在 1 天之后，光密度值不再变化，表示菌不再生长，进入了潜伏期，合成代谢基本停止，这样延续到 4 天，又开始了二次生长，6 天之后基本不再生长，这与我们所测的絮凝率有相同之处，即刚开始时，所有的菌都在生长，所以絮凝率很高，1 天之后，F6 不再生长，而 F2 继续生长，并且在 2 天以后没有了太大的变化，它产生的絮凝性物质量开始降低，表现出的絮凝率也不高，到第 3 天絮凝率出现最低值，此时，F6 的生长曲线出现了略微的下降。从第 3 天开始，F6 又开始生长，它再次开始产生絮凝性物质，因此，4 天的絮凝率开始回升，到 6 天的时候，F6 也基本不再生长，6 天絮凝率又出现了低潮。

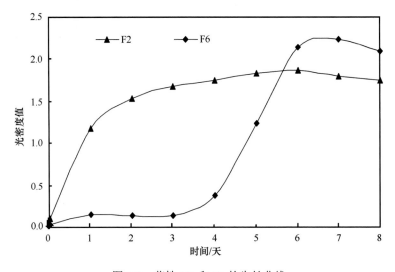

图 2-8　菌株 F2 和 F6 的生长曲线

图 2-8 中，在 F2 和 F6 生长的指数期，絮凝活性物质大量积累，絮凝率很高，而到了稳定期，絮凝率不再增高，并呈下降趋势，从而可推测出 F2 和 F6 产生的生物絮凝剂是作为一种初级代谢产物与菌体生长同步合成分泌的（李大鹏，2010）。

3. 胞外分泌物电子显微观察

由图 2-9 和图 2-10 可清晰地看到，产絮菌株 F2 纯菌发酵条件下在菌体四周分泌大量黏液状物质，F6 纯菌发酵条件下向发酵液中分泌出一种成束纤维状物质。引起絮凝的产生菌 F6 体外有纤丝，絮凝物是由于胞外纤丝聚合形成的，这与"菌体外纤维素纤丝"学说相印证，有助于絮凝剂产生菌 F6 絮凝机理的阐释。

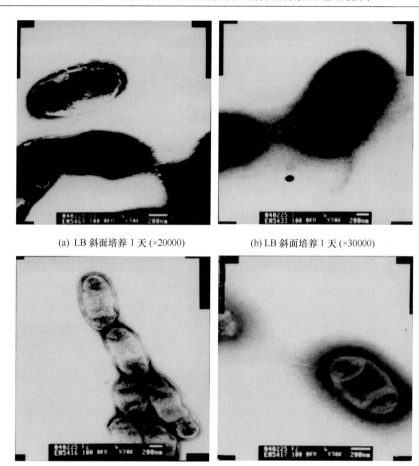

(a) LB 斜面培养 1 天 (×20000)　　　　　(b) LB 斜面培养 1 天 (×30000)

(c) 液态发酵 4 天 (×20000)　　　　　(d) 液态发酵 4 天 (×30000)

图 2-9　产絮菌 F2 及其胞外分泌物透射电镜观察

　　无论是纯菌发酵还是混合发酵，菌体细胞之间出现粘连现象，很难观察到单个细胞。特别是混合发酵状态下，视野观察到大量团絮状物质离散在菌体之间，电镜观察视野"很脏"，这可能是由于这些胞外分泌物质在样品制片过程中，大量吸附使用的染色剂所致（李大鹏，2006；朱艳彬，2006）。

2.1.4　复合型生物絮凝剂的理化特性

1. 复合型生物絮凝剂的表面形貌

　　分别采用扫描电镜（SEM）和原子力显微镜（AFM）对固态和不同 pH 液体环境中复合型生物絮凝剂的形貌进行观察。

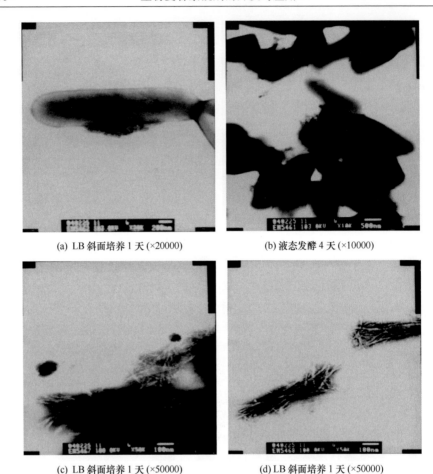

(a) LB 斜面培养 1 天 (×20000)　　　　　(b) 液态发酵 4 天 (×10000)

(c) LB 斜面培养 1 天 (×50000)　　　　　(d) LB 斜面培养 1 天 (×50000)

图 2-10　产絮菌 F6 及其胞外分泌物透射电镜观察

采用 SEM 观察了干燥状态下复合型生物絮凝剂的表面形貌。结果如图 2-11 所示。复合型生物絮凝剂呈多分子缠绕的聚集状态，且分子链间结合紧密，但并非单一的直链结构，而是有很多分支。

采用原子力显微镜观察复合型生物絮凝剂纯化样品分别在水溶液、0.01 mol/L H^+ 和 0.01 mol/L OH^- 中的表面形貌（图 2-12～图 2-14），为进一步研究其高级结构和构效关系提供实验数据和理论依据。

图 2-12（a）～（d）分别是复合型生物絮凝剂在水溶液中分散形态的低分辨率平面图、低分辨率立体图、高分辨率平面图和高分辨率立体图。可以清楚地看出，絮凝剂呈较大的聚集体分散，每个聚集体由形态不一的多个小聚集体组成。图 2-12（c）中小聚集体的长度分别为 400 nm 和 1000 nm，宽度为 200～300 nm。

图 2-11　复合型生物絮凝剂的扫描电镜图

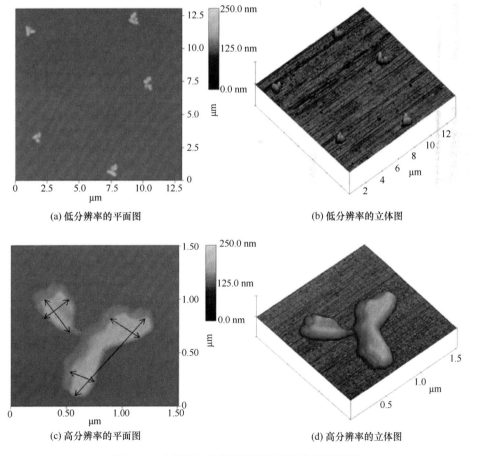

图 2-12　水溶液中生物絮凝剂的原子力显微镜图

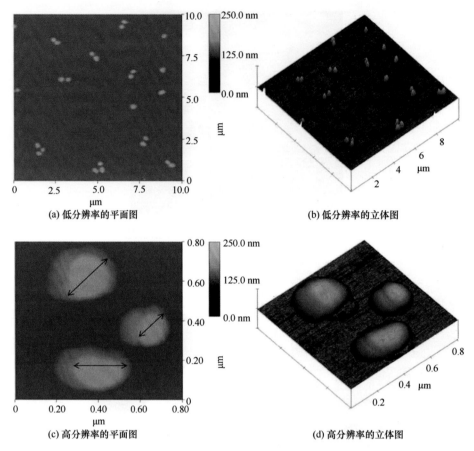

(a) 低分辨率的平面图　　　　　　　　(b) 低分辨率的立体图

(c) 高分辨率的平面图　　　　　　　　(d) 高分辨率的立体图

图 2-13　0.01 mol/L H$^+$溶液中生物絮凝剂的原子力显微镜图

　　图 2-13（a）～（d）分别是复合型生物絮凝剂在弱酸性溶液中分散形态的低分辨率平面图、低分辨率立体图、高分辨率平面图和高分辨率立体图。在图 2-13（a）的原子力显微镜图像中，絮凝剂呈近似球形聚集体分散，球形小聚集体之间距离比在水溶液中的大，但也有彼此吸引并靠近的趋势。聚集体的长轴在 200～350 nm。复合型生物絮凝剂的主要成分是酸性多糖，在酸性环境中，彼此相斥而使生物絮凝剂的分子链无法伸展，聚集成团。同时 H$^+$能够促进—COOH 等基团的水解，所以在此环境中聚集体小于水环境中形成的聚集体尺寸。

　　图 2-14（a）～（d）分别是复合型生物絮凝剂在弱碱性溶液中分散形态的低分辨率平面图、低分辨率立体图、高分辨率平面图和高分辨率立体图。从图 2-14（a）中可以看出，在此环境下复合型生物絮凝剂呈现多分枝的结构。通过对图 2-14（c）中聚集体尺寸进行量度，可知这种结构的尺寸为长 150～200 nm，直径 50～100 nm。

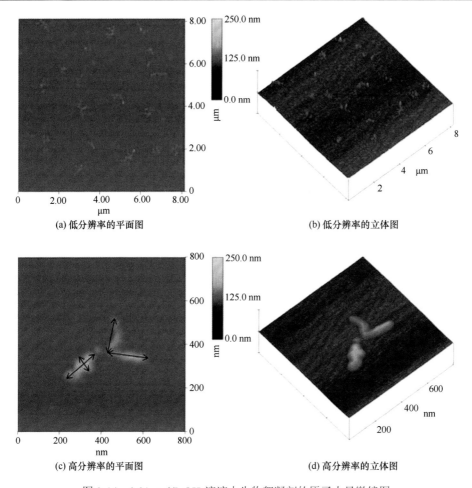

(a) 低分辨率的平面图　　　　　　　　　　(b) 低分辨率的立体图

(c) 高分辨率的平面图　　　　　　　　　　(d) 高分辨率的立体图

图 2-14　0.01 mol/L OH⁻溶液中生物絮凝剂的原子力显微镜图

其尺寸小于在水溶液和弱酸性环境中絮凝剂聚集体的尺寸。这种现象可能是由于在碱性环境中，絮凝剂分子链上的官能团能够很好地离解，从而使分子链更容易展开。

　　通常多糖分子链大小为 0.1～1.0 nm，在图 2-12～图 2-14 中，絮凝剂分子聚集体的尺寸均在 100 nm 以上，说明每个聚集体由多个絮凝剂分子缠绕而成。由于絮凝剂分子链上分布有密集的官能团，相互之间具有很强的作用力，在弱碱性条件下很难使其全部离解。这些官能团之间的吸引提供了形成聚集体的动力，同时也是絮凝剂具有良好絮凝效果的本质原因。

2. 复合型生物絮凝剂热解特性

　　TGA 曲线可以给出热分解温度，在 TGA 曲线中第一次失重是由于絮凝剂中的羟基或羧基等活性基团引起，根据失重温度的不同，可以初步判断絮凝剂中含有的主要活性基团。从 DSC 曲线可以得知玻璃化温度，由此可以判断固体絮凝剂中分子的存在形式是接近于晶体，还是倾向于无定形，即反映了分子间相互程度的高或低。晶体物质的分子链是刚性的，对于溶液和其他化学物质具有更强的抵抗性，而无定形物质通过一定手段的改造后可以提高其结晶度。图 2-15 给出了生物絮凝剂的热失重特性。

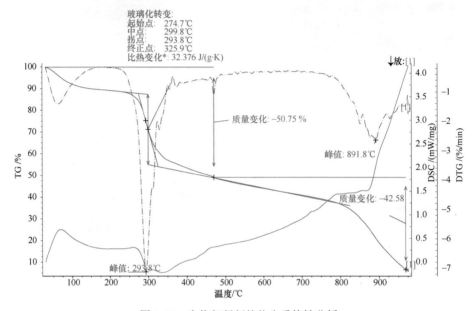

图 2-15　生物絮凝剂的热失重特性分析

　　从图中可以看出，当温度从室温升至 150℃，生物絮凝剂失重约为 10%，这可能是由于生物絮凝剂含有的水分散失引起的。生物絮凝剂结构中的羧基和羟基官能团能够与水分子结合，且含量越高，生物絮凝剂与水分子之间的结合力越强，导致含水量越高。升温至 400℃，其质量快速减少，损失约为 40%，这部分损失可能是由絮凝剂中支链的分解引起的。从 TG 曲线可以看出，其玻璃化转变温度出现在 293.8℃。当温度由 400℃升至 800℃，质量损失缓慢，其后又急剧减少。400～800℃温度范围内的失重可以归因于生物絮凝剂主链上部分基团的分解，失重速率缓慢可能是由于生物絮凝剂的高相对分子质量。当温度由 800℃升至 1000℃，热解速率再次升高，絮凝剂的分子链完全分解，直至质量损失达到 100%。

3. 复合型生物絮凝剂稳定性分析

1）热稳定性

温度能够在一定程度上影响絮凝剂的絮凝活性，一般来说蛋白质类生物絮凝剂对温度较为敏感，而多糖类生物絮凝剂则受温度影响不大。以高岭土悬浊液为样品，测定了复合型生物絮凝剂的热稳定性，结果如图 2-16 所示。

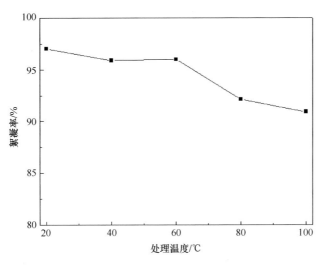

图 2-16　生物絮凝剂的热稳定性

从图 2-16 可以看出，在 20～100℃温度范围内，复合型生物絮凝剂表现出了一定的热稳定性，絮凝效率维持在 90%以上。当温度为 60℃时，絮凝剂的活性并未出现明显下降，由此可见，在所考察的温度范围内，复合型生物絮凝剂的结构基本未遭破坏，因而仍然具有较高的絮凝活性。

2）pH 稳定性

将絮凝剂溶液分别用 NaOH 和 HCl 溶液调节到不同 pH，在 4℃下放置 24 h，测定 pH 条件对絮凝剂活性的影响，结果如图 2-17 所示。

表明酸性条件能够使絮凝活性大幅下降，中性和弱碱性环境（pH=7.0～9.0）对絮凝活性影响甚微。在碱性条件（pH＞9.0），絮凝活性略有下降。絮凝剂分子链中含有大量的—OH、—COOH 等基团，这些基团在酸性下可能被水解或者相互间发生反应，从而影响到絮凝效果。而碱性环境会引起分子链的断裂，但是絮凝活性基团的作用能够得到充分发挥，所以絮凝效果的降低并不明显。

3）存储稳定性

为了考察复合型生物絮凝剂的储存稳定性，将分别考察其固态和液态状况下存储不同时间的絮凝活性。固态存储是将絮凝剂冷冻干燥后，在室温的干燥器中避光保存。液态存储是将提纯后的絮凝剂溶于水，盛放在一定的容器中，于–24℃冰箱中冷冻保存。考察了存储时间为 30 天、60 天、90 天、…、300 天后絮凝剂的絮凝率，结果如图 2-18 所示。

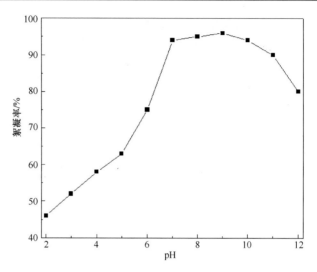

图 2-17　生物絮凝剂的 pH 稳定性

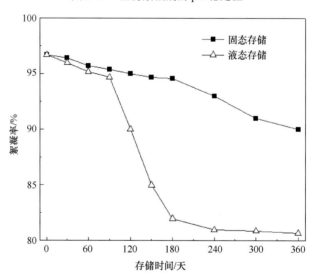

图 2-18　不同保存条件下生物絮凝剂的稳定性

　　固态保存时，0～30 天内絮凝效果随时间变化不大，180 天后的絮凝率仍保持在 95% 以上，此后下降幅度略为增长，360 天之后絮凝率降到 90%。液态存储的絮凝剂絮凝效果下降较多，存储时间为 90 天时絮凝率为 94.2%，之后絮凝率继续以较快的速度下降。当存储时间 240 天时，絮凝率为 82.1%，直到存储时间为 300 天，絮凝率基本不变。总之，在这两种存储方式中，絮凝剂的絮凝效果得到较好的保存，且固态存储的效果优于液态存储。这种情况可能是因为在干燥条件下，细菌繁殖和发生化学反应的机会较少，絮凝剂的分子链及链上絮凝基团得以良好的保持，因此絮凝效果下降很少。在液态情况下，即使是–24℃的环境，也会有细菌存在而导致对絮凝剂结构的破坏，使絮凝率下降。

2.1.5　复合型生物絮凝剂的成分分析

1. 复合型生物絮凝剂的定性反应

为了分析测定絮凝剂的组成，首先进行了糖和蛋白质的呈色反应，以定性判断复合型生物絮凝剂的有效成分，反应的实验现象及结果分析见表 2-1。

表 2-1　絮凝剂成分定性分析结果

反应类型	分析方法	实验现象	结果分析
糖呈色反应	Molish 反应	出现紫环	可能是糖类物质
	蒽酮反应	呈现蓝绿色	含有糖类物质
	Seliwanoff 反应	无明显变化	不含酮糖
蛋白质呈色反应	双缩脲反应	变化不明显	分子中基本不含有蛋白
	蛋白黄反应	无黄色生成	不含芳香族氨基酸
	茚三酮反应	无明显颜色	基本不含蛋白质、氨基酸或多肽类物质

从表 2-1 可以看出，絮凝剂的提纯产物有明显的糖类显色反应，而蛋白质的呈色反应则没有引起明显变化。综合表 2-1 中的实验现象及结果分析，可以判断出复合型生物絮凝剂的主要成分是多糖，基本不含有氨基酸、蛋白质或多肽类物质。

多糖是由多种单糖构成的，而单糖又分为中性糖、糖醛酸和氨基糖。不同多糖组成的絮凝剂分子的结构和性能会有很大差异。首先对复合型生物絮凝剂进行完全酸解，然后分别测定中性糖、己糖醛酸和氨基糖的含量。

采用蒽酮法测定中性糖含量，咔唑-硫酸法测定糖醛酸含量，采用 Elson-Morgan 法测定氨基糖含量，结果见表 2-2。复合型生物絮凝剂中中性糖∶糖醛酸∶氨基糖的比例为 5.97∶4.01∶1.0。

表 2-2　絮凝剂成分定量分析结果

分析项目	测试方法	含量/%
总糖	苯酚-硫酸法	85.82
中性糖含量	蒽酮-硫酸法	46.62
糖醛酸含量	咔唑-硫酸法	31.20
氨基糖含量	Elson-Morgan 法	7.80

2. 复合型生物絮凝剂的单糖种类分析

对完全酸解后的产物进行乙酰化衍生，做气相色谱分析判断多糖由哪几种单

糖残基组成及各单糖残基间的比例。各标准单糖衍生化后的气相色谱图如图 2-19
所示。各单糖的出峰时间分别为果糖（Fru，7.247 min）、鼠李糖（Rha，7.782 min）、
阿拉伯糖（Ara，8.059 min）、木糖（Xyl，8.389 min）、甘露糖（Man，12.122 min）、
葡萄糖（Glc，12.322 min）和半乳糖（Gal，12.876 min）。复合型生物絮凝剂完全
酸水解的气相色谱图如图 2-20 所示。

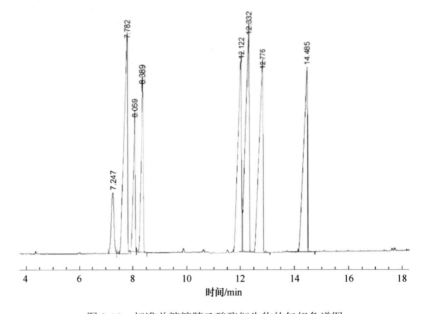

图 2-19　标准单糖糖腈乙酸酯衍生物的气相色谱图

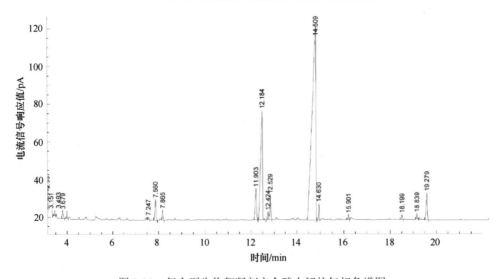

图 2-20　复合型生物絮凝剂完全酸水解的气相色谱图

与图 2-19 对照可知，复合型生物絮凝含有 Rha、Man、Glc 和 Gal，其含量比例为 1.1∶2.1∶10.0∶1.0。

3. 复合型生物絮凝剂的结构分析

通过分析不同浓度酸水解生物絮凝剂单糖组成及含量的变化，可以初步确定絮凝剂分子主链和支链糖残基的组成及连接方式。采用浓度分布为 0.05 mol/L、0.2 mol/L 和 0.5 mol/L TFA 对复合型生物絮凝剂进行水解。水解后，用透析方法分离得到袋内部分（截留液，记为-R）和袋外部分（透过液，记为-P），分别进行气相色谱分析，结果如图 2-21～图 2-23 所示。不同程度酸水解产物的单糖组成分析结果见表 2-3。透过液和截留液的单糖组成变化如图 2-24 和图 2-25 所示。

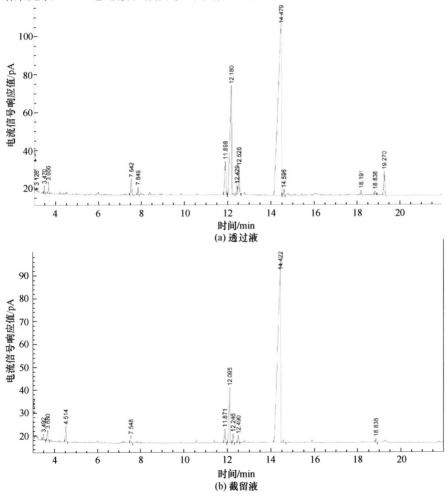

图 2-21　0.05 mol/L TFA 水解 CBF 的气相色谱图

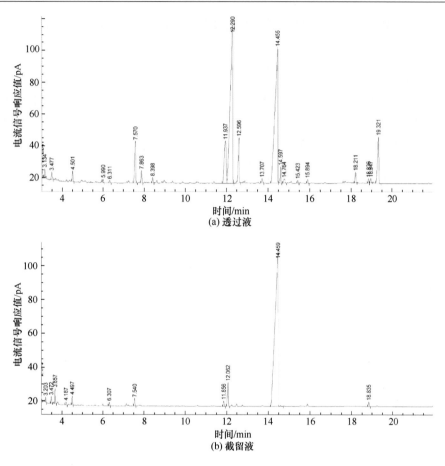

图 2-22　0.2 mol/L TFA 水解复合型生物絮凝剂的气相色谱图

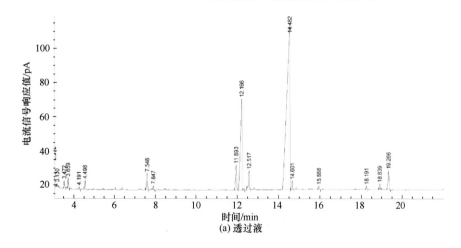

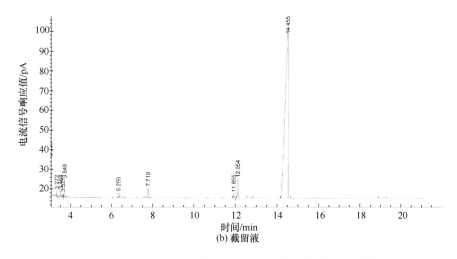

图 2-23　0.5 mol/L TFA 水解复合型生物絮凝剂的气相色谱图

表 2-3　部分酸水解产物的单糖组成

组分	单糖组成（摩尔百分数）/mol%			
	鼠李糖（Rha）	甘露糖（Man）	葡萄糖（Glc）	半乳糖（Gal）
CBF	7.71	13.98	68.08	6.92
CBF0.05-P	6.56	13.23	66.15	8.95
CBF0.05-R	10.43	14.01	70.09	5.47
CBF0.2-P	6.9	13.66	66.75	7.88
CBF0.2-R	15.68	14.29	70.03	0
CBF0.5-P	7.37	13.69	67.52	7.5
CBF0.5-R	16.04	14.1	69.86	0

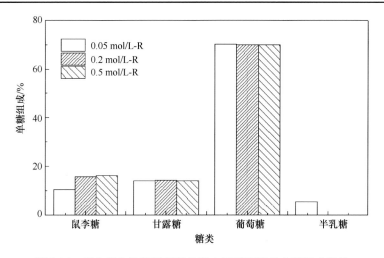

图 2-24　复合型生物絮凝剂部分酸水解截留液的单糖组成变化

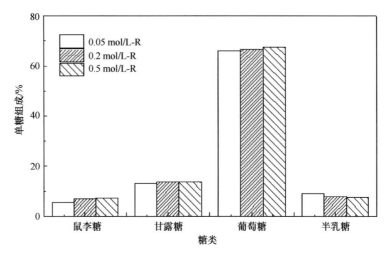

图 2-25　复合型生物絮凝剂部分酸水解透过液的单糖组成变化

　　可以看出，复合型生物絮凝剂分别经不同浓度 TFA 水解后，随着酸浓度增大，截留液组分中 Rha 的含量增加，而 Gal 的含量下降，Man 和 Glc 的含量几乎不变。在 CBF0.05-R、CBF0.2-R 和 CBF0.5-R 的色谱图［图 2-21（a）、图 2-22（a）和图 2-23（a）］中，没有检测到 Gal 的相关色谱峰。而在透过液中 Gal 含量逐渐降低，Man 和 Glc 的含量几乎不变。该结果表明 Gal 容易水解，在 0.05 mol/L TFA 溶液中，部分 Gal 被水解，当 TFA 浓度为 0.2 mol/L 和 0.5 mol/L 时，Gal 均只存在于透过液中。Glc 和 Man 的水解程度不随 TFA 溶液的浓度变化，而且在透过液和截留液中的浓度相同。随着溶液酸浓度增加，Rha 的水解程度增强。

　　糖链上的单糖残基种类、糖苷键类型、糖环构型及取代基的存在等都会对糖苷键水解的难易程度产生影响。相同浓度的酸水解条件下，通常支链的糖苷键比主链糖苷键水解程度强；呋喃糖比吡喃糖易于水解；位于非还原性末端的中性糖的糖苷键容易水解，而与糖醛酸相连的糖苷键难水解。根据图 2-24 和图 2-25 中的结果，可以分析出：①随着酸水解程度的增强，截留液组分中 Rha 的含量逐渐增加，表明主链上 Rha 的含量高于支链；②高浓度酸解截留液中无 Gal 检出，说明 Gal 是仅存在于絮凝剂分子支链的糖基或者位于絮凝剂分子主链边缘；③在透过液和截留液中，Glc 和 Man 的含量基本不变，且二者的含量和比例在三种浓度酸水解的透过液和截留液中也保持恒定，表明 Glc 和 Man 二者组成了一定的结构单元，成为主链和支链中重复出现的结构。综上可以推测絮凝剂分子的支链中含有 Glc、Man 和 Gal，且 Glc 和 Man 以一定的结构单元重复出现；主链糖原主要由 Rha、Glc 和 Man 组成，后两者仍以一定的结构单元重复出现。

　　复合型生物絮凝剂经羧基还原及甲基化反应后的 PMAA（部分甲基化的糖醇

乙酸酯）进行 GC/MS 分析，GC/MS 重构总离子流图谱如图 2-26 所示。结合絮凝剂的单糖组成并分析质谱谱图的质子碎片峰，对复合型生物絮凝剂的甲基化分析结果见表 2-4。

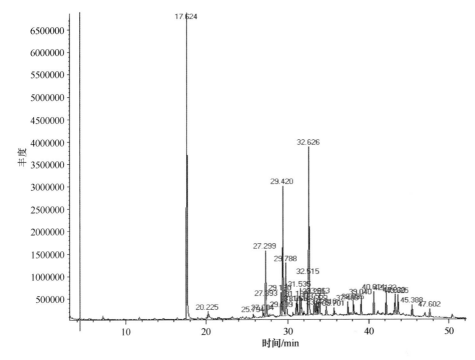

图 2-26　复合型生物絮凝剂甲基化产物的 GC-MS 谱图

表 2-4　复合型生物絮凝剂甲基化产物分析

t_R/min	面积/（mV·min）	比例/%	连接键类型	甲基化产物
27.325	142717666	24.83	1→3	2, 4, 6-甲氧基-D-葡萄糖醇
29.178	26577895	4.76	1→6	2, 3, 4-甲氧基-D-甘露醇
29.416	53975834	10.43	1→4	2, 3, 6-甲氧基-D-葡萄糖
29.786	59830505	10.73	1→6	2, 3, 4-甲氧基-D-半乳糖醇
31.538	24675255	4.42	1→	2, 3, 4, 6-甲氧基-D-甘露醇
32.516	29913739	5.36	1→6	2, 3, 4-甲氧基-葡萄糖醇
33.289	32198788	5.98	→	五乙酰基鼠李糖

Agrobactrium tumefaciens F2 能够产生琥珀酰糖亚基，因此在 F2 和 F6 混合培养制备的絮凝剂结构中应该含有琥珀酰糖亚基。每个重复亚基是支链状的，含有 1 个半乳糖残基和 7 个由 β 键连接的被琥珀酰基、丙酮酰基和乙酰基修饰的葡萄

糖残基。

　　根据如上甲基化分析，结合部分酸水解结果，可以初步推测复合型生物絮凝剂的结构如下：主链结构单元由葡萄糖、甘露糖、鼠李糖组成，其中葡萄糖和甘露糖的比例为 5∶1；由葡萄糖、甘露糖、鼠李糖处引伸出支链，支链单元为葡萄糖、甘露糖、鼠李糖、阿拉伯糖、半乳糖。其中阿拉伯糖位于支链的末端，葡萄糖和甘露糖的比例仍为 5∶1。其简式如下

D-Glc-(1→3)-D-Glc-(1→3)-D-Glc-(1→6)-D-Glc　　　　　　D-Gal

　　　　　　　　　　　　　　　　1　　　　　　　　　　　3
　　　　　　　　　　　　　　　　↓　　　　　　　　　　　↑
　　　　　　　　　　　　　　　　6　　　　　　　　　　　1

[6)-D-Man-(1→3)-D-Rha-(1→3)-D-Glc-(1→3)-D-Glc-(1→3)-D-Glc-(1→3)-D-Glc-(1→]$_n$

　2
　↑
　1

D-Man-(1→6)-D-Glc

　　根据如上简式，得到复合型生物絮凝剂的化学结构式，如图 2-27 所示。

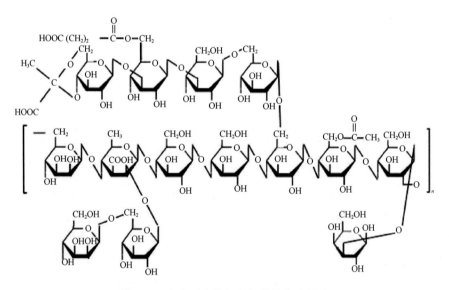

图 2-27　复合型生物絮凝剂的结构分析式

　　红外光谱可以进行官能团、糖环和构型（糖苷键）分析。根据红外光谱（IR）中在 937 cm^{-1}、873 cm^{-1}、917 cm^{-1} 处具有呋喃糖特征吸收峰来区分吡喃糖和呋喃

糖。糖苷键的类型也可以借助 IR 进行分析：α-型差向异构体的 C—H 键在 844 cm^{-1} 左右有个吸收峰，β-型差向异构体的 C—H 键在 891 cm^{-1} 左右有个吸收峰。但对同时存在两种类型键的阿洛糖和异阿洛糖等糖进行分析时，由于两者相互干扰而不适用此分析法。复合型生物絮凝剂的红外光谱图如图 2-28 所示。

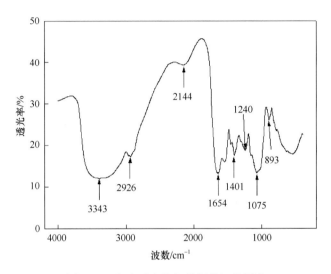

图 2-28　复合型生物絮凝剂的红外图谱

复合型生物絮凝剂的红外光谱是一个典型的多糖红外光谱图。特征吸收峰为 3343 cm^{-1}、2926 cm^{-1}、2144 cm^{-1}、1075 cm^{-1}、893 cm^{-1}。其中 3443 cm^{-1} 处的宽吸收峰是絮凝剂结构中的—OH 基伸缩振动的结果；在 2926 cm^{-1} 处有一小吸收峰，对应于絮凝剂结构中的 C—H 伸缩振动；2144 cm^{-1} 处的吸收峰是由 C—H 引起的。1540 cm^{-1} 处的小吸收峰是由 N—H 键的弯曲振动引起的。与 *Bacillus licheniformis* X14 产生的絮凝剂 ZS-7 的红外光谱相似，复合型生物絮凝剂的红外光谱在 1075 cm^{-1} 处有一个强吸收峰，该峰是由两种 C—H 的伸缩振动引起的，一种是糖环的 C—O—C，另一种是糖环中的 C—O—H；893 cm^{-1} 有一糖苷键的特征吸收峰是由甘露糖的存在引起的。以上分析结果可以证实复合型生物絮凝剂的主要成分是多糖。

复合型生物絮凝剂红外光谱图中，1654 cm^{-1} 和 1400 cm^{-1} 处的吸收峰是由羧基引起的。1654 cm^{-1} 处的宽吸收峰是—COO$^-$ 中的 C—O 非对称伸缩振动的结果；1400 cm^{-1} 峰由—COO$^-$ 中的 C—O 伸缩振动所致。可以推断 F2 和 F6 混合培养产生的复合型生物絮凝剂中的羧基有两种存在形式，分别为—COOH 和—COO$^-$。因此复合型生物絮凝剂为阴离子型多糖絮凝剂。通过以上分析可知，在生物絮凝剂的结构中存在羧基和羟基。这些官能团在絮凝过程中都能够作为被吸附颗粒的吸附点位，从而成为有利于絮凝过程的基团。

　　IR 在多糖结构分析上还可以用于确定吡喃糖的苷键构型。在 $730 \sim 960 \ cm^{-1}$ 的范围内，如对于 α-吡喃糖，δ_{C_1-H} 在 $845 \ cm^{-1}$，而 β-吡喃糖，δ_{C_1-H} 在 $890 \ cm^{-1}$ 有最大吸收峰。图 2-28 中在 $893 \ cm^{-1}$ 处有最大吸收峰，说明糖基构型为 β-吡喃糖。

　　为了进一步表征生物絮凝剂的结构，对其 XPS 光谱进行了分析。XPS 广谱说明在生物絮凝剂样品的表面，存在 C、N 和 O 三种元素，其中 C 和 O 是主要元素，而 N 元素的含量很少。分别对 C 1s、O 1s 和 N 1s 芯能级能谱进行了分析，其对应的官能团分析结果见表 2-5。根据表 2-5 中的结果，XPS 分析结果与红外光谱对应，在生物絮凝剂的结构中存在大量的羟基、羰基和氨基。

表 2-5　生物絮凝剂 XPS 光谱的官能团分析

元素	结合能/eV	对应的官能团分析	物质的量比/%
C	284.5	C—C	34.67
	286.0	C—OH（C—N）	46.73
	287.3	O=C—NH	18.51
O	532.9	O—H	35.43
	532.0	O=N—NH$_2$	51.78
	530.9	O=C—OH	12.78
N	399.9	NH（NH$_2$）	100

2.1.6　生物絮凝剂产生菌的菌群构建

　　为进一步提高产絮菌的絮凝效能，对筛选所得的若干株高效产絮菌进行复配。将 F2、F3、F5、F6 这 4 株菌，进行不同的搭配，采用两株菌混合培养，然后测定它们的絮凝效率，结果见表 2-6。

表 2-6　不同两株菌混合培养的絮凝率

不同组	F2+F3	F2+F5	F2+F6	F3+F5	F3+F6	F5+F6
絮凝率/%	73.2	74.9	93.1	85.6	70.4	81.2

　　尽管这 4 株菌单独培养絮凝率都在 80% 以上，但是从以上数据可以看出，两株菌混合培养之后，并不是把絮凝率都提高了，有的反而降低了。生态位的理论指出，不同的菌株能够在一起共存，是因为它们之间通过协调作用出现了生态位的分离，从而避免了种群间激烈的竞争。因此，絮凝效率较单株菌培养的降低说明两株菌之间存在生态位的重叠，导致它们不能共同生长，絮凝率降低。而混合培养后的 F2 和 F6 的絮凝率较原来有一定的提高，说明它们能够在一起共同生长，生态位出现了分离。表中结果显示，F2 和 F6 共同使用效果较好，因此，本实验着重研究这两株菌的效果。复配的 F2 和 F6 菌群称 F+，如图 2-29 所示。

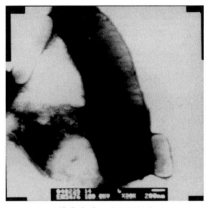 

(a) 液态发酵 1 天 (×20000)　　　　　　　(b) 液态发酵 4 天 (×10000)

图 2-29　产絮菌 F+发酵液菌体及胞外分泌物透射电镜观察

2.1.7　生物絮凝剂产生菌种质资源库的构建

1. 产絮菌菌种库的参数指标

根据目前国内外已经研发的产絮菌的种类，选育出了细菌、放线菌、酵母菌及霉菌 4 种模式的菌株，提出 7 项特征为基础的产絮菌评价体系框架和一套具体的分析评价微生物性能的方法（表 2-7）。

表 2-7　产絮菌菌种库特征参数

特征参数分类	特征参数项目
形态特征参数	形态结构及大小
	原子力显微照片
分类特征参数	脂肪酸鉴定
	16s rRNA 鉴定
发酵特征参数	pH
	温度
	摇床转数
生长特征参数	最大生长速率
	最佳发酵时间
代谢产物特征参数	表面活性物质的类型
	絮凝剂收率
应用性能参数	絮体形态
	投加量
	作用时间
	pH
安全性评价参数	小鼠急性经毒性试验
	皮肤接触刺激过敏试验

对于形态特征参数，其形态结构及大小，通过制片、染色及原子力显微镜观察获得；对于分类特征参数，应用 16s rRNA 手段进行鉴定；对于发酵特征参数，利用响应面曲线法优化 pH、温度、摇床转数，测定絮凝剂收率及活性；对于生长特征参数，其最大生长速率及最佳发酵时间，采用在最适生长条件下检测菌浓、絮凝剂收率及活性的方法；对于代谢产物特征参数，其生物表面活性物质的类型及最大产量，脂肽类（双缩脲反应），多糖类（苯酚硫酸反应），最大产量采用提取后称重法；对于应用性能参数，其最适生长环境下对高岭土悬液的絮凝率；对于菌体及其代谢物的安全性测定，进行小鼠急性经口毒性试验和皮肤接触刺激过敏试验。

对于已入库的模式菌种，均采取了上述方法测定其参数。对于进一步补充完善的菌种或其他研究机构需要入库的菌种也需要按照以上的指标进行实验确定方可入库。

2. 产絮菌菌种库信息系统

本系统基于 B/S 模式，通过多层架构组成。B/S 模式面对的主要是絮凝行业研究工作人员及专家学者，完成的主要工作是信息录入、查询、浏览、修改、互动等服务。采用这种模式，既保证了敏感数据的安全性和系统维护的简单性，又实现了系统复杂功能的交互性，一般功能的易用性和同一性，并能有效利用互联网平台的互动性（图 2-30）。

图 2-30　菌种库网络平台界面

　　根据 B/S 结构特点综合考虑设计需求,利用计算中心机房的 Windows 2003 Server 服务器来实现。本 B/S 模式采用的开发语言 C#,应用 ASP. NET 的 LinqToSql 技术连接 SQL server 数据库。通过 Internet 在浏览器端交互菌种信息,实现菌种信息检索、上传、下载;通过提交检索特征得到需要的菌种信息等。为了实现系统与多种数据库的互联,对系统采用反射-工厂原理,在数据层提供多种数据接口来访问数据库,这样在不修改系统程序的情况下,用户就能够根据实际需求,选择不同的数据库管理系统。

　　数据库连接代码:

```
<?xml version="1.0"?>
<configuration>
    <connectionStrings>
        <a d d name="ConnectionString" connectionString=" Data Source=10.1.3.201;Initial
Catalog=StrainLib;Persist Security Info=True;User I D=sa;Passwor d=123456"
            Straini derName="StrainLib. Data.SqlClient" />
    </connectionStrings>
    <system.web>
        <compilation debug="true" targetFramework="4.0">
        </compilation>
        <aut hentication mo de="Forms">
            <forms name=".ASPXAUT HSTAT" loginUrl="Login.aspx" protection="All" pat h="/"
timeout="2880" />
        </aut hentication>
        <aut horization>
            < deny users="?" />
        </aut horization>
    </system.web>
</configuration>
```

3. 菌种信息系统的构建

　　本系统用户分为 3 级:普通用户、会员和管理员。菌种库的构建采用 B/S 模式,采用 C#语言和 SQL server 数据库实现(图 2-31)。

　　用户类操作:

```
    public class Security
    {
        /// <summary>
        /// 获得权限人员列表
        /// </summary>
        /// <param name="RoleCODe">权限代码</param>
        /// <param name="getC hil drenRoleUser">是否包含下级角色</param>
        /// <param name="currentPage">当前页码</param>
        /// <param name="pageItems">每页条目数</param>
        /// <returns></returns>
        public static List<UserFullEntity> GetUsers(string RoleCODe, bool getC hil
drenRoleUser, int currentPage, int pageItems)
        {
```

```
                    return    data    Helper.GetInstance().User_GetUsers(RoleCODe,    getC    hil
drenRoleUser, currentPage, pageItems);
        }
    }
```

图 2-31　菌种库后台管理系统

　　菌种信息库构建总体设计分为几个步骤：菌种库功能与结构设计、菌种库管理技术方案、菌种库信息系统研制、菌种库网络化设计与实现、菌种库与国内相关信息库对接研究。

　　同时，产絮菌入库参数设计分为：菌种入库参数分类、菌种入库参数实验确定方法、优先参数及其评价。以建立网络化的数据库实现菌种资源共享为目标，最终达到菌种库运转完善，系统评价典型模式产絮菌株，测定参数，入库投入运转，进一步完善。对入库菌种数据定时维护和备份，以确保信息系统的安全。

　　其功能模块有：菌种检索系统、入库菌种目录、菌种参数系统、菌种上传系统、菌种下载系统、BBS 系统。其中菌种检索系统可以实现菌种组合检索（按菌名、菌种编号、革兰氏染色、形态等）、单项检索、模糊检索，筛选（按性能、种、属等），菌种排序、统计、汇总，条目分类管理（按伯杰氏分类、按生理群分类、按功能分类、按用途分类、按产物分类、按菌特性分类等）。

如利用 Strain 类中的方法返回泛型进行高效率检索：

```
public    static    List<B_StrainEntity>    StrainSearc  h(  Dictionary<string,    string>    temp,
List<B_STRAINEntity> tempStrainList)
        {
            if (tempStrainList.Count <= 0)
            {
                tempStrainList = Strain.Strains().ToList<B_STRAINEntity>();
            }
            if(!string.IsNullOrEmpty(temp["原子力显微镜"]))
            {
                tempStrainList = tempStrainList.W here(x=>x. 原 子 力 显 微 镜 .In  dexOf
(temp["原子力显微镜"],StringComparison.Or dinalIgnoreCase)>=0).ToList<B_STRAINEntity>();
            }
            if(!string.IsNullOrEmpty( temp["发酵时间"] ))
            {
                tempStrainList = tempStrainList.W here(x=>x.发酵时间 t、.In dexOf(temp["发
酵时间"],StringComparison.Or dinalIgnoreCase)>=0).ToList<B_STRAINEntity>();
            }
                return tempStrainList;
        ……
        }
```

在建立数据库查询任务时，使用了大量的视图、存储过程，来完成特定功能的查询（图 2-32）。

图 2-32　菌种库搜索功能展示图

2.2　产絮微生物的絮凝效能影响因素

对获得的微生物进行产絮性能测试。通过絮凝实验，考察对不同絮凝评价体系（高岭土悬浊液、大肠杆菌悬浊液、活性污泥、粉煤灰、粪尿水、印染废水、土壤悬浊液等）的絮凝性能。

采用基础发酵培养生产絮凝剂的方法，考察复配菌株的絮凝剂产能及效能，通过絮凝实验、吸附试验及降解试验，考察产品的絮凝效能、降解有机污染物效能及吸附性能，开发多效微生物絮凝剂。

通过单因素实验对不同碳源、氮源、无机盐等培养基组成及温度、pH 等环境条件对菌产絮凝剂的影响做深入探讨，进行正交实验确定高效菌产絮凝剂的最佳培养配比，确定最佳培养条件，提高絮凝活性，降低生产成本。

2.2.1　营养元素对 MF3 絮凝能力的影响

1. 碳源及氮源种类

碳源的主要作用是构成微生物细胞的含碳物质和供给微生物生长、繁殖及运动所需要的能量。氮源是指能够供给微生物氮素营养的物质。氮源的作用是提供微生物合成蛋白质的原料。本实验以葡萄糖、蔗糖、淀粉、乳糖、甘露醇作为碳源；以尿素、蛋白胨、NH_4Cl、NH_4NO_3 作为氮源，考察 MF3 产絮能力（张沫，2006）。

在相同条件下发酵培养，以絮凝率为衡量指标，进行碳源和氮源的正交实验。结果如图 2-33 所示。

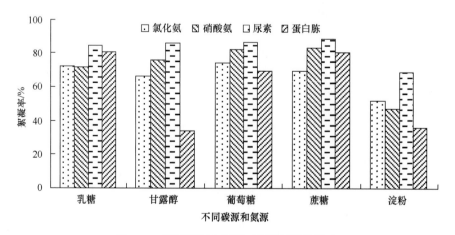

图 2-33　不同碳源和氮源对絮凝活性的影响

在培养过程中，菌体均生长良好，除淀粉外，利用其他碳源产絮能力保持在一个较高的水平，说明该菌对碳源要求并不苛刻，有较强的碳源适应性。单糖及双糖适于菌株 MF3 的吸收利用，从而加快其生长繁殖和体内物质积累，促进了絮凝剂的产生。其中以葡萄糖和蔗糖为碳源时絮凝活性最高，絮凝率分别为 86.77% 和 88.72%。其培养液均混浊且有不同程度的黏性，当以葡萄糖、蔗糖为碳源时，培养液黏性最大。

以葡萄糖、蔗糖为碳源时，产絮能力保持一定的高效性和稳定性。由于蔗糖价格低廉，可以降低生物絮凝剂的生产成本，同时也促进了生物絮凝剂的工业化生产，故而被确定为以后的研究用碳源。由图 2-33 可知，采用尿素有利于该菌产生絮凝剂，絮凝活性高，絮凝率高，最高可达 88.72% 左右，而其他氮源则絮凝率较低。

2. 碳源及氮源浓度

碳源和氮源浓度的变化对 MF3 菌体生长和絮凝剂的合成均有较大影响。采用蔗糖和尿素作为碳源和氮源，在一定范围内调节其浓度，考察不同浓度下生物絮凝剂产生菌生长和产絮能力变化（张沫，2006）。

在絮凝培养基的基础上，碳源和氮源分别取：蔗糖 10 g/L、15 g/L、20 g/L；尿素 0.5 g/L、1.0 g/L、5.0 g/L，进行正交实验。结果如图 2-34 所示。

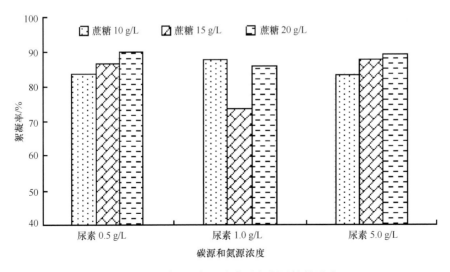

图 2-34　碳源和氮源浓度对絮凝活性的影响

结果表明，随着蔗糖浓度的逐步增加，絮凝率也随之上升。对 MF3 进行培养时，当蔗糖浓度为 20 g/L 时，MF3 的絮凝率高于其他情况，最高可达 90.14%。

由此可见，在一定范围内提高碳源浓度，有助于生物絮凝剂产生菌生长和产絮能力的提高。但是，蔗糖浓度从 15 g/L 提高到 20 g/L 时，絮凝效果并没有明显提高，仅提高了 3.22%，同时考虑到絮凝剂的收率和转化率等经济因素，故选择 15 g/L 为蔗糖的浓度，这更适合絮凝剂的实际生产。

提高尿素的浓度并没有提高 MF3 的产絮能力。当蔗糖浓度一定时，随着尿素浓度的逐步增加，絮凝率没有上升反而下降。当尿素的浓度为 0.5 g/L 时，MF3 的絮凝率为每组的最高值。絮凝剂产生菌 MF3 的最适氮源浓度不宜过高，取 0.5 g/L。

2.2.2　环境因素对 MF3 絮凝能力的影响

1. 初始 pH 对絮凝能力的影响

培养基的初始 pH 对絮凝剂的产生也有影响，过酸过碱均不利于絮凝剂的产生，最适 pH 一般为中性到偏碱性。

（1）利用 NaOH 和 HCl 调节初始 pH：利用 NaOH 和 HCl 来调节絮凝培养基的初始 pH，是较为常用的 pH 调节方法，本实验设置了从 5.5 到 8.5 之间 10 个不同的初始 pH 条件，接种产絮菌发酵之后，测定发酵液的絮凝率，找出初始 pH 与产絮菌产生絮凝剂的关系，结果如图 2-35 所示。

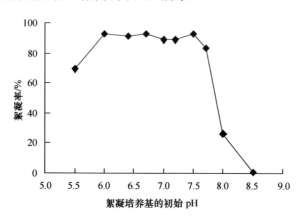

图 2-35　初始 pH 对絮凝效果的影响

实验结果表明，MF3 的初始 pH 在 6.0 到 7.5 之间时絮凝效果好，絮凝率较高，当 pH 为 7.5 时，絮凝率高达 92.14%。在偏碱性条件下，发酵液的黏度大，混凝时矾花大，絮体状态好。

可见，絮凝培养基中初始 pH 对 MF3 的絮凝活性影响较大，H⁺、OH⁻的浓度会影响到 MF3 合成絮凝剂，所以下面讨论了利用不用试剂调节 pH 时 MF3 的絮凝效果。

（2）利用 NaHCO$_3$ 调节初始 pH：考察通过 NaHCO$_3$ 调节初始 pH 时，在 HCO$_3^-$ 缓冲作用下对絮凝菌絮凝效果的影响（图 2-36）。

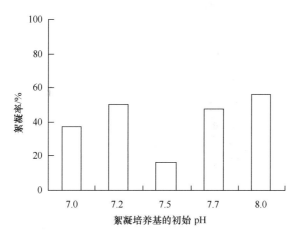

图 2-36　NaHCO$_3$ 调节初始 pH 时的絮凝率

图 2-36 说明，NaHCO$_3$ 调节初始 pH 时，菌体生长不好，絮凝效果不好，絮凝率均在 60% 以下。HCO$_3^-$ 缓冲作用会影响到 MF3 的絮凝活性，可见 NaHCO$_3$ 并不适合用来调节 MF3 的初始 pH。

（3）利用氨基酸调节初始 pH：文献报道，氨基酸有利于生物絮凝剂产生菌生长和产絮能力的提高，利用氨基酸调节初始 pH 的结果如图 2-37 所示。

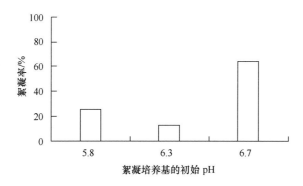

图 2-37　氨基酸调节初始 pH 时的絮凝率

由图 2-37 可知，利用氨基酸调节初始 pH 的效果并不理想，絮凝效果不好，絮凝率都在 60% 以下。添加氨基酸并不利于 MF3 的生长，也不利于产絮能力的提高。

（4）利用氨水调节初始 pH：NH$_4^+$ 经常作为絮凝剂产生菌的氮源，这里考察利用氨水调节初始 pH 时的絮凝效果，结果如图 2-38 所示。

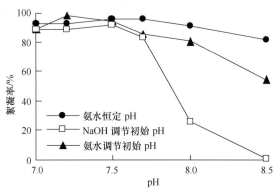

图 2-38　氨水调节初始 pH 对絮凝率的影响

利用氨水调节初始 pH 后，MF3 菌体生长良好，发酵液黏稠。图 2-38 说明，与利用 NaOH 调节初始 pH 相比，氨水的调节使絮凝效果整体有显著提高的趋势，特别是初始 pH 为 8.0 和 8.5 时，提高的幅度最为明显。絮凝初始 pH 为 7.2 时，絮凝率最高，为 98.25%。

可见，利用氨水调节初始 pH，更有利于生物絮凝剂产生菌生长，能促进絮凝活性物质的产生，对产絮能力的提高有较大的贡献。

同时也说明，利用氨水调节初始 pH 时，不但是培养基中的 H^+、OH^- 起作用，其他的离子，如 NH_4^+，对絮凝剂的合成和絮凝活性也存在影响。

（5）氨水恒定 pH：基于氨水对提高絮凝效果的促进作用，分析了利用氨水恒定 MF3 发酵过程中的 pH，结果表明，在氨水的作用下，絮凝效果有进一步提高和稳定的趋势，氨水恒定 pH 优于调节初始 pH，pH 在 7.0～8.0，其絮凝率都稳定在 90% 以上，这组研究数据为生物絮凝剂的工业化生产提供了参考。

2. 通气量对 MF3 絮凝能力的影响

确定摇床的转速是因为搅拌速度影响培养系统内的通气量，主要是影响产絮菌在生长过程中的 DO 浓度。图 2-39 是不同转速对絮凝率的影响。

从图 2-39 可以看出，随着通气量的增加，絮凝活性上升，摇床转速控制在 120 r/min 以上时，絮凝率稳定在 85% 以上。这是由于培养初期较大的通气量有利于絮凝剂的合成。当摇床转速为 160 r/min 时，絮凝率最高达 96.15%。但是随着通气量的增加絮凝率却开始下降。当摇床转速为 180 r/min 时，絮凝率显著下降。这可能是由于在底物一定的条件下，溶解氧的增加使絮凝菌的代谢加快，使菌株提前进入稳定期，从而影响到 MF3 的絮凝活性。

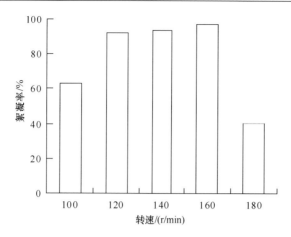

图 2-39　摇床转速对絮凝率的影响

因此，本实验中摇床转速采用 160 r/min。但是，实际生产中从经济方面考虑，低溶氧量可以减少能耗、节约费用，从而降低成本，所以实际生产中推荐的转速为 120 r/min。

3. 温度对 MF3 絮凝能力的影响

对于微生物来说，温度直接影响其生长和胞内酶的合成。本实验设置了在 20℃、25℃、30℃、35℃、40℃五个不同的温度条件下，测定发酵液的絮凝率，找出温度与产絮菌产生絮凝剂的关系，结果如图 2-40 所示。

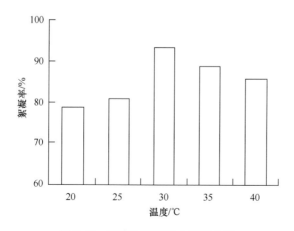

图 2-40　温度与絮凝率之间的关系

从图 2-40 可以看出，培养温度不同，发酵液的絮凝率也明显不同，在 30℃以下培养时，温度与絮凝率呈明显的正相关。在 20℃条件下培养时絮凝率只有

78.65%，在 30℃时絮凝率高达 93.26%，而温度再升高时，絮凝率却略微下降。说明絮凝剂的产生与细菌的生长温度密切相关。因此，发酵温度设定为 30℃。

在生物絮凝剂的实际生产时，可考虑在 25～30℃选择适合的培养温度，相对维持 30℃要减少能耗，降低成本。

2.2.3 生物絮凝剂发酵模型的建立

1. 絮凝菌发酵参数的影响度定量分析

选取絮凝剂的投加量、培养温度、絮凝环境 pH、摇床转数和发酵时间五个参数对絮凝率和絮凝剂产率的影响程度，量化其影响度；并以此为基础，设计发酵参数优化的变量。每个因素四个水平，采用正交设计表 $L_{16}(4^5)$ 设计实验，共得到16 组实验。各因素设计水平见表 2-8（吴丹，2012）。

表 2-8　正交实验因素水平

水平	温度（A）/℃	转数（B）/（r/min）	pH（C）	投加量（D）/mL	时间（E）/h
1	33	135	7.5	5	15
2	35	140	7.7	7	18
3	37	145	8	8	21
4	40	150	8.2	10	24

根据正交试验，将产絮菌在不同条件下进行培养，测定了发酵液的絮凝率和絮凝剂的产率，设计参数及絮凝率结果见表 2-9，产率结果见表 2-10。

表 2-9　正交试验设计参数及絮凝率结果

实验	温度（A）/℃	转数（B）/(r/min)	pH（C）	种子液量（D）/mL	时间（E）/h	絮凝率/%
1	1	1	1	1	1	81.41
2	1	2	2	2	2	82.4
3	1	3	3	3	3	78.35
4	1	4	4	4	4	85.08
5	2	1	2	3	4	67.47
6	2	2	1	4	3	85.12
7	2	3	4	1	2	87.02
8	2	4	3	2	1	68.94
9	3	1	3	4	2	58.25
10	3	2	4	3	1	64.45
11	3	3	1	2	4	63.12
12	3	4	2	1	3	69.32
13	4	1	4	2	3	87.02

续表

实验	温度（A）/℃	转数（B）/(r/min)	pH（C）	种子液量（D）/mL	时间（E）/h	絮凝率/%
14	4	2	3	1	4	86.09
15	4	3	2	4	1	70.49
16	4	4	1	3	2	50.42
均值 1	81.810	73.537	71.017	80.960	71.323	—
均值 2	77.138	79.515	72.420	75.370	70.523	—
均值 3	63.785	74.745	72.907	66.172	79.953	—
均值 4	74.505	69.440	80.892	74.735	75.440	—
极差	18.025	10.750	9.875	11.788	9.430	—

根据表 2-9 所列出的均值和极差，得到针对絮凝率的最佳发酵参数条件为 $A_1B_2C_4D_1E_3$，即最佳参数组合为：温度 33℃，摇床转数 140 r/min，pH 为 8.2，种子液量 5 mL，发酵时间 21 h。各参数对絮凝率的影响程度，通过分析极值得出 R（A）＞R（D）＞R（B）＞R（C）＞R（E）。即影响度从高到低排列为温度、种子液量、摇床转数、pH 和发酵时间。

对表 2-10 列出的产率正交试验直观分析得出发酵参数的最佳组合为 $A_1B_2C_1D_3E_2$，即对于产率，正交试验确定的最佳参数为：温度 33℃，摇床转数 140 r/min，pH 为 7.5，种子液量 8 mL，发酵时间 18 h。而极值排序为 R（A）＞R（C）＞R（B）＞R（E）＞R（D），即对于絮凝剂的产率，温度是其最大的影响因素，种子液投加量为影响度最低的因素。

表 2-10　正交试验设计参数及产率结果

实验	温度（A）/℃	转数（B）/(r/min)	pH（C）	种子液量（D）/mL	时间（E）/h	产率/（g/L）
1	1	1	1	1	1	2.116
2	1	2	2	2	2	2.216
3	1	3	3	3	3	2.340
4	1	4	4	4	4	1.960
5	2	1	2	3	4	1.910
6	2	2	1	4	3	2.094
7	2	3	4	1	2	2.130
8	2	4	3	2	1	2.232
9	3	1	3	4	2	1.920
10	3	2	4	3	1	1.848
11	3	3	1	2	4	2.042
12	3	4	2	1	3	1.932
13	4	1	4	2	3	1.688

实验	温度（A）/℃	转数（B）/(r/min)	pH（C）	种子液量（D）/mL	时间（E）/h	产率/（g/L）
14	4	2	3	1	4	1.432
15	4	3	2	4	1	1.816
16	4	4	1	3	2	2.298
均值 1	2.157	1.907	2.136	1.901	2.002	—
均值 2	2.091	2.106	1.968	2.045	2.141	—
均值 3	1.935	2.082	1.981	2.099	2.014	—
均值 4	1.809	1.897	1.906	1.949	1.836	—
极差	0.348	0.209	0.230	0.198	0.205	—

综合分析，对于絮凝率和絮凝剂产率，温度和 pH 都是影响度高的因素，而种子液量对絮凝率影响程度较大，但对于絮凝剂产率的影响却较低，综合各参数的影响度分析，将温度、摇床转数、pH 三个因素确定为 BP 神经网络的输入。同时初步得到最佳发酵条件为：温度 33℃，摇床转数 140 r/min，pH 为 8，种子液投加量 7 mL，发酵时间 21 h，同时以此发酵条件作为参数设计的基础。在发酵参数得到的絮凝剂絮凝率为 89.04%，产率为 1.907 g/L。

2. 模型的建立与参数的优化

在正交试验中，将温度、摇床转数、pH 确定为 BP 神经网络的三个输入。同时，以絮凝率和絮凝剂的产率为双输出。形成了结构为 3 输入 2 输出 6 个隐层节点的三层 BP 神经网络结构。在设计样本时，采用 CCD（central composite design）实验设计方法，用正交试验的结果作为基础设计变量（其因素水平设计见表 2-11），得到三因素五水平共 20 组实验，与正交设计样本共同作为网络训练的样本，在其中取 90%作为训练样本，余下的为测试样本。

表 2-11　CCD 设计的样本输入及结果

试验号	A	B	C	絮凝率（Y_1）/%	产率（Y_2）/（g/L）
1	0	0	0	89.03	1.794
2	0	0	0	88.90	1.866
3	1	1	1	78.22	1.888
4	1	−1	−1	77.99	1.808
5	1	1	−1	73.97	1.942
6	−1	−1	1	81.55	1.860
7	0	0	0	89.55	1.888

续表

试验号	A	B	C	絮凝率（Y_1）/%	产率（Y_2）/(g/L)
8	−1	1	1	86.91	2.144
9	0	0	−1.68	77.57	1.926
10	0	−1.68	0	91.48	1.744
11	0	−1.68	0	76.36	1.706
12	0	0	0	91.05	1.86
13	−1	1	−1	83.26	2.328
14	1.68	0	0	85.24	1.592
15	0	0	1.68	74.81	1.742
16	0	0	0	89.87	1.768
17	−1	−1	−1	92.51	1.792
18	0	0	0	88.56	1.798
19	−1.68	0	0	85.23	2.022
20	1	−1	1	88.23	2.028

　　在 BP 网络反复训练过程中，误差下降稳定，最终达到最小值为 0.0095，真实值与仿真值之间的仿真误差较小。训练样本试验结果及仿真值见表 2-12。从表中的对比结果可以看出真实值与仿真值之间的仿真误差较小，训练的模型准确率高。利用所建立的模型，在一定范围内全局搜寻满足高絮凝率和高产率的最优解，得到所对应的输入值。多次优化筛选后得到最优发酵参数为：温度 33.0285℃，摇床转数 140.5991 r/min，pH 为 7.9027，同时网络预测出该参数条件下的絮凝率为 93.18%，絮凝剂的产率为 2.2031g/L。但是从实际出发，确定最佳发酵组合为：温度 33℃，摇床转数 141 r/min，pH 为 7.90。在此条件下，进行发酵验证试验，测定絮凝率和产率值分别为 92.67%和 2.1809 g/L。

表 2-12　训练样本试验值及其仿真值

编号	影响因素			试验值		仿真值		仿真误差
	温度（A）/℃	转数（B）/（r/min）	pH（C）	絮凝率/%	产率/(g/L)	絮凝率/%	产率/(g/L)	
1	33	135	7.5	0.8141	2.112	80.70	2.1052	0.0032
2	33	140	7.7	0.8240	2.216	84.12	2.2704	0.0246
3	33	145	7.8	0.7835	2.340	74.35	2.2798	0.0257
4	33	150	8.2	0.8580	1.900	85.08	1.9600	1.437×10^{-10}

续表

编号	影响因素			试验值		仿真值		仿真误差
	温度（A）/℃	转数（B）/（r/min）	pH（C）	絮凝率/%	产率/（g/L）	絮凝率/%	产率/（g/L）	
5	35	135	7.7	0.6747	1.910	73.41	1.8336	0.0400
6	35	140	7.5	0.8512	2.094	81.32	2.0542	0.0190
7	35	145	8.2	0.8702	2.130	82.31	2.1065	0.0110
8	35	150	8.0	0.6894	2.232	73.04	2.2486	0.0074
9	37	135	8.0	0.5825	1.920	73.52	1.8344	0.0446
10	37	140	8.2	0.6445	1.848	69.22	1.8526	0.0025
11	37	145	7.5	0.6312	2.042	66.10	2.1212	0.0388
12	37	150	7.7	0.6932	1.932	73.79	2.0387	0.0552
13	40	135	8.2	0.8702	1.688	86.36	1.5241	0.0971
14	40	140	8.0	0.8609	1.432	86.01	1.5257	0.0654
15	40	145	7.7	0.7049	1.816	72.83	1.8198	0.0021
16	40	150	7.5	0.5042	2.298	46.12	2.2143	0.0364
17	35	140	8.0	0.8903	1.794	87.66	1.8399	0.0256
18	35	140	8.0	0.8890	1.866	87.66	1.8399	0.0140
19	36.2	143	8.12	0.7822	1.888	78.26	1.8619	0.0138
20	36.2	137	7.88	0.7799	1.808	73.97	1.8114	0.0019
21	36.2	143	7.88	0.7397	1.942	75.75	1.9622	0.0104
22	33.8	137	8.12	0.8155	1.860	81.64	1.8067	0.0287
23	35	140	8.0	0.8055	1.888	87.66	1.8399	0.0255
24	33.8	143	8.12	0.8691	2.144	86.26	2.1417	0.0011
25	35	140	7.8	0.7757	1.926	82.46	1.9498	0.0124
26	35	135	8.0	0.8148	1.744	73.18	1.8361	0.0528
27	35	135	8.0	0.7636	1.706	73.18	1.8361	0.0763
28	35	140	8.0	0.9105	1.860	87.66	1.8399	0.0108
29	33.8	143	7.88	0.8326	2.328	82.56	2.2539	0.0318
30	37	140	8.0	0.8524	1.592	81.71	1.5711	0.0131
31	35	140	8.2	0.7481	1.742	76.19	1.8062	0.0369
32	35	140	8.0	0.8987	1.768	87.66	1.8399	0.0407

3. 模型预测工业发酵过程能力的验证

在预测的基础上,针对实验室的产絮菌 F+,研究了其在发酵罐中的发酵过程,利用建立的模型预测不同发酵参数培养下发酵液的絮凝率和产率,得到的预测结果和真实值对比见表 2-13。

表 2-13　F+发酵试验值与其模型仿真值

编号	影响因素			试验值		仿真值		仿真误差
	温度(A)/℃	转数(B)/(r/min)	pH(C)	絮凝率/%	产率/(g/L)	絮凝率/%	产率/(g/L)	
1	33	140	7.2	89.94	2.062	83.77	2.0657	0.0686
2	33	145	7.2	92.18	1.972	85.59	1.9794	0.0715
3	33	150	7.2	94.52	2.018	96.35	2.0307	0.0198
4	34.5	140	7.2	80.57	1.316	88.56	1.3252	0.0992
5	34.5	145	7.2	84.59	1.790	83.50	1.7713	0.0129
6	34.5	150	7.2	89.03	1.946	83.06	1.9345	0.0671
7	36	140	7.2	77.60	1.040	81.13	1.0338	0.0454
8	36	145	7.2	84.81	1.342	90.28	1.3620	0.0645
9	36	150	7.2	86.36	1.848	80.91	1.8834	0.0631

从表 2-13 列出的试验值与模型预测的仿真值可以看出两者比较相近,其误差值比较低,证明了该模型能较好地预测同是细菌的 F+,同时应用建立的模型可以对不同发酵条件下的絮凝率和产率进行预测,能较准确地预测出该菌在发酵罐中的发酵过程。

2.3　多元化廉价底物的高效预处理方法

以稻草秸秆作为廉价的生物絮凝剂产生菌培养基为核心,展开一系列研究。首先提出图 2-41 所示的秸秆"微生物糖化"(microbial-sacc harification)技术思路,重点研究微生物产糖复合系、中温产糖细菌、高温产糖细菌、糖化酶等内容,旨在为生物质后续能源化和资源化利用提供平台基质化合物。

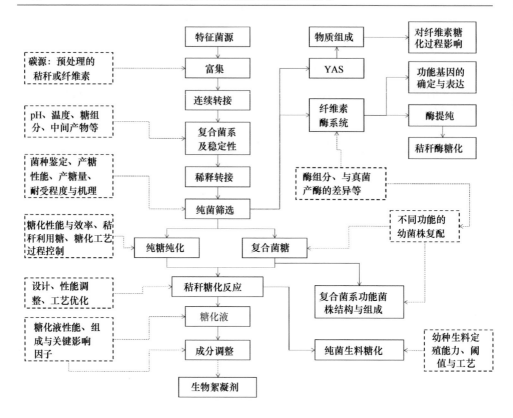

图 2-41　秸秆生物糖化的总体思路

此外，鉴于稻草秸秆碳源丰富而氮源缺乏的情况，以牛粪沼液作为接种物在好氧、厌氧两个不同的工艺条件下考察秸秆作为生物质废弃物的产絮能力，进而以秸秆作为廉价碳源制取生物絮凝剂，实现秸秆的多元化利用。同时考察两种工艺条件下能否对秸秆中的纤维素、木质素等实现有效降解。在厌氧工艺选择上，采用了秸秆高浓度发酵，并通过一个周期的运行，寻找最优条件，为以后的工艺调控奠定良好基础。

2.3.1　微生物糖化复合菌系的富集与培养

1. 高温微生物糖化复合菌系

分别采集高纬度地区原始或厌氧条件下的菌源，以水稻秸秆段为唯一碳源进行富集，采集的样品见表 2-14。

在 60℃条件下富集培养，以期获得纤维素降解菌群。

表 2-14　不同环境条件获得的秸秆糖化复合系菌源

菌源	环境条件	地理位置（地区，省；经度，纬度）	pH
FS	森林土壤	依春，黑龙江；128.92，47.73	6.8
XF	朽木	依春，黑龙江；128.92，47.73	7.2
FC	朽树皮	依春，黑龙江；128.92，47.73	7.4
MX	厌氧堆肥物	哈尔滨，黑龙江；126.63，45.75	7.3
AR	牛瘤胃残渣	安达，黑龙江；125.33，46.42	7.9
BW	热泉污泥	本溪，黑龙江；123.73，41.30	7.9
YH	湖泊朽木枝	依春，黑龙江；128.92，47.73	6.9

将富集得到的复合菌系，在秸秆培养基中，60℃下进行连续培养与转接，目的是使复合菌系的微生物组成和降解秸秆的能力趋于稳定。在此期间，进行复合菌系的产氢量、挥发酸及秸秆降解率的测定列于表 2-15 中。

表 2-15　连续转接过程中复合菌系的代谢物和稻草降解速率

菌源	转接次数	乙醇/（mL/g 稻草）	挥发酸/（mg/g 稻草）				H_2/（mL/g 稻草）	降解速率/%
			乙酸	丙酸	丁酸	戊酸		
FS	9	18.83	12.22	69.4	33.06	11.94	11.44	38.8
	12	11.98	16.35	133	36.71	0	9.29	36.4
	16	16.35	20.49	137.1	19.76	0.38	7.13	36.8
YH	9	20.49	89.51	84.34	46.59	55.91	0.49	24.4
	12	89.51	36.36	38.94	49.67	3.48	0.73	30.5
	16	36.36	62.01	53.36	48.42	0	0.43	34.2
FC	9	62.01	42.40	63.75	25.05	4.29	1.98	39.9
	12	42.40	30.14	50.94	55.34	12.28	16.13	43.3
	16	30.14	100.2	49.16	23.44	0	17.71	48.1
BW	9	100.22	19.31	251.26	27.44	2.32	14.64	39.8
	12	19.31	45.61	43.47	41.62	3.16	19.60	42.3
	16	45.61	42.50	48.99	46.63	0	18.14	46.7
MX	9	42.5	49.36	99.61	69.92	0	12.39	39.6
	12	49.36	52.54	94.56	25.50	0	5.31	48.2
	16	52.54	23.40	97.76	27.05	0	5.92	55.9
XF	9	23.4	27.94	72.11	39.56	0	11.21	23.2
	12	27.94	62.34	68.48	114.70	8.65	29.21	30.9
	16	52.34	58.94	82.57	114.70	0	38.10	39.1

在连续转接的过程中，从挥发酸的组成及产量来看，复合菌系 MX 发酵过程相对稳定，说明其微生物已经趋于稳定，秸秆降解率较高。因此，认为复合菌系 MX 具有较高的秸秆糖化能力。

为得到具有较高糖化能力的菌株，将具有较高糖化潜力的复合菌系 MX 进行梯度稀释并连续转接驯化，以期得到以糖化菌为主要组成，具有较高糖化能力的混合菌系。

以稀释并连续转接的方法进行复合菌系的驯化，最快可以在接种后 48 h 内出现糖产生的峰值，且稀释度 10^{-5} 和 10^{-6} 对糖化微生物的分离度较好（表 2-16）。

表 2-16　三次梯度稀释还原糖的变化（mg/mL）

稀释度	第一次稀释			第二次稀释		第三次稀释		
	1 天	2 天	3 天	1 天	2 天	1 天	2 天	3 天
CK	0.0872	0.0868	0.0882	0.0868	0.0885	0.0921	0.0868	0.0887
10^{-3}	0.0919	0.0798	0.0737	0.1059	0.1076	0.1008	0.1025	0.0995
10^{-4}	0.0890	0.0871	0.0828	0.1047	0.1113	0.1076	0.1008	0.0991
10^{-5}	0.0923	0.0856	0.0774	0.0944	0.1025	0.1059	0.1701	0.1446
10^{-6}	0.0825	0.0635	0.0958	0.1178	0.1459	0.1110	0.0991	0.0956
10^{-7}	0.0837	0.0719	0.0854	0.0996	0.0838	0.1133	0.1059	0.0894
10^{-8}	0.0905	0.0841	0.0791	0.0986	0.0976	0.1144	0.0956	0.0856
10^{-9}	0.0934	0.0836	0.0823	0.0978	0.0983	0.0959	0.1014	0.0955

由于直接评价微生物产糖能力有偏差，故建立了一个评价生物产糖性能的双室生物传感装置（图 2-42）。它将经过梯度转接驯化的菌系 MX 与高温高效利用还原糖产氢菌株 W16 共培养于双室反应器内，进行分室培养，以产氢所消耗还原糖量，推算复合菌系的产糖能力，以此作为评价复合菌系糖化效果的方法。相关数据见图 2-43。

研究结果表明，通过这一方法得到的复合菌系 MX 的产糖能力为 80 h 时，产生的总还原糖量为 0.8622 mmol 葡萄糖，如果以葡萄糖计其质量为 0.1552 g 葡萄糖，反应体系内的秸秆添加量为 0.3056 g，最终的秸秆残留量为 0.1464 g，秸秆降解率为 52.1%。

2. 中温复合菌系

1）复合菌系 QN

在 37℃ 条件下，采取与 1.相同的步骤进行富集、连续转接等过程，得到纤维

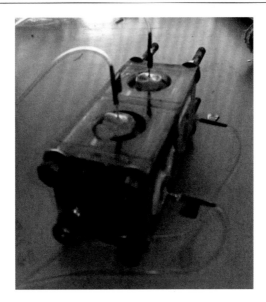

图 2-42　评价生物糖化能力的生物传感装置

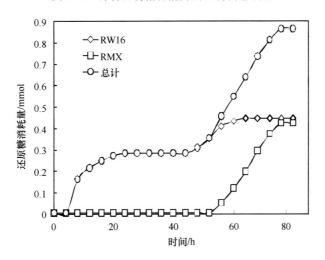

图 2-43　以菌株 W16 的还原糖消耗量和产氢量推算复合菌系的糖化能力

素降解复合菌系 JY，该复合菌系能以蔗糖、木糖、纤维二糖、滤纸、羧甲基纤维素钠、报纸等碳源为底物产氢，菌系降解纤维素的最适温度为 37℃，最适 pH 为 8.0。在 pH 为 8.5 的条件下有较高的纤维素酶活性。

　　筛选得到能够以木糖为底物产氢的复合菌系 QN，该菌系产氢气含量为 26% 左右，此菌系的生长最适温度为 37℃，可利用的 pH 范围较大，在 pH 为 4.5～10 时均可以较好地降解滤纸。可以利用结晶纤维素产氢色素。

2）复合菌系 JYB

菌种来源为绥化周边农村的牛粪堆肥。复合菌系的生长曲线如图 2-44 所示。在培养 16～44 h 时处于对数期，44 h 后菌体生长达到稳定期。

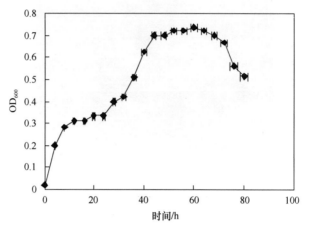

图 2-44　复合菌系生长量的历时变化

复合菌系 JYB 的生长特性：该菌系可以以滤纸、葡萄糖、可溶性淀粉、蔗糖、羧甲基纤维素钠和结晶纤维素等多种碳源为底物生长，菌系在 25～60℃温度范围内均可生长，生长最适温度为 40℃，最适 pH 为 8.5，在 pH 为 9 的条件下也有较高的生物量，是一种碱性纤维素降解菌。

复合菌系 JYB 的产酶动力学：如图 2-45 所示，菌体生物量在培养 0～48 h 菌体的生长处于对数时期，此时菌体的产酶活性也在逐渐升高。在培养 52～68 h 时，菌体的生长达到稳定期，在 68 h，菌体的产酶活性最高，达到 0.62 U/mL，说明菌体的生长情况与产酶活性呈正相关。

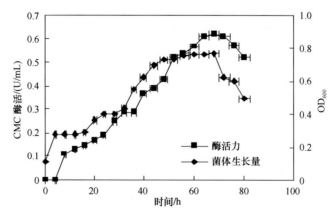

图 2-45　复合菌系产酶时间与生长量的关系

　　复合菌系 JYB 在以羧甲基纤维素钠为底物时产酶活性最高，最适产酶 pH 为
9.0，最适产酶温度为 45℃，产酶活性达到 0.62 U/mL。

　　从复合菌系 JYB 中以秸秆为底物反复转接，再以纤维二糖为底物制作固体培
养基，滚管，挑取反复镜检得到的纯菌。从几株纯菌中筛选得到产氢效果较好的
纯菌株。该菌株菌体生长最适温度为 35℃，最适 pH 为 8.5。菌落呈白色，表面光
滑，不透明。菌体形态如图 2-46（原子力显微镜照片）所示。

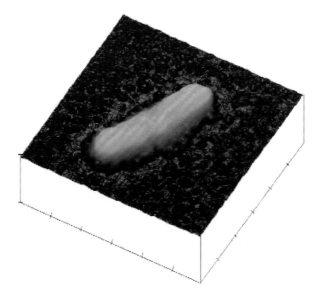

图 2-46　从复合菌系 JYB 中筛选的纯菌株

　　JYB-13 对秸秆的降解能力：以纤维二糖为底物，从中温复合菌系 JY 中筛
选得到纯菌 JYB-13，该菌为杆状，无鞭毛。JYB-13 生长的最适温度是 40℃，
最适 pH 为 8.5，在显微镜下能观察到该菌可以较好地吸附在秸秆上。菌株 JYB-13
有较好的产氢能力，可以利用未加处理的水稻秸秆进行产氢，氢气含量达到 15%
左右。

　　利用酸处理、碱处理、汽爆、水热等六种方法将水稻进行预处理，分别分析
处理前后水稻秸秆中纤维素、半纤维素和木质素的成分（表 2-17），并分别以处理
前后的水稻秸秆作为底物培养菌株 JYB-13，进行静态实验。结果得知：菌株 JYB-13
对硫酸处理后的秸秆利用效果较好，在显微镜中可以观察到硫酸使秸秆孔隙度增
加，菌体可以更好地附着在秸秆的纤维素和半纤维素部分，同时利用秸秆成分分
析数据得知，该菌可以将秸秆的纤维素和木质纤维素部分较好地降解（图 2-47），
但对木质素部分几乎不利用，该菌对秸秆降解率达 50% 以上。

表 2-17　处理前后秸秆成分分析

预处理方法	纤维素含量/%	半纤维素含量/%	木质素含量/%
1%硫酸	34	25	12
1%硫酸	41.5	26.4	14.2
2%硫酸	46.2	25.9	15.6
水热法	32.5	18.5	18.1
1% NaOH	40.2	27	11.2
2% NaOH	43.1	25.3	9.2
汽爆	34	25	12

反应前　　　　　　　　　　　　　　反应后

图 2-47　菌株 JYB-13 降解秸秆反应前后的对比

由反应前后秸秆成分分析数据得到,该菌降解秸秆的纤维素和半纤维素部分,对木质素部分利用很差。

3. 高效糖化细菌的筛选及产糖能力

1) 高温产糖细菌

将复合菌系 MX 进行倍比稀释分离纯菌,得到产糖能力较高的菌株 X811、X813 和 F811。在以结晶纤维素为培养基的厌氧培养管内形成较大的降解透明圈。将分离得到菌株分别接种于结晶纤维素和秸秆(未经任何预处理)液体培养基中,测定其发酵产还原糖能力,结果如图 2-48 所示。

结晶纤维素培养基中,纯菌株 F811 第 7 天,最高还原糖产生量达到 3.9726 mg/mL(以葡萄糖计),糖化率约为 79.5%。而在秸秆培养基中,第 7 天时 X811 的糖化能力最高达 1.0626 mg/mL(以葡萄糖计),糖化率约为 21.3%。

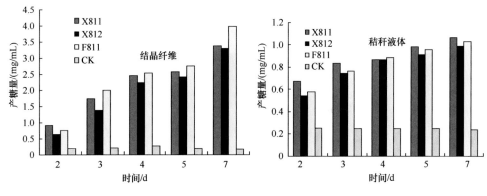

图 2-48　纯菌株的产糖能力

2）中温产糖细菌

本研究建立了同时降解纤维素积累还原糖中温细菌的定向培养方法。以牛瘤胃液为菌源，通过梯度稀释法，分离出产糖能力较强的菌株 *Shigalle flexneri* G3，它在 37℃和 pH 为 6.5 的条件下，纤维素降解率达 48.2%，还原糖产量达 252 mg 单糖/g 纤维素，还原糖产率高达 5.21 单糖/（g 纤维素·h）。

16S rRNA 序列分析表明菌株 G3 为 *Shigella flexneri*。当培养基中酵母提取物浓度为 1.5 g/L 时，微晶纤维素的降解速率和低聚糖产生量达到最大，分别为（75.0±1.2）%和（374±5.1）mg/g 微晶纤维素。pH 在 5.0～8.0，纤维素降解和低聚糖产生；pH 为 6.5 时培养 100 h，菌株 G3 可消耗 50%的纤维素。纤维素酶最高，纤维素降解最多，低聚糖产生最大的最适 pH 为 6.5～7.0。还原糖产生量在培养 50 h 后达到高峰，每克微晶纤维素产生 375 mg 还原糖。菌株 G3 还可以利用微晶纤维素产生低聚糖。

菌株 G3 是目前已知的糖化率最高的中温细菌，也是第一株具有纤维素糖化作用的 *Shigella* 属菌株。G3 可以在厌氧条件下，快速产生大量的低聚糖，可在工业化生物转化中成为高温菌的替代菌株。

3）生物糖化真菌选育及产糖能力

本研究筛选到一株糖化效果非常高的真菌 *Penicillium* sp. YT02，比较了 YT02 菌株和 *Trichoderma reesei* 的纤维素酶活性。发现 *Penicillium* sp. YT02 的细胞膜外周蛋白与 T. reesei 24449 差异非常大，尽管两者的秸秆降解能力相当。*Penicillium* sp. YT02 的酶系统中木糖聚酶和葡萄糖苷酶活性很高。两菌株的葡聚糖酶活性相当。YT02 菌株不能降解木质素。*Penicillium* sp. YT02 具备较好的工业化应用潜力。

该菌能以滤纸、木屑、纤维二糖、羧甲基纤维素钠等碳源为底物，生成低聚糖。经鉴定该菌株为 *Penicillium* sp.。

　　柳枝稷被菌株 YT02 降解后的电镜观察：以柳枝稷为底物接种菌株 YT02，培养一段时间后，用电镜观察柳枝稷茎管的微观形态（图 2-49）。

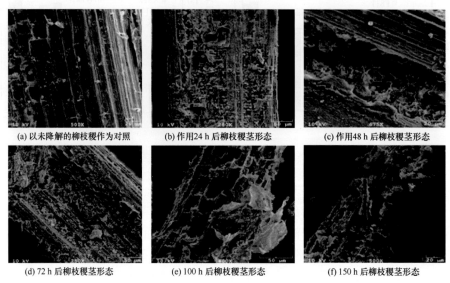

(a) 以未降解的柳枝稷作为对照　　(b) 作用24 h 后柳枝稷茎形态　　(c) 作用48 h 后柳枝稷茎形态

(d) 72 h 后柳枝稷茎形态　　(e) 100 h 后柳枝稷茎形态　　(f) 150 h 后柳枝稷茎形态

图 2-49　柳枝稷茎电镜图片

　　菌株 YT02 固态发酵实验：运用两步法，先用 *Phanaerochaete chrysosporium* 预处理木质纤维素材料 14 天，用反应后的剩余物进行菌株 YT02 的固态发酵。

　　木质素降解菌株 *Phanaerochaete chrysosporium*，培养 14 天后，木质素减少35%，最终固体回收率为 75%，纤维素和半纤维素总量减少 10%。

　　菌株 YT02 糖化实验（图 2-50~图 2-52）：以经过 *Phanaerochaete chrysosporium*

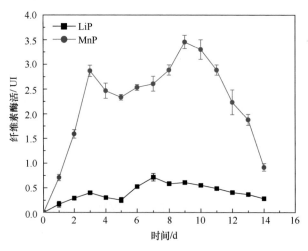

图 2-50　固态发酵中纤维素酶活力变化

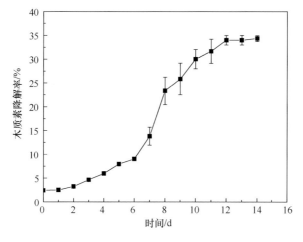

图 2-51　固态发酵中木质素降解率

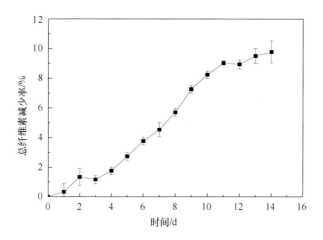

图 2-52　固态发酵中总纤维素减少率的变化

降解木质素预处理后的柳枝稷为底物，固态培养菌株 YTO2，每天测定菌株 YT02 的糖化效果和纤维素酶活力，经过前 4 天的测定，表明经过生物预处理过的糖化效果比从前用物化法预处理（乙酸蒸气爆破）的糖化效果要好，这个结论与其他的相关报道不同。

　　总体上，新分离出的菌株 YT02 经鉴定为 *Penicillium* sp.，与高效降解木质纤维素菌株 *T. reesei* 24449 相比，该菌株具备更高的产 β-葡萄糖苷酶和木聚糖酶的能力，2 菌株产葡聚糖酶活力近似。成分变化测定显示该菌株不能降解木质素。脱毒实验表明，加 $Ca(OH)_2$ 可使糖化效率比未加入 $Ca(OH)_2$ 对照提高 10%。在糖化柳枝稷实验中，先利用降解木质素菌株 *Phanaerochaete chrysosporium* 进行生物预处理，再结合 YT02 固态发酵预处理残液，结果表明结合生物预处理的木质纤维素糖化效果，相比其他物化方法，糖化木质纤维素效果更佳（图 2-53 和表 2-18）。

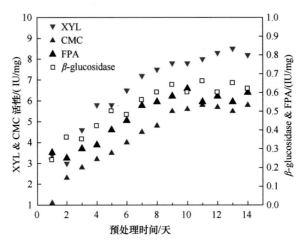

图 2-53　菌株 YT02 的各种纤维素酶活力（IU/mg）

表 2-18　菌株 YT02 及其他酶制剂的纤维素酶组成

预处理	菌种来源	FPU	β-glucosidase	CMC
Biocellulase TRL	T.reesei	0.24	0.72	5.5
Biocellulase　A	A.niger	0.01	1.4	3.6
Cellulase 1.5 L	T.reesei	0.57	0.16	5.1
Cellulase TAP 10	T.viride	0.13	5.2	14
Cellulase AP30K	A.niger	0.03	10	21
Cellulase TRL	T.reesei	0.57	1.0	13
Econase CE	T.reesei	0.42	0.48	8.5
Multifect CL	T.reesei	0.42	0.20	7.1
Multifect GC	T.reesei	0.43	0.39	13
Spezyme #1	T.reesei	0.54	0.35	15
Spezyme #2	T.reesei	0.57	0.42	15
Spezyme #3	T.reesei	0.57	0.4	25
Ultra-low Microbial	T.reesei	0.48	0.96	未检出
Cellulase	Penicillium sp. YT02	0.68	1.00	0.71

2.3.2　草秸秆作为廉价底物制备生物絮凝剂的预处理

1. 好氧预处理过程中纤维素降解菌菌群的驯化

将稻草秸秆进行物理预处理，即剪成 5～10 cm 的秸秆小段，以牛粪和沼液的混合物作为接种物，在好氧条件下，反应温度控制在 35℃，进行了 180 天的菌种培养与驯化实验。原始状态稻草秸秆形态与 150 天后稻草秸秆形态与对比效果如图 2-54 所示。

图 2-54　草秸秆原始形态与 180 天后稻草秸秆的形态

结果表明，经过 180 天好氧预处理，秸秆已失去原有形态，变为棕褐色黏稠状液体，可以认为稻草秸秆得到很好地降解。初始接种物为牛粪和沼液，虽然还有少量纤维素降解菌，但能够发挥作用并占优势的菌群并不多。虽然 180 天的降解时间为以后的应用增加了很大的困难，但 180 天后稻草得到很好地降解，认为纤维素降解菌菌群成为了优势菌群，分离鉴定预处理后的处理液中的菌群，并将这些菌液作为接种物应用到新鲜稻草中。

取原始状态的水稻秸秆及各预处理阶段的秸秆在扫描电镜下观察形态。

如图 2-55 所示，原始状态的稻草秸秆形态规则、完整；处理 1 个月后，稻草秸秆虽然整体形态较完整，但是表面模糊，一些小段秸秆开始降解；处理 2 个月后，秸秆开始出现质壁分离现象，秸秆表面只剩下细胞壁的框架；处理 3 个月后，秸秆表面开始出现真菌的菌丝，缠绕在秸秆表面，并且只剩下植物最难降解的"筋"，细胞壁失去原有的结构及纹理；处理 4 个月后，秸秆不再呈现完整的结构，秸秆内部开始断裂；处理 5 个月后，秸秆内部实现了彻底的质壁分离；处理 6 个月后，秸秆内部失去了原有结构，呈现较凌乱的形态，秸秆变薄变脆。

2. 好氧糖化、厌氧高浓度发酵反应器的搭建

图 2-56 所示为好氧糖化反应器与厌氧高浓度发酵反应器。其中好氧糖化反应器装填秸秆质量为 150 g，接种预处理后菌液及水共 1.5 L，曝气，已经开始运行。厌氧发酵反应器装填秸秆质量为 1000 g，牛粪和沼液混合物作为接种物，并添加少量水，共 5 L（秸秆质量浓度为 20%）。通入氮气 0.5 天，预循环 1 天，

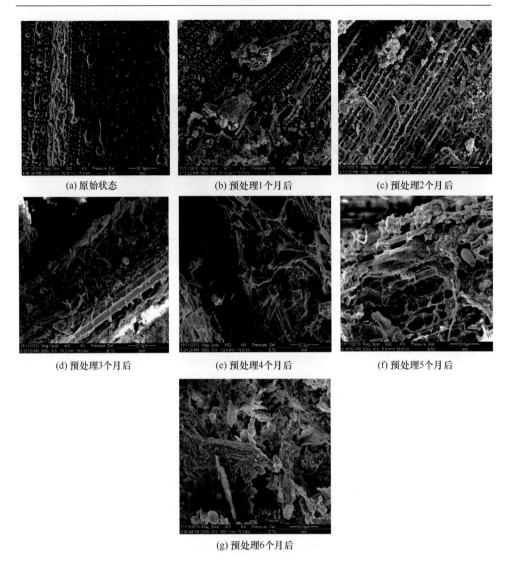

(a) 原始状态　　　　　　(b) 预处理1个月后　　　　　　(c) 预处理2个月后

(d) 预处理3个月后　　　　　(e) 预处理4个月后　　　　　(f) 预处理5个月后

(g) 预处理6个月后

图 2-55　各阶段稻草秸秆形态变化图

闷曝 3 天，采用内循环喷淋的方式，已经开始运行。取原始状态的水稻秸秆及好氧糖化各阶段的秸秆在扫描电镜下观察形态，如图 2-57 所示。

　　与好氧预处理各阶段水稻秸秆的结构形态与好氧发酵各阶段水稻秸秆形态做对比，可以发现好氧发酵阶段秸秆的降解要比好氧预处理快得多，变化得更剧烈。好氧发酵过程在处理 2 个月后就出现了质壁分离，并且质壁分离过程持续的时间很短，在好氧处理 3 个月后就只剩下植物的"筋"，降解掉的秸秆成分都将转化为糖类。

图 2-56　好氧糖化反应器与厌氧发酵反应器

左为好氧糖化反应器，右为厌氧发酵反应器

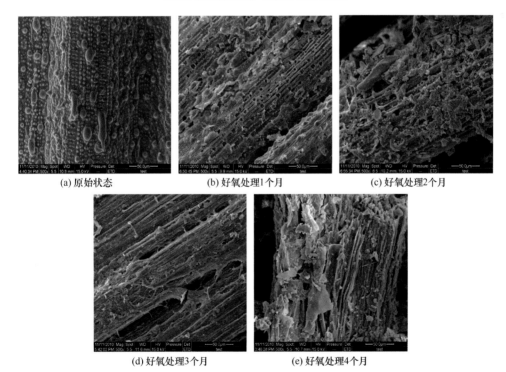

(a) 原始状态　　　　　　(b) 好氧处理1个月　　　　　　(c) 好氧处理2个月

(d) 好氧处理3个月　　　　　　(e) 好氧处理4个月

图 2-57　好氧发酵各阶段稻草秸秆形态变化图

　　可以发现，采用经过富集与驯化后的纤维素降解菌菌群降解秸秆，好氧发酵阶段秸秆的降解速度比好氧预处理快 1～2 个月，这对于后续秸秆作为产絮菌的底物及絮凝剂的工业化生产都具有十分重要的意义。

　　取原始状态的水稻秸秆及厌氧高浓度发酵各阶段的秸秆在扫描电镜下观察形态，如图 2-58 所示。

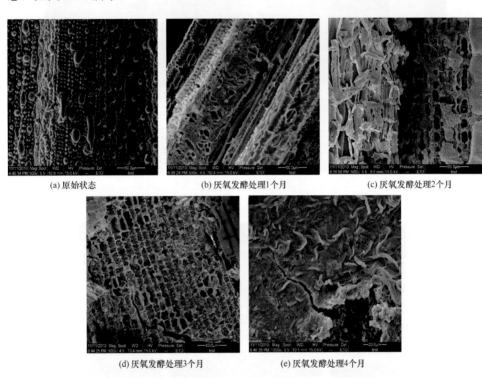

(a) 原始状态　　　　　　　(b) 厌氧发酵处理1个月　　　　　　(c) 厌氧发酵处理2个月

(d) 厌氧发酵处理3个月　　　　　　　(e) 厌氧发酵处理4个月

图 2-58　厌氧发酵各阶段稻草秸秆形态变化图

　　如图 2-58 所示，厌氧发酵处理 1 个月后，秸秆的气孔就发生破裂，露出植物原有的"筋"；厌氧发酵处理 2 个月后，植物的细胞壁变得很薄，一些小段水稻秸秆开始降解；厌氧发酵处理 3 个月后，水稻秸秆实现彻底的质壁分离，只剩下植物基本的框架；厌氧发酵处理 4 个月后，植物失去了原有的细胞结构，并且在局部区域出现了大量的厌氧纯菌。

2.3.3　有机废水作为廉价底物制备生物絮凝剂的预处理

　　以糖果废水、糖蜜发酵液、高糖淀粉及味精发酵废水等为廉价混合原料，解决廉价培养营养物质的组成及残留营养物质的利用问题；通过菌种高密度培养、诱导产絮、菌种强化技术，确定原料营养组成；在探明多元化混合原料对微生物发酵产絮的影响规律及产絮机制的基础上，研发多元化混合原料的预处理工艺技术，以及产品后处理工艺技术。

探明了产絮菌 HHE-P7、HHE-A8、HHE-P21 和 HHE-A26 分别以酒精废水、猪厂废水和糖蜜废水产絮凝剂的絮凝性能。

研究了 HHE-A8 以啤酒废水、发酵废水混合培养基发酵产絮凝剂时，廉价混合原料处理技术及产品后处理技术。在预处理实验中发现，廉价培养基的最佳 pH 为 6.0，发酵温度为 30℃，而总糖浓度、C/N、磷酸盐浓度（磷酸二氢钾、磷酸氢二钾浓度）是影响絮凝剂效果最为重要的因素，研究中考察了这三个因素对发酵液 COD 变化、发酵液絮凝效能、菌体干重的影响情况。

1. 不同因素对发酵液絮凝效果的影响

发酵液的絮凝效果以处理高岭土悬浊液来进行评价，图 2-59 为实际数据与模拟数据的吻合程度，从图中可以看出该曲线较好地拟合了实际数据，接下来的数据分析可靠性较高。

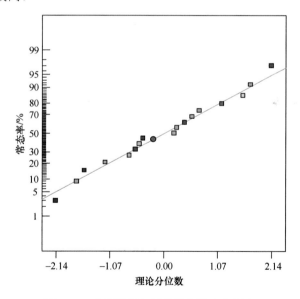

图 2-59　实际数据与模拟数据的吻合程度

总糖浓度为 12 g/L 时，C/N 与磷酸盐浓度对发酵液絮凝能力的影响情况如图 2-60 所示，从图中可以看出，C/N 与磷酸盐浓度越高，发酵液的絮凝能力越好，但磷酸盐价格较高，C/N 增大，对成本没有明显影响，所以在此条件下，增大 C/N 更可行。

磷酸盐浓度为 0.5 时（此处 0.5 指磷酸二氢钾与磷酸氢二钾浓度为人工培养

基浓度的 0.5 倍，即 1 g/L、2.5 g/L，下同），C/N 与总糖浓度对发酵液絮凝效果的影响如图 2-61 所示，从图中可以看出，两者的相互作用较复杂，在总糖浓度较低（6 g/L 左右）、C/N 较高（62.5 左右）的情况下，发酵液絮凝能力较强。

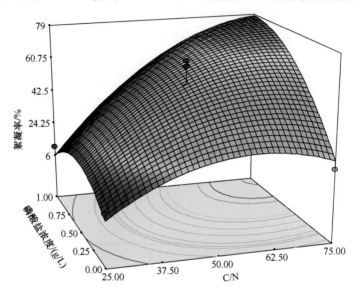

图 2-60 C/N 与磷酸盐浓度对发酵液絮凝能力的影响

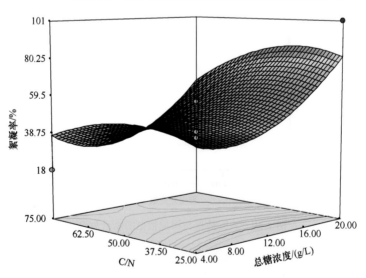

图 2-61 C/N 与总糖浓度对发酵液絮凝效果的影响

C/N 为 50 时，磷酸盐浓度与总糖浓度对发酵液絮凝效果的影响如图 2-62 所示，从图中可以看出，两者的相互作用较复杂，在总糖浓度较低（6 g/L 左右）、

C/N 较高（62.5 左右）的情况下，发酵液絮凝能力较差。总糖浓度较高（20 g/L）时，发酵液絮凝能力稍好。

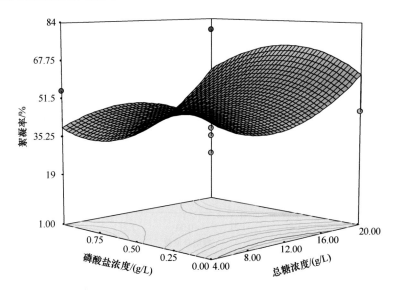

图 2-62　磷酸盐浓度与总糖浓度对发酵液絮凝效果的影响

2. 不同因素对发酵液 COD 去除效果的影响

廉价培养基本身是污染物，所含 COD 浓度较高，通过对发酵前后 COD 的浓度变化情况可以评价发酵过程中的污染物降解情况，图 2-63 为实际数据与模拟数据的吻合程度，从图中可以看出，该曲线较好地拟合了实际数据，接下来的数据分析可靠性较高。

总糖浓度为 12 g/L 时，C/N 与磷酸盐浓度对发酵过程 COD 去除效果的影响情况如图 2-64 所示，从图中可以看出，当 C/N 为 62.5 左右、磷酸盐浓度为 0.5 倍时，COD 去除率最高，在此范围内污染物降解效果最好。

磷酸盐浓度为 0.5 时，C/N 与总糖浓度对发酵液 COD 去除效果的影响如图 2-65 所示，从图中可以看出，两者的相互作用较复杂，在 C/N 较高（62.5 左右）的情况下，COD 去除效果最好。

C/N 为 50 时，磷酸盐浓度与总糖浓度对发酵液 COD 去除效果的影响如图 2-66 所示，从图中可以看出，两者的相互作用较复杂，在总糖浓度较低（4 g/L 左右）、磷酸盐浓度较高（62.5 左右）的情况下，发酵液 COD 去除效果较好。

3. 不同因素对菌体质量的影响

发酵后菌体的质量可以作为发酵效果的重要参考指标，图 2-67 为菌体质量实

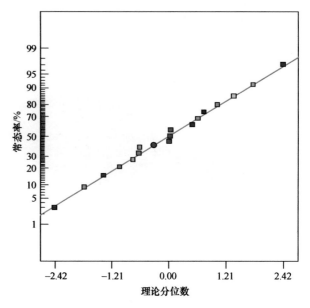

图 2-63 实际数据与模拟数据的吻合程度

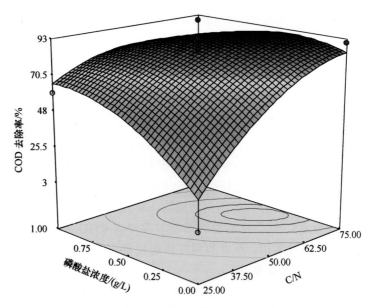

图 2-64 C/N 与磷酸盐浓度对发酵液 COD 去除效果的影响

际数据与模拟数据的吻合程度，从图中可以看出该曲线较好地拟合了实际数据，接下来的数据分析可靠性较高。

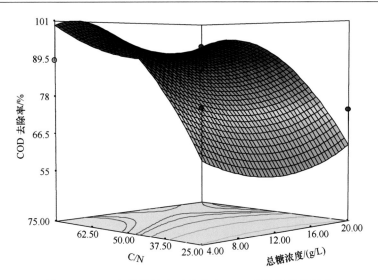

图 2-65　C/N 与总糖浓度对发酵液 COD 去除效果的影响

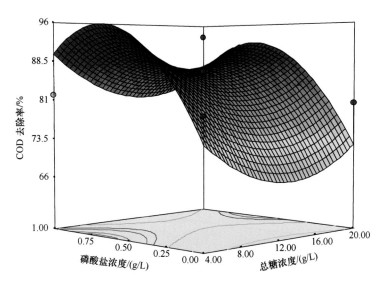

图 2-66　磷酸盐浓度与总糖浓度对发酵液 COD 去除效果的影响

C/N 为 50 时，磷酸盐浓度与总糖浓度对菌体质量的影响如图 2-68 所示，从图中可以看出，总糖浓度与磷酸盐浓度越高，菌体质量越高，说明营养物质越丰富，菌体越多，但菌体多不代表产絮凝剂多，从产絮及发酵成本的角度考虑，营养物质不是越多越好。

总糖浓度为 12 g/L 时，C/N 与磷酸盐浓度对菌体质量的影响情况如图 2-69 所

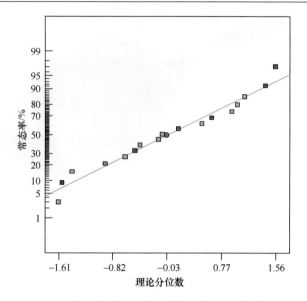

图 2-67　菌体质量实际数据与模拟数据的吻合程度

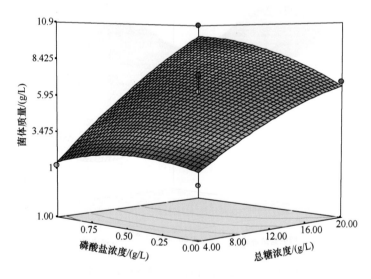

图 2-68　磷酸盐浓度与总糖浓度对菌体质量的影响

示，从图中可以看出，当 C/N 为 50 左右、磷酸盐浓度为 0.5 倍时，菌体质量最高，在此范围内菌体发育最好。

　　磷酸盐浓度为 0.5 时，C/N 与总糖浓度对菌体质量的影响如图 2-70 所示，从图中可以看出，C/N 与总糖浓度越高，菌体质量越大，菌体的生长情况越好。

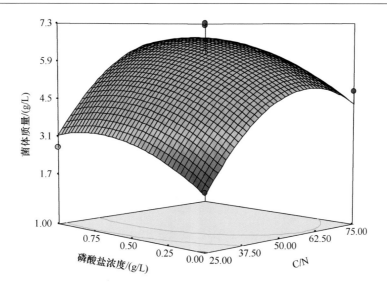

图 2-69　C/N 与磷酸盐浓度对菌体质量的影响

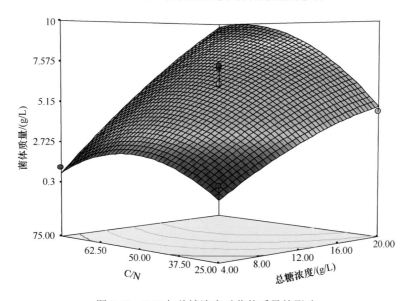

图 2-70　C/N 与总糖浓度对菌体质量的影响

　　综合 C/N、磷酸盐浓度、总糖浓度对发酵液絮凝能力、COD 去除效果及菌体质量的影响，同时考虑发酵成本等因素后确定：采用混合废水廉价培养基发酵产絮凝剂最合适的条件为：pH 为 6.0，温度 30℃，磷酸盐浓度为 1.0 倍（即磷酸二氢钾 2 g/L，磷酸氢二钾 5 g/L），总糖浓度为 4 g/L，C/N 为 75。

2.4　基于多元混合原料的生物絮凝剂定向制备

2.4.1　以稻草秸秆为底物制取复合型生物絮凝剂的研究

以稻草秸秆作碳源，采用两段式发酵工艺制取复合型生物絮凝剂：首先通过纤维素降解菌 HIT-3 对稻草秸秆进行生物降解（图 2-71），再使产絮菌 F2-F6 利用秸秆糖化液替代葡萄糖制备生物絮凝剂（图 2-72 和图 2-73）。定量分析了复合型

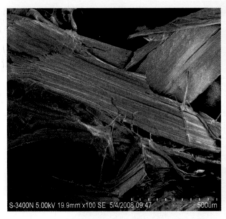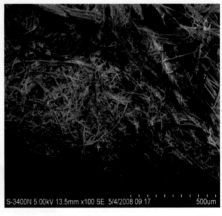

(a) 稻草秸秆降解前　　　　　　　　　　　(b) 稻草秸秆降解后

图 2-71　稻草秸秆降解前（a）后（b）的电镜照片

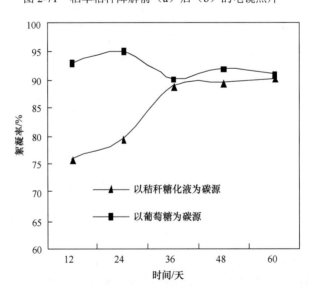

图 2-72　两种碳源制取的生物絮凝剂絮凝效果

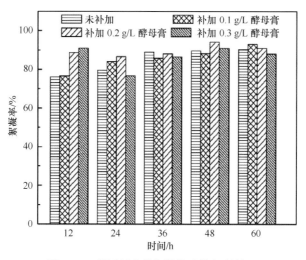

图 2-73　利用稻草秸秆糖化液的絮凝效果

生物絮凝剂的产量。结果表明：预处理后的秸秆，在纤维素降解菌的作用下，其降解率为 70.3%，还原糖产率达到 10.6%，纤维素酶活最大 0.13 U/mL，TOC 含量不断增加，TN 含量不断减小，纤维素降解菌株对稻草秸秆具有很好的降解作用；生物絮凝剂絮凝率为 90%。向秸秆糖化液中补加 0.2 g/L 灭菌酵母膏调整发酵液营养比例，可使产絮高峰期提前，絮凝率达到 95%。每吨稻草秸秆可以制取复合型生物絮凝剂 $4.4×10^4$ g（李大鹏，2010）。

2.4.2　利用高浓度有机废水制取复合型生物絮凝剂的研究

生物制氢残液具有高 COD 浓度和低 pH 的特征，筛选到的高效产絮菌适应此培养基条件，且在 pH 为 4～5 时产絮能力较强，以生物制氢残液制备生物絮凝剂的生产过程中无需稀释残液或调节残液的 pH；投加氮源尿素可以显著促进产絮菌产絮，投加 0.4% 的氮源最适合菌株产絮，接种率为 25% 时，菌株的产絮能力最强，且絮凝率随着接种率的增加而增加；菌株以丙酸型和丁酸型发酵生物制氢残液为基质时具有较高的絮凝能力；通过模拟配水实验和实际废水实验证明了高效产絮菌能够利用乙醇产絮，几乎不能利用乙酸等短链挥发酸，同其他类型发酵残液相比，在乙醇型发酵残液中的产絮能力最强，乙醇的量是影响产絮的最主要因素，乙醇含量 1100 mg/L、乙酸含量 900 mg/L、丙酸含量 200 mg/L、丁酸含量 300 mg/L 时较适合菌株产絮（李大鹏，2010）。

味精废水作为培养基质制备复合型生物絮凝剂（图 2-74 和图 2-75）。浓度为 20% 的味精废水中补加 6 g/L 的葡萄糖，无需添加额外的氮源即可作为替代培养基培养产絮菌 F2-F6；浓度为 20%的味精废水适合产絮菌 F2-F6 生长并分泌絮凝产物，20 h 絮凝效果最好，絮凝率可以达到 95.4%；产絮菌的快速生长期和絮凝活性产物的最大合成速率期存在一定的时间差，而且产絮菌细胞生长和絮凝产物合成对发酵体系中溶解氧的要求存在差异，为了兼具高的细胞产率和高的产物产率，在培养产絮菌制备生物絮凝剂时可采用分阶段供氧控制策略；结合分阶段供氧控制策略，以味精废水制备生物絮凝剂的发酵过程中，需要集中大量供氧的时间为 8 h，而以絮凝剂培养基制备生物絮凝剂的发酵过程中，需要集中大量供氧的时间为 21 h，以味精废水制备生物絮凝剂更节约能耗；每升味精废水可以制备复合型生物絮凝剂 8.5475 g。

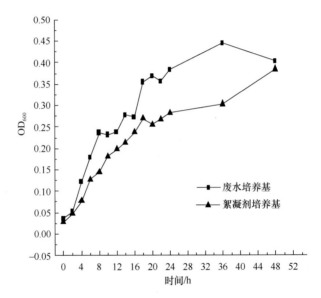

图 2-74　产絮菌 F+在两种培养基中的生长曲线

利用生物制氢废液和味精废水制取生物絮凝剂的研究，丰富了复合型生物絮凝剂的产业化生产途径，并实现废水资源化，即"以废制污"；提出了一套利用生物制氢废液和味精废水制备生物絮凝剂的完整工艺路线，并确定了适于其生产工艺流程的相关发酵参数。

2.4.3　以纤维素水解液为底物生产絮凝剂的技术

以纤维素水解液为培养基筛选产絮菌共 7 株，优选其中一株 W2 作为实验菌株，该菌株的絮凝率为 95.3%，水解液的主要成分是五碳糖——木糖，说明 W2 是能优先利用五碳糖——木糖的产絮菌。其絮凝效果如图 2-76 所示。

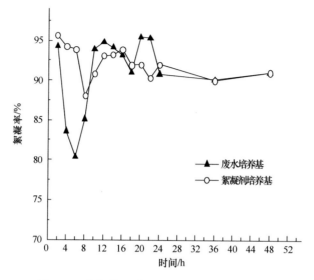

图 2-75　产絮菌 F+在两种培养基中的絮凝曲线

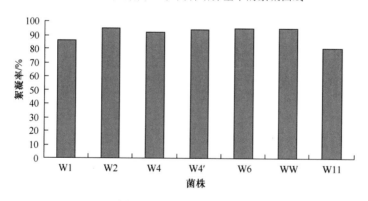

图 2-76　絮凝效果柱状图

1. 发酵时间

时间对产絮的影响如图 2-77 和图 2-78 所示。

由图 2-77 可知 W2 在培养过程中，絮凝率先下降，然后上升，最后又下降。可能是因为培养初期菌体自身生长不产生絮凝剂，中期产生絮凝剂，所以絮凝活性升高，后期因营养不足絮凝剂被消耗，所以絮凝活性下降。

W2 在 24 h 时，产絮凝剂最高，产量达到 3.8 g/L，文献中利用纤维素水解液产絮凝剂的最高量是 1.3 g/L。

2. 温度

温度对产絮的影响如图 2-79 所示。

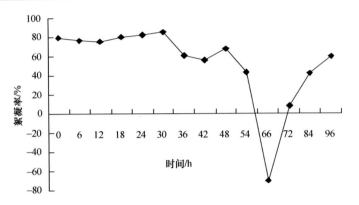

图 2-77 絮凝率随时间的变化图

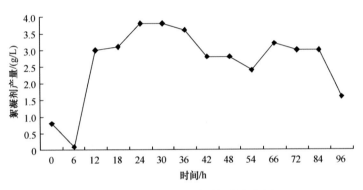

图 2-78 絮凝剂产量随时间的变化图

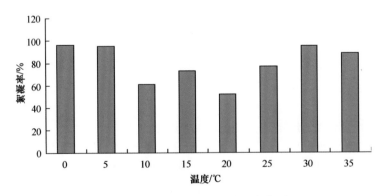

图 2-79 絮凝剂产量随温度的变化图

由图 2-79 可知，W2 发酵液在磷酸盐添加 7 g/L 时絮凝率的变化当温度在 0℃、5℃、30℃时絮凝率均能达到 95%以上。由于在低温下絮凝效果均达 95%以上，因此 W2 可在北方寒冷地区的冬季使用。在文献中絮凝剂使用的最适温度都在 25℃ 左右，因此 W2 具有优先在寒冷地区使用的能力。

3. 碳源的选择

利用木糖、麦芽糖、乳糖、蔗糖、甘露糖、葡聚糖和可溶性淀粉为底物发酵产絮菌 W2 产絮凝剂，结果如图 2-80 所示。

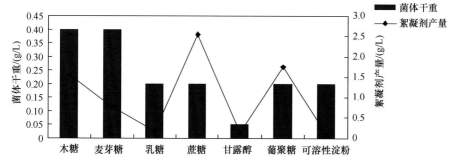

图 2-80　不同碳源对 W2 生长及产絮的影响

从图 2-81 中可以看出 W2 在木糖和麦芽糖中生长得好，在蔗糖中所产絮凝剂的量最高，其次是在木糖中所产絮凝剂的量。W2 在不同碳源中的生长曲线如图 2-81 所示。

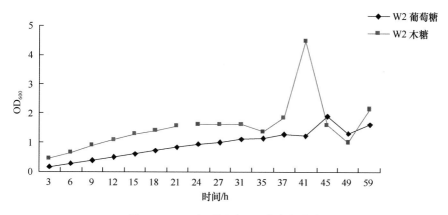

图 2-81　W2 在不同碳源下的生长曲线

W2 在葡萄糖和木糖中生长，可以看出 W2 在木糖中生长得比在葡萄糖中生长得快。

2.4.4　以糖果废水为主要原料的复合生物絮凝剂制备技术

糖果废水具有高 COD、高总糖，可以作为优质的碳源来源，只须增加氮源及无机盐成分即可作为复合生物絮凝剂生产所用的廉价培养基。研究以糖果废水为主要成分的廉价培养基上产絮菌群多元发酵的生长特性及产絮效能。

1. 构建以糖果废水为主要原料的高效产絮复合菌群

用华南理工大学环境与能源学院胡勇有课题组筛选出的絮凝剂产生菌 HHE-P7 青霉属产紫青霉（*Penicillium purpurogenum*）、HHE-A8 曲霉属烟曲霉（*Aspergillus fumigatus*）、HHE-P21 青霉属圆弧青霉（*Penicillium cyclopium*）、HHE-A26 曲霉属杂色曲霉（*Aspergillus versicolor*）构建复合絮凝剂产生菌群 7-8 组，21-26 组，7-8-21 组，7-8-26 组。

2. 复合菌群对糖果废水的利用状况及产絮凝剂能力

利用广州某糖果厂废水作为单一碳源，制备廉价发酵培养基，糖果厂废水水质情况为：pH=6.18，余浊 40.6 NTU，COD 约 20000 mg/L，总糖浓度约 147 g/L，总氮约 517 mg/L。把糖果废水稀释至总糖含量约 30 g/L，并添加无机盐类 KH_2PO_4 2 g/L、K_2HPO_4 5 g/L、$(NH_4)_2SO_4$ 0.2 g/L、NaCl 0.1 g/L，初始 pH 调至 6.5，制成廉价基础培养基。研究复合絮凝剂产生菌群用廉价培养基培养的特点。

1）高效利用培养基的碳源

如图 2-82 所示，培养 4 天后，4 个复合菌群分别都能消耗掉廉价培养基总糖的 80%。说明糖果废水可以作为被复合菌群高效利用的碳源。

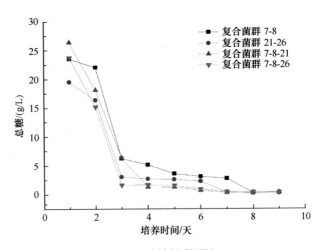

图 2-82　总糖的利用情况

2）高效去除培养基的 COD

如图 2-83 所示，4 个复合菌群能分别都能在培养的第 4 天大幅度去除廉价培养基的 COD，并在第 9 天达到 80%以上的去除效率。

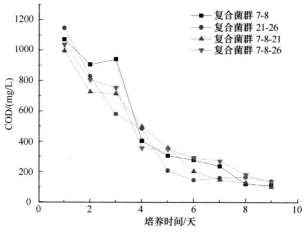

图 2-83 COD 的去除情况

3）高效产絮凝剂

如图 2-84 所示，4 个复合菌群均能高效产生絮凝剂，在培养的第 4 天，其絮凝剂的絮凝率达 90%以上。

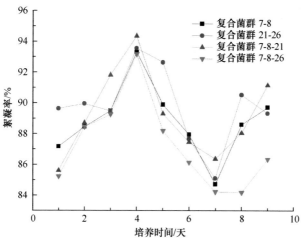

图 2-84 絮凝剂产生情况

3. 廉价培养基最佳培养条件

为了进一步考察培养基组成对絮凝活性的影响，采用正交实验对培养基的组成进行研究，五个因素选取为糖果废水（碳源）、最佳氮源、pH、磷酸二氢钾和磷酸氢二钾。采用了 $L_9(3^5)$ 正交表（表 2-19）对培养基组成进行了正交设计，由于在 9 天的培养中已经优选出絮凝效果优异于另外两组的复合型絮凝剂产生菌 7-8、7-8-21，故以复合型絮凝剂产生菌 7-8、7-8-21 为实验菌株。每个因素考察四个水平。本实验的因素水平见表 2-20。尽量使水平值覆盖所要考察的范围。其余的各培养成分的构成等同于基础发酵培养基。各组复合菌于 30℃、150 r/min 摇床振荡培养 72 h 后，观测实验现象并测定各组复合菌的絮凝效果。

表 2-19　$L_9(3^5)$ 正交表

实验号	pH	碳源/（g/L）	氮源/（g/L）	磷酸二氢钾/（g/L）	磷酸氢二钾/（g/L）
1	1	1	1	1	1
2	1	2	2	2	2
3	1	3	3	3	3
4	1	4	4	4	4
5	2	1	2	3	4
6	2	2	1	4	3
7	2	3	4	1	2
8	2	4	3	2	1
9	3	1	3	4	2
10	3	2	4	3	1
11	3	3	1	2	4
12	3	4	2	1	3
13	4	1	4	2	3
14	4	2	3	1	4
15	4	3	2	4	1
16	4	4	1	3	2

表 2-20　因数水平表

水平	pH	碳源/（g/L）	硝酸铵/（g/L）	磷酸二氢钾/（g/L）	磷酸氢二钾/（g/L）
	A	B	C	D	E
1	3	10	1	1	3
2	4	20	2	2	4
3	5	30	3	3	5
4	6	40	4	4	6

　　实验结果：根据表 2-21 及表 2-22，通过极差分析可以看出复合型菌株 7-8 的主要影响因素是碳源，磷酸二氢钾、初始 pH、氮源和磷酸氢二钾在所测试范围内的影响相对较小；而对于复合型菌株 7-8-21，磷酸氢二钾的影响最为显著，初始

pH 和磷酸二氢钾对该复合菌所产生絮凝剂絮凝效果的影响也较明显,而氮源和碳源对该絮凝率的影响相对很弱。通过正交实验的对比及经济因素的参考,得出各菌株的优化配比条件见表 2-23。

表 2-21　菌株 7-8 组合正交实验数据和实验结果

因素	pH	糖水（碳源）/ (g/L)	硝酸铵（氮源）/ (g/L)	磷酸二氢钾/ (g/L)	磷酸氢二钾/ (g/L)	絮凝率 /%	吸光度	空白
试验号	A	B	C	D	E			
1	1	1	1	1	1	89.33%	0.072	0.675
2	1	2	2	2	2	92.59%	0.05	0.675
3	1	3	3	3	3	92.30%	0.052	0.675
4	1	4	4	4	4	93.04%	0.047	0.675
5	2	1	2	3	4	88.59%	0.077	0.675
6	2	2	1	4	3	92.44%	0.051	0.675
7	2	3	4	1	2	92.89%	0.048	0.675
8	2	4	3	2	1	95.70%	0.029	0.675
9	3	1	3	4	2	90.96%	0.061	0.675
10	3	2	4	3	1	94.96%	0.034	0.675
11	3	3	1	2	4	95.41%	0.031	0.675
12	3	4	2	1	3	94.37%	0.038	0.675
13	4	1	4	2	3	93.19%	0.046	0.675
14	4	2	3	1	4	94.81%	0.035	0.675
15	4	3	2	4	1	95.11%	0.033	0.675
16	4	4	1	3	2	90.81%	0.062	0.675
I	367.26%	362.07%	368.00%	371.41%	375.11%			
II	369.63%	374.81%	370.67%	376.89%	367.26%	T=1486.52		
III	375.70%	375.70%	373.78%	366.67%	372.30%	μ=92.91		
IV	373.93%	373.93%	374.07%	371.56%	371.85%			
极差	2.11	3.41	1.52	2.56	1.96			
因素主次			$C<E<A<D<B$					
优化方案			$C_4E_1A_3D_2B_3$					

表 2-22　菌株 7-8-21 组合正交实验数据和实验结果

因素	pH	糖水（碳源）/ (g/L)	硝酸铵（氮源）/ (g/L)	磷酸二氢钾/ (g/L)	磷酸氢二钾/ (g/L)	絮凝率/%	吸光度	空白
试验号	A	B	C	D	E			
1	1	1	1	1	1	90.83%	0.060	0.654
2	1	2	2	2	2	91.44%	0.056	0.654

续表

因素	pH	糖水（碳源）/（g/L）	硝酸铵（氮源）/（g/L）	磷酸二氢钾/（g/L）	磷酸氢二钾/（g/L）	絮凝率/%	吸光度	空白
试验号	A	B	C	D	E			
3	1	3	3	3	3	92.81%	0.047	0.654
4	1	4	4	4	4	90.52%	0.062	0.654
5	2	1	2	3	4	91.74%	0.054	0.654
6	2	2	1	4	3	87.92%	0.079	0.654
7	2	3	4	1	2	89.91%	0.066	0.654
8	2	4	3	2	1	88.69%	0.074	0.654
9	3	1	3	4	2	90.67%	0.061	0.654
10	3	2	4	3	1	91.74%	0.054	0.654
11	3	3	1	2	4	94.80%	0.034	0.654
12	3	4	2	1	3	93.12%	0.045	0.654
13	4	1	4	2	3	90.06%	0.065	0.654
14	4	2	3	1	4	95.11%	0.032	0.654
15	4	3	2	4	1	88.38%	0.076	0.654
16	4	4	1	3	2	92.51%	0.049	0.654
I	365.60%	363.30%	366.06%	368.96%	359.63%			
II	358.26%	366.21%	364.68%	364.98%	364.53%		$T=1460.26$	
III	370.34%	365.90%	367.28%	368.81%	363.91%		$\mu=91.27$	
IV	366.06%	364.83%	362.23%	357.49%	372.17%			
极差	3.02	0.73	1.26	2.87	3.14			
因素主次			$B<C<D<A<E$					
优化方案			$B_2C_3D_1A_3E_4$					

表 2-23　复合絮凝剂产生菌的培养基组成的优化配比

复合型絮凝剂产生菌	pH	糖果废水/(g/L)	氮源/（g/L）	磷酸二氢钾/（g/L）	磷酸氢二钾/（g/L）
7-8	5	30	4	2	3
7-8-21	5	20	3	1	6

（1）复合菌群 7-8 最佳培养条件：在 1000 mL 糖果废水中的总糖浓度为 30 g/L，加入硝酸铵 4 g、磷酸二氢钾 2 g、磷酸氢二钾 3 g，并且调节初始 pH=5.0，放在温度为 30℃、转速为 150 r/min 的恒温摇床培养，絮凝率能达到 92.91%。

（2）复合菌群 7-8-21 最佳培养条件：在 1000mL 糖果废水中的总糖浓度为 20 g/L，加入硫酸铵 3 g、磷酸二氢钾 1 g、磷酸氢二钾 6 g，并且调节初始 pH=5.0，在温度为 30℃、转速为 150 r/min 的恒温摇床培养，絮凝率能达到 91.27%。

2.4.5　以啤酒废水及发酵废水为底物生产生物絮凝剂的发酵罐生产技术

啤酒废水的特点是总氮含量高、总糖含量低，制糖发酵废水的特点是总糖含量高、总氮含量低，把这两种废水按一定比例混合并稀释，再加入无机盐，能制成用于生产微生物絮凝剂的廉价培养基。建立利用该混合废水生产微生物絮凝剂的发酵罐生产技术。

使用华南理工大学环境与能源学院胡勇有课题组提供的絮凝剂产生菌 HHE-A8 曲霉属烟曲霉（*Aspergillus fumigatus*）以啤酒废水、发酵废水为廉价培养基在发酵罐生产。对各影响因素进行研究，确定最佳发酵培养条件为：pH=6.0，温度 30℃，稀释 75 倍的啤酒废水与稀释 25 倍的发酵废水按 1：1 混合（测定总糖浓度为 4 g/L，C/N 为 75），添加磷酸二氢钾浓度 2 g/L，磷酸氢二钾浓度 5 g/L。

考察最佳发酵时间，以 10 L 发酵罐进行中试，不同发酵时间所产发酵液的絮凝效果以处理高岭土悬浊液的效果进行评价，混凝过程中需投加氯化钙进行助凝，反应后余浊去除效果如图 2-85 所示。

图 2-85　生物絮凝剂发酵罐发酵过程

从图 2-86 中可以看出，在 16 h 时发酵液便具有较好的絮凝效果，32 h 时效果最好，絮凝效果与摇瓶实验最佳效果相当，通过发酵罐扩大培养，不仅可以增加单次微生物絮凝剂产量，而且可以在保证絮凝效果的情况下，大大缩短发酵时间，使大规模利用微生物絮凝剂成为了可能。

2.4.6　复合型生物絮凝剂生产工艺流程和发酵参数的确定

通过有效的产絮菌筛选方法和复配方案，构建出复合型高效产絮菌群 F2-F6，并确定了制备复合型生物絮凝剂的最佳发酵工艺条件，包括发酵时间、发酵温度和摇床转速、接种率、提高产絮能力的营养策略等。在第一段发酵工艺中，秸秆

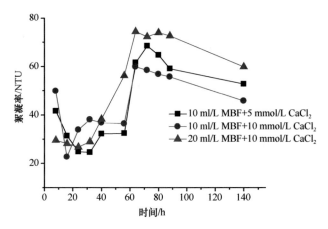

图 2-86　不同时段发酵液的余浊去除效果

类纤维素预处理后，利用筛选的高效纤维素降解菌 HIT-3，实现高效糖化过程；纤维素发酵液进入第二段发酵工艺中，利用复合型效产絮菌群 F+制备复合型生物絮凝剂。利用复合型高效产絮菌群 F+制备复合型生物絮凝剂的主要经济技术指标如下：

（1）第一段发酵工艺发酵时间：3 天，第二段发酵工艺发酵时间：36 h。

（2）发酵温度：30℃。

（3）摇床转速：120 r/min。

（4）初始 pH：7.5。

在混合发酵条件下，菌株 F2 和 F6 产絮能力可保持高效和稳定，其最佳发酵条件为：发酵时间 24 h、初始 pH 为 7.5、混培比例 2∶1，且存在一个最适溶氧量水平。在葡萄糖浓度 20 g/L 时获得最佳产絮能力，絮凝率为 97.1%。产絮菌株 F2 和 F6 生长所需碳源具有广谱性，即复合型生物絮凝剂适宜的工业化碳源原材料的选择范围较广。多种小分子有机物，包括醇、有机酸和酯类，均可作为生物絮凝剂产生菌产絮的优良碳源。糖蜜废液、生物制氢废液和纤维素糖化液等均可作为生物絮凝剂产生菌产絮的优良碳源，能够作为廉价原材料以实现生物絮凝剂的工业化生产。菌株 F2 和 F6 对常见的有机氮和无机氮具有一定的普遍适应性，即复合型生物絮凝剂适宜的工业化氮源原材料的选择范围较为广阔。发酵底物中磷酸盐使用量宜为 K_2HPO_4 2.5 g/L、KH_2PO_4 1.0 g/L。生物絮凝剂产生菌的产絮能力与菌体生长并不同步，因此考察生物絮凝剂的产量时，不宜采用微生物量作为评价指标，如图 2-87～图 2-92 所示。

CBF 的普通絮凝形态分析如下所述。

1）絮体形态

分析对比了往试验水样中投加 CBF 与未投加 CBF 实验系统中形成的絮体，

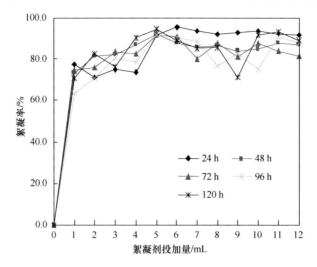

图 2-87　F2 和 F6 混合发酵产物的絮凝能力

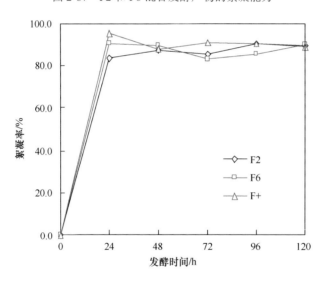

图 2-88　F2 和 F6 产絮能力受时间的影响

如图 2-93 所示。由图 2-93 中的照片明显可见，投加 CBF 后形成的絮体大而且结构紧密，而未投加 CBF 的实验系统中形成的絮体则很松散，甚至没有形成明显的絮体。

2）ζ 电位

ζ 电位能够反映出胶体颗粒的稳定性，在絮凝化学中 ζ 电位是非常重要的参数。测定胶体和悬浮物颗粒的 ζ 电位是监测絮凝作用的极好方法，如图 2-94 所示。

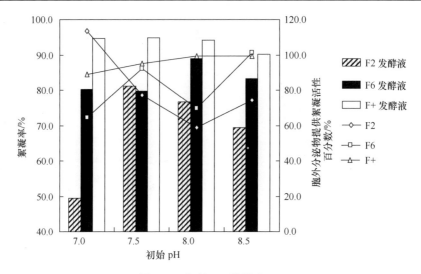

图 2-89　初始 pH 的影响

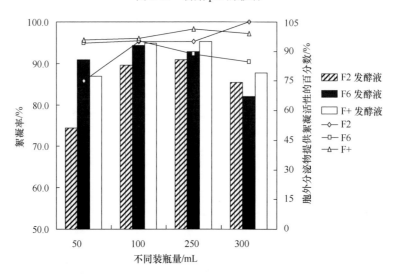

图 2-90　装液量的影响

在图 2-94 中，有 3 条 ζ 电位曲线。曲线 a 的中间值是−5 mV，如果 ζ 电位在−5 mV 时进行絮凝分离，则絮凝沉淀是不完全的，因为有 30%的胶体和悬浮物颗粒的 ζ 电位小于−6 mV，颗粒不能被捕获，即它的絮凝率只有 70%左右。因此，如果选用 ζ 电位的中间值时，就会得出错误的结果。曲线 b 是在曲线 a 的基础上，加入更多的絮凝剂而得出的，它的 ζ 电位的中间值是−3 mV；与曲线 a 相差 2 mV，仅有 2%的固体颗粒的 ζ 电位小于−6 mV，不能被捕集而流掉，但是曲线 a 却流掉了 30%，二者相差甚大。

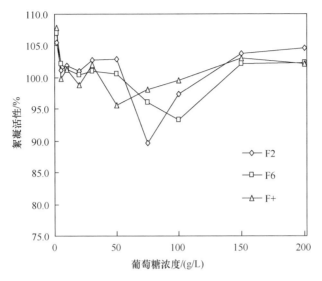

图 2-91　葡萄糖浓度的影响

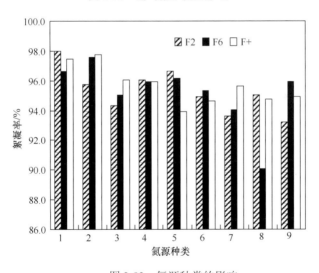

图 2-92　氮源种类的影响

　　曲线 b 和曲线 c 的 ζ 电位的中间值是相同的，但由于其斜率不同其结果也不同。这是由溶液的混合程度和絮凝操作设备的不同而引起的。曲线 c 的斜率说明混合程度和设备都比较好；而斜率大的曲线 b，则混合得不好，设备的设计也不好。由此可见，只选择 ζ 电位的中间值不能够全面地反映出絮凝作用的情况。

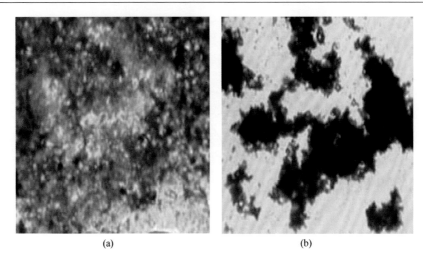

图 2-93　未投加 CBF（a）与投加 CBF（b）的实验的显微镜对比

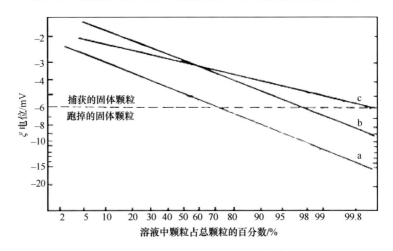

图 2-94　ζ 电位与絮凝效果的关系

2.4.7　生物絮凝剂的固定化发酵技术

1. 产絮菌的复壮

产絮菌 F2（*Agrobactrium tumefaciens*）和 F6（*Bacillus sphaeicus*）是实验室前人从土壤中筛选得到的高效产絮菌，在开始实验研究之前，测定其发酵液絮凝率，发现有明显下降，说明菌种已经发生退化，不利于实验研究及未来工业化生产及应用。为保证下一步使用及发酵生产过程中的高效性，首先对菌产絮菌菌种进行复壮使其恢复更好的絮凝活性。

采用纯种分离法中的平板划线分离法分别复壮菌种 F2 和 F6，选取重新分离纯化得到的优良单菌落，通过进行多次传代培养直到恢复菌株初始絮凝活性，结果如图 2-95 所示。

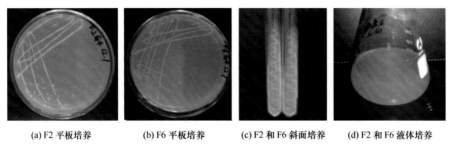

(a) F2 平板培养　　(b) F6 平板培养　　(c) F2 和 F6 斜面培养　　(d) F2 和 F6 液体培养

图 2-95　F2 和 F6 的菌种复壮及培养

如图 2-95 中所示，复壮后 F2 和 F6 培养 24 h 的平板及斜面生长状态良好，菌落大而饱满，斜面曲线密度高且粗壮，说明菌种生长良好。图 2-95（d）为复壮后 F2 和 F6 的混合发酵液，呈黄色，混浊黏稠，说明菌体生长旺盛。

测定复壮后菌种 24 h 发酵液的吸光度值和絮凝率，复壮前的菌种发酵液作为对照，对比复壮前后菌种的生长情况及絮凝率，结果如图 2-96 所示。复壮后菌种发酵液对高岭土悬液的絮凝效果图如图 2-97 所示。

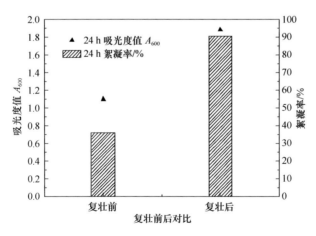

图 2-96　复壮前后的产絮菌的生长及絮凝率对比

由图 2-96 可知，产絮菌经几代复壮后，发酵液吸光度增加至 1.8 左右，絮凝率提高 50% 多。说明产絮菌复壮后，生长能力增强，繁殖速度加快，在同等时间内生长旺盛且絮凝率得到大幅度提高。由图 2-97 的发酵液絮凝效果可知，复壮后的菌种发酵液可使高岭土悬液由混浊变为澄清透明，产生大量絮体，絮凝效果十分明显。

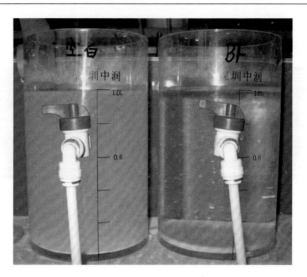

图 2-97 复壮后菌种发酵液絮凝效果图

采用液体发酵培养基对絮凝菌 F2 和 F6 传代培养 1～10 次，测定每代培养 24 h 的絮凝剂产量及絮凝率，结果如图 2-98 所示。

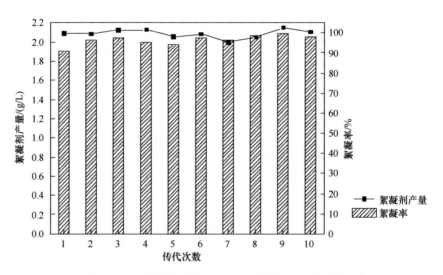

图 2-98 产絮菌连续传代 10 次的絮凝剂产量及絮凝率

由图 2-98 知，产絮菌 F2 和 F6 经 10 次传代培养后，絮凝剂产量及絮凝率在合理范围内波动，并未出现衰退显现，说明此次复壮后的菌种具备一定的遗传稳定性。

2. 菌丝球活化

试验所用菌丝球菌种为黑曲霉 Y3（*Aspergillus niger*），由实验室筛选及保存，能够自絮凝成菌丝球。在使用过程中，孢子活力将影响菌丝球成球时间长短、球体粒径、球体弹性及存活寿命等特征。随着使用时间及传代次数的增加，孢子活力必然受到影响，在试验开始前，对霉菌孢子进行了成球试验，发现其成球缓慢，时间需 5～7 天以上，且球体形成情况不够理想，球体体积小，弹性差易破碎。因此通过平板及斜面的不断转接对霉菌孢子进行了活化，结果如图 2-99 所示。

(a) Y3 孢子斜面培养　　　　　**(b) Y3 孢子悬液**　　　　　**(c) Y3 液体培养**

图 2-99　菌丝球 Y3 的复壮、保存及培养

由图 2-99（a）可以看出，活化后的霉菌孢子及菌丝颜色为深绿色，布满整个斜面培养，生长旺盛。由此制备成一定浓度的孢子悬液，在菌丝球液体培养基中培养 3～5 天即可形成光滑抗压的成熟球体，球体大小均匀，表面光滑，弹性良好，如图 2-99（b）和（c）所示，说明孢子活性恢复良好，可以用于进一步试验。

3. 混合菌丝球发酵生物絮凝剂的可行性

1）菌丝球载体在产絮菌培养基中的生长情况

将菌丝球孢子悬液按照相同接种量分别接种到装有 100 mL 产絮菌液体培养基和 100 mL 菌丝球液体培养基的 250 mL 三角瓶中，培养 7 天，每间隔 1 天观察两种培养基中的球体大小并采用相同倍数拍照记录（无缩放），结果如图 2-100 所示，其中每组图片上排为产絮菌培养基的发酵液（白色背景），下排为菌丝球培养基的发酵液（黑色背景）（王金娜，2014）。

由图 2-100 所示，通过（a）～（e）各组照片的对比可知，菌丝球在产絮菌培养基和菌丝球培养基中球体生长过程保持一致，第 1 天可形成米粒大小的球体，第 2～5 天球体变大，各个球体大小均匀，表面光滑，第 6～7 天无明显变化；二者的差别在于球体颜色不同，产絮菌培养基培养所得球体为咖啡色，而菌丝球培养基培养所得球体为白色。

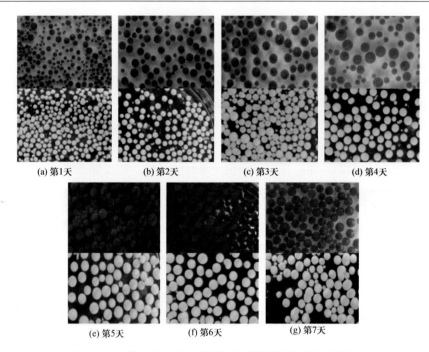

(a) 第1天 　　(b) 第2天 　　(c) 第3天 　　(d) 第4天

(e) 第5天 　　(f) 第6天 　　(g) 第7天

图 2-100　菌丝球在不同培养基中随培养时间的生长变化

2）菌丝球载体在产絮菌培养基中的球体干重变化

为进一步精确说明菌丝球在两种培养基中的生长情况，每间隔 1 天测定 100 mL 发酵液中菌丝球 1～7 天之内的球体干重，结果如图 2-101 所示。

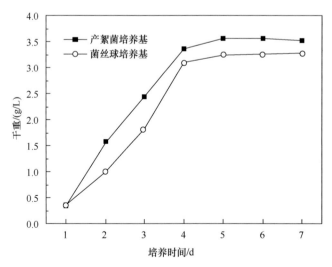

图 2-101　菌丝球干重随培养时间的变化

由图 2-101 可知，菌丝球在产絮菌培养基和菌丝球培养基中的球体干重随培养时间的延长呈现出先上升后稳定的变化趋势；且两种培养基所获球体的干重结果相差不大，可见菌丝球在产絮菌培养基中生长并未受到影响。

3）菌丝球在产絮菌培养基中的球体静沉体积

除球体干重之外，每间隔 1 天，测定菌丝球在产絮菌培养基中 1～7 天之内的球体静沉体积，结果如图 2-102 所示。

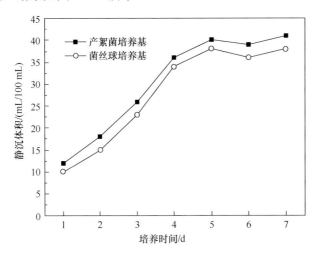

图 2-102　不同培养基中菌丝球静沉体积随培养时间的变化

由图 2-102 可知，球体静沉体积与球体干重有相同的变化规律，即先上升后稳定，在培养时间为 1～4 天内大幅度增加，培养至第 4～7 天时基本稳定，不再变化，且二者的数值相差不大，可见球体总体积并未受到产絮菌培养基的影响。

综上所述，菌丝球在产絮菌培养基中生长及存活并未受到影响，具有良好的稳定性，因此在产絮菌发酵体系中菌丝球可作为稳定载体使用。

4. 混合菌丝球的发酵方法

为了考察产絮菌与菌丝球的发酵方法，分别采用产絮菌种子液和霉菌孢子悬液同时接种法及先后接种法将二者混合培养，观察 24 h 发酵液的物理状态及菌丝球形成情况，拍摄无缩放照片如图 2-103 所示。测定其发酵液的吸光度值及絮凝率，结果如图 2-104 所示。

由图 2-103 可知，两种接种方法获得的发酵液均呈黄色黏稠状液体，同时接种法中几乎无法观测到菌丝球，仅有微小白色颗粒状物质隐约可见，而先后接种法的菌丝球大小正常，表面光滑，颜色微黄。

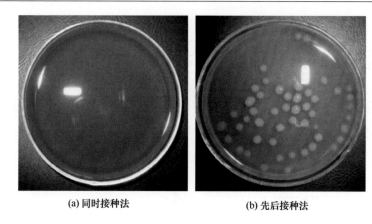

(a) 同时接种法　　　　　　　　(b) 先后接种法

图 2-103　不同接种方法的发酵液

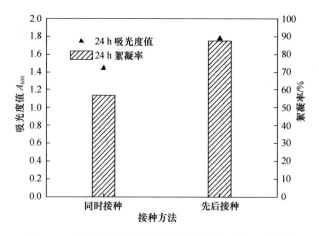

图 2-104　不同接种方法的发酵液的吸光度值及絮凝率

如图 2-104 所示，先后接种法所获得发酵液的吸光度值及絮凝率均远高于同时接种法的发酵液。

综上所述，产絮菌种子液和菌丝球孢子悬液先后接种法可以实现菌丝球作为载体对产絮菌的固定化作用，用于混合菌丝球的培养是可行的。

5. 混合菌丝球的表面形貌观察

挑取菌丝球和混合菌丝球的单根菌丝固定于载玻片上，用原子力显微镜进一步观察表面物理形态，从微观层面说明菌丝球对产絮菌的吸附作用，均以菌丝球为对照，结果如图 2-105 所示。

由图 2-105 可知，菌丝球［图 2-105（a）］的菌丝表面光滑，而混合菌丝球［图 2-105（b）］的菌丝表面吸附很多菌体，证明菌丝球能够使游离的产絮菌吸附在菌丝表面及内部孔隙中。

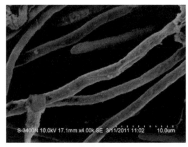 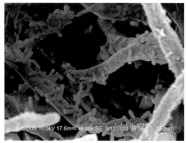

(a) 菌丝球　　　　　　　　　　　(b) 混合菌丝球

图 2-105　菌丝球与混合菌丝球的扫描电镜照片

6. 混合菌丝球间歇式发酵生物絮凝剂的发酵条件优化

1）接种条件优化

在混合菌丝球培养过程中，首先考虑到产絮菌对混合菌丝球形成的影响，针对种子液的种龄和接种量问题进行优化，各因子的优化水平采用中心组合设计得到 13 组独立试验，详见表 2-24 和表 2-25。

表 2-24　优化因子设计

因子	因子代码	单位	低水平	中心值	高水平
产絮菌种龄	A	h	−1（20）	0（24）	1（28）
产絮菌接种量	B	%	−1（1）	0（3）	1（5）

表 2-25　接种条件优化

实验编号	A（h）	B（%）	絮凝率/%	
			实验值	预测值
1	−1（20.00）	1（5.00）	84.38	88.66
2	0（24.00）	0（3.00）	98.79	96.89
3	0（24.00）	0（3.00）	97.47	96.89
4	0（24.00）	0（3.00）	97.52	96.89
5	0（24.00）	2（7.00）	82.65	80.18
6	0（24.00）	0（3.00）	98.06	96.89
7	0（24.00）	0（3.00）	95.34	96.89
8	1（28.00）	1（5.00）	81.85	84.02
9	1（28.00）	−1（1.00）	83.42	80.76
10	−1（20.00）	−1（1.00）	78.68	78.13
11	0（24.00）	−2（0.20）	77.11	80.49
12	2（30.00）	0（3.00）	77.24	77.92
13	−2（18.00）	0（3.00）	81.54	79.42

根据实测值及 RSM 法预测值，如表 2-19 所示，用 Desing Expert 7.0 进行多次回归，拟合出如下的多元二次方程：

$$F_1 = -226.47182 + 24.85321A + 16.02723B - 0.22703AB - 0.50619A^2 - 1.47568B^2$$

式中，F_1 为絮凝率，%；A 为产絮菌种龄，h；B 为产絮菌接种量，%。

采用 ANOVA 方差分析对 F 值和 p 值进行检验，进而证明模型及各因子的统计学意义，结果见表 2-26。

表 2-26　方差分析结果

变异来源	总偏差平方和	自由度	平均偏差平方和	F	估计系数	标准误差	p
回归	846.68	5	169.34	19.44	96.89	1.29	0.0006
离回归	60.97	7	8.71	—	—	—	—
总变异	907.65	12	—	—	—	—	—
模型	846.68	5	169.34	19.44	0.9328	0.8848	0.0006
A	2.13	1	2.13	0.24	−0.50	1.01	0.6361
B	101.07	1	101.07	11.60	3.45	1.01	0.0113
AB	13.20	1	13.20	1.51	−1.82	1.48	0.2581
A^2	535.49	1	535.49	61.47	−8.10	1.03	0.0001
B^2	462.13	1	462.13	53.05	−5.90	0.81	0.0002

注：R^2=0.9328，Adj R^2=0.8848，偏差系数（C.V.）=3.38%。

利用 Design Expert 7.0 得出两种因子相互作用的 3D 图和等高线图，如图 2-106 所示。

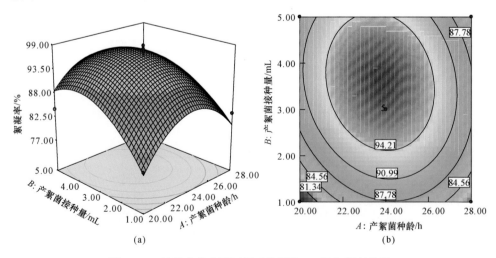

(a)　　　　　　　　　　　　　　(b)

图 2-106　接种条件各因子相互作用的 3D 图和等高线图

经模型预测得出接种条件的最优组合为：产絮菌种龄 24 h，接种量 3.6%，最大絮凝率为 97.43%。为验证该模型的显著性，以获得的最优值作为水平因子，进行试验，得到产絮菌发酵液的絮凝率为 97.55%，与预测值一致，证明该模型十分显著。

2）培养条件优化

按照最佳接种条件培养获得混合菌丝球，用于生物絮凝剂的摇瓶发酵，优化培养温度、初始 pH 和摇床转速这 3 个培养条件。各优化因子及水平采用中心组合设计得到 20 组独立试验，详见表 2-27 和表 2-28。

表 2-27　优化因子设计

因子	因子代码	单位	低水平	中心值	高水平
培养温度	C	℃	−1（20）	0（30）	1（40）
初始 pH	D	—	−1（6.5）	0（7.5）	1（8.5）
摇床转速	E	r/min	−1（120）	0（140）	1（160）

表 2-28　培养条件优化

试验编号	C/℃	D（pH）	E/（r/min）	絮凝率/% 实验值	絮凝率/% 预测值
1	1（40.00）	1（8.50）	1（160.00）	75.20	69.65
2	−1（20.00）	1（8.50）	1（160.00）	79.66	73.56
3	0（30.00）	−2（6.00）	−1（120.00）	87.60	80.77
4	−1（20.00）	1（8.50）	0（140.00）	85.77	80.81
5	2（50.00）	0（7.50）	0（140.00）	51.89	52.21
6	−1（20.00）	−1（6.50）	−1（120.00）	61.50	64.15
7	0（30.00）	0（7.50）	0（140.00）	97.17	97.45
8	0（30.00）	0（7.50）	2（180.00）	64.49	67.65
9	0（30.00）	0（7.50）	0（140.00）	96.15	97.45
10	0（30.00）	0（7.50）	−2（100.00）	63.15	62.88
11	1（40.00）	−1（6.50）	1（160.00）	74.60	76.67
12	0（30.00）	0（7.50）	0（140.00）	97.45	97.45
13	0（30.00）	0（7.50）	0（140.00）	98.30	97.45
14	1（40.00）	−1（6.50）	−1（120.00）	61.45	64.66
15	0（30.00）	2（9.00）	0（140.00）	76.04	88.00
16	0（30.00）	0（7.50）	0（140.00）	97.69	97.45
17	−1（20.00）	−1（6.50）	1（160.00）	75.36	75.73
18	−2（10.00）	0（7.50）	0（140.00）	53.04	55.61
19	1（40.00）	1（8.50）	−1（120.00）	79.72	76.47
20	0（30.00）	0（7.50）	0（140.00）	97.32	97.45

根据实测值及 RSM 法预测值，如表 2-22 所示，用 Design Expert7.0 进行多次回归，拟合出如下的多元二次方程：

$$F_2 = -1017.40073 + 7.27974C + 126.08738D + 7.44144E - 0.12119CD$$
$$+ 5.36125CE - 0.23532DE - 0.10885C^2 - 5.80657D^2 - 0.020118E^2$$

式中，F_2 为絮凝率，%；C 为培养温度，℃；D 为初始 pH；E 为摇床转速，r/min。

采用 ANOVA 方差分析对 F 值和 p 值进行检验，进而证明模型及各因子的统计学意义，结果见表 2-29。

表 2-29　方差分析结果

变异来源	总偏差平方和	自由度	平均偏差平方和	F	估计系数	标准误差	p
回归	4347.13	9	483.01	14.47	97.45	2.36	0.0001
离回归	333.86	10	33.3858	—	—	—	—
总变异	4680.99	19	—	—	—	—	—
模型	4347.13	9	483.01	14.47	0.9287	0.8645	0.0001
C	11.60	1	11.60	0.35	−0.85	1.44	0.5686
D	72.54	1	72.54	2.17	2.41	1.63	0.1712
E	22.73	1	22.73	0.68	1.19	1.44	0.4285
CD	11.75	1	11.75	0.35	−1.21	2.04	0.5662
CE	0.09	1	0.09	0.003	0.11	2.04	0.9592
DE	177.19	1	177.19	5.31	−4.71	2.04	0.0440
C^2	3057.85	1	3057.85	91.59	−10.88	1.14	<0.0001
D^2	335.66	1	335.66	10.05	−5.81	1.83	0.0100
E^2	1671.29	1	1671.29	50.06	−8.05	1.14	<0.0001

注：R^2=0.9287，Adj R^2=0.8645，偏差系数（C.V.）=7.34%。

利用 Design Expert 7.0 得出 3 种因子相互作用的 3D 图和等高线图，如图 2-107 所示。

模型预测的最大絮凝率为 97.73%，最优培养条件为：培养温度 30℃，初始 pH=7.7，摇床转速 140 r/min。在最优条件下，试验重复 3 次以上以获得实测值，为 96.35%，与预测值保持良好的一致性，证明该模型十分显著。

7. 混合菌丝球间歇式发酵生物絮凝剂的絮凝条件优化

将混合菌丝就发酵所得的发酵液进行絮凝试验，将环境 pH、菌液投加量和 CaCl₂ 投加量作为优化条件，采用中心组合设计得到 20 组独立试验，各因子水平组合详见表 2-30 和表 2-31。

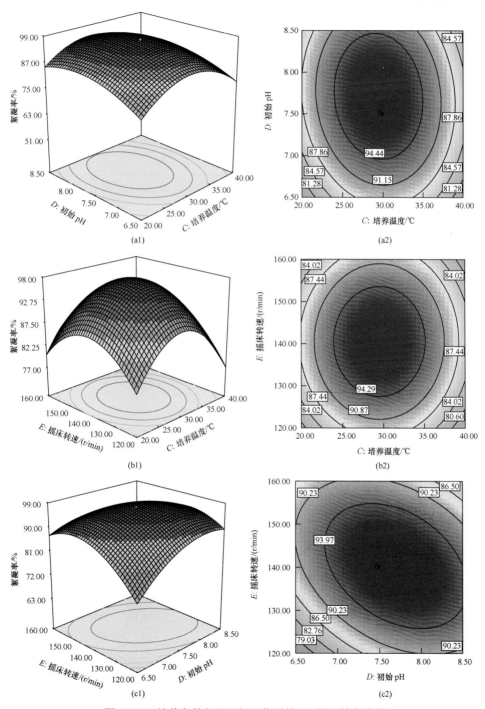

图 2-107　培养条件各因子相互作用的 3D 图和等高线图

表 2-30　优化因子设计

因子	因子代码	单位	低水平	中心值	高水平
环境 pH	F	—	−1（6.00）	0（8.00）	1（10.00）
菌液投加量	G	mL	−1（5.00）	0（10.00）	1（15.00）
CaCl$_2$ 投加量	H	mL	−1（0.50）	0（1.50）	1（2.50）

表 2-31　培养条件优化

试验编号	F（pH）	G（mL）	H（mL）	絮凝率/%	
				实验值	预测值
1	1（10.00）	1（15.00）	1（2.50）	87.81	86.98
2	0（8.00）	−2（1.00）	0（1.50）	80.22	61.63
3	−1（6.00）	−1（5.00）	1（2.50）	12.55	26.06
4	0（8.00）	0（10.00）	0（1.50）	98.61	97.23
5	0（8.00）	0（10.00）	0（1.50）	98.21	97.23
6	0（8.00）	0（10.00）	−2（0.10）	78.49	76.25
7	1（10.00）	−1（5.00）	1（2.50）	86.61	99.00
8	−2（4.00）	0（10.00）	0（1.50）	9.87	0.09
9	−1（6.00）	−1（5.00）	−1（0.50）	11.55	23.72
10	0（8.00）	0（10.00）	0（1.50）	98.61	97.23
11	0（8.00）	0（10.00）	0（1.50）	98.41	97.23
12	−1（6.00）	1（15.00）	−1（0.50）	68.49	67.44
13	1（10.00）	−1（5.00）	−1（0.50）	87.21	92.27
14	0（8.00）	2（20.00）	0（1.50）	83.01	86.74
15	−1（6.00）	1（15.00）	1（2.50）	67.08	73.36
16	2（12.00）	0（10.00）	0（1.50）	83.81	82.26
17	1（10.00）	1（15.00）	−1（0.50）	78.84	76.66
18	0（8.00）	0（10.00）	2（3.50）	80.01	69.77
19	0（8.00）	0（10.00）	0（1.50）	98.21	97.23
20	0（8.00）	0（10.00）	0（1.50）	98.01	97.23

　　根据实测值及 RSM 法预测值，如表 2-25 所示，用 Design Expert0.7 进行多次回归，拟合出如下的多元二次方程：

$$F_3 = -384.46387 + 80.33231F + 18.44975G + 22.3161H - 1.48309FG$$
$$+ 0.54913FH + 0.17896GH - 3.5034F^2 - 0.26343G^2 - 8.44555H^2$$

式中，F_3 为絮凝率，%；F 为环境 pH；G 为菌液投加量，mL；H 为 CaCl$_2$，mL。

　　采用 ANOVA 方差分析对 F 值和 p 值进行检验，进而证明模型及各因子的统计学意义，结果见表 2-32。

表 2-32　方差分析结果

变异来源	总偏差平方和	自由度	平均偏差平方和	F	估计系数	标准误差	p
回归	15 077.89	9	1675.32	14.82	97.23	4.26	0.0001
离回归	1 130.21	10	113.02	—	—	—	—
总变异	16 208.10	19	—	—	—	—	—
模型	15 077.89	9	1675.32	14.82	97.23	4.26	0.0001
F	6 751.25	1	6751.25	59.73	20.54	2.66	<0.0001
G	945.54	1	945.54	8.37	7.92	2.74	0.0160
H	126.38	1	126.38	1.12	3.16	2.99	0.3152
FG	1 759.64	1	1759.64	15.57	−14.83	3.76	0.0027
FH	9.65	1	9.65	0.09	1.10	3.76	0.7761
GH	6.41	1	6.41	0.06	0.89	3.76	0.8166
F^2	5 040.24	1	5040.24	44.60	−14.01	2.10	<0.0001
G^2	929.35	1	929.35	8.22	−6.59	2.30	0.0167
H^2	1 119.63	1	1119.63	9.91	−8.45	2.68	0.0104

注：R^2=0.9303，Adj R^2=0.8675，偏差系数（C.V.）=14.12%。

利用 Design Expert0.7 得出 3 种因子相互作用的 3D 图和等高线图，如图 2-108 所示。

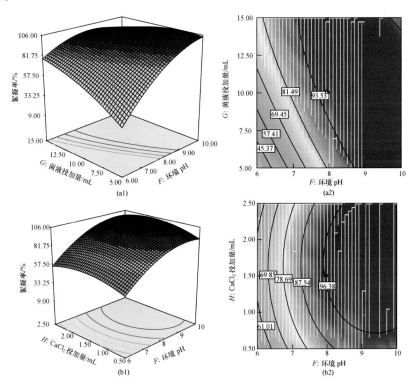

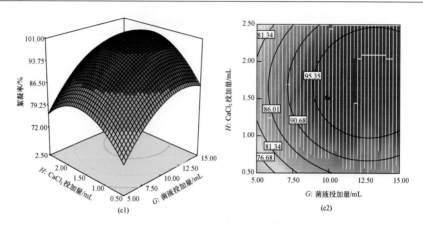

(c1)　　　　　　　　　　　　　　　　　(c2)

图 2-108　絮凝条件各因子相互作用的 3D 图和等高线图

　　模型 F3 预测的最大絮凝率为 99.12%，最优絮凝条件为：环境 pH=8.6，菌液投加量 10.4 mL，CaCl$_2$ 投加量 1.1 mL。在最优条件下重复试验 3 次以上，获取絮凝率实测值为 98.79 %，与预测值拟合程度良好。

8. 混合菌丝球间歇式发酵生物絮凝剂的实际效果

　　采用发酵和絮凝条件的优化结果作为混合菌丝球制备生物絮凝剂的发酵和絮凝条件，将混合菌丝球以摇瓶试验发酵 48 h，间隔 2 h 取样，测定发酵液吸光度值和絮凝率，并提取生物絮凝剂测定干重，探讨混合菌丝球生产生物絮凝剂的实际效果。根据结果绘制出产絮菌生长曲线，絮凝率及絮凝剂干重随培养时间的变化，如图 2-109 所示。

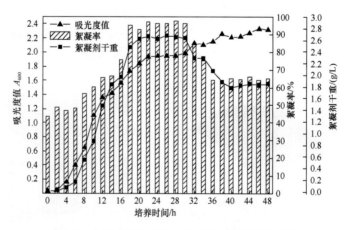

图 2-109　混合菌丝球生产生物絮凝剂单周期分析

如图 2-109 所示，菌浊、絮凝率及絮凝剂干重随着培养时间的延长均呈现出先增加后降低的变化规律。在 18～30 h，絮凝率较高，均在 90%以上，絮凝剂干重约 2.7 g/L。考虑到生物絮凝剂的生产成本及絮凝效能，最终选取 24 h 作为一个间歇式发酵周期的培养时间。

第 3 章　生物复合絮凝剂高效复配/复合关键技术

3.1　生物复合絮凝剂复配技术的影响因素

3.1.1　复合无机组分的筛选

微生物絮体呈负电性，这是 EPS 的官能基团带负电荷的缘故，如 EPS 的多糖主要含有糖羧酸，其羧基会被替换，在一定的 pH 范围内未质子化从而导致 EPS 官能基团带有负电荷。另外，胞外蛋白质富含氨基酸，如谷氨酸和天门冬氨酸，其中包含的羧基组分也会导致 EPS 的负电荷存在。正是由于微生物絮体的负电特性，阳离子在生物絮凝过程中起到了关键的作用。

金属离子可以促进生物絮凝剂的絮凝效果，这种效果与金属离子的浓度和价态有关。一般来说，二价金属阳离子对于絮凝有重要的作用，三价金属离子的效果要好于其他价态金属离子。不同生物絮凝剂，金属离子的影响不同。金属离子的作用主要是中和稳定生物絮凝剂和悬浮颗粒上的剩余负电荷，增加生物絮凝剂在悬浮颗粒物上的吸附。

对于金属离子的筛选是通过将生物絮凝剂和金属离子分开投加进行的。首先研究生物絮凝剂与无机组分在分批投加方式下，不同无机组分对絮凝效能的影响，从而对无机组分进行筛选，最终得到结论，不同金属离子对生物絮凝剂的促进效果遵循如下规律：一价离子＜二价离子＜三价离子，即一价金属离子 Na^+ 和 K^+ 对生物絮凝剂絮凝效能无明显促进作用，三价金属离子则具有明显的促进效果。在三价离子中，铝盐（PACl、Al^{3+}）的促进效果要优于铁盐（Fe^{3+}、PFS）。

不同金属离子所制备的复合絮凝剂的絮凝效果随复合方式的不同而有所不同。由图 3-1 可见，一价离子的絮凝剂与采用 PFS、$MgCl_2$ 和 $CaCl_2$ 作为无机组分合成的复合絮凝剂无明显絮凝效果。例如，$FeCl_3$CBF 等部分金属离子复合的絮凝剂在室温储存中十分不稳定，储存过程会不断生成固体颗粒导致絮凝剂的失效，絮凝效率下降，生物絮凝剂分子和某些金属离子之间存在如静电、氢键等强作用。如图所示，由聚铝 PACl 复合的生物絮凝剂的絮凝效果明显好于其他金属离子，制备的复合药剂液体较为透明、可储存稳定。因此，选择聚铝进行下一步复合制备研究。

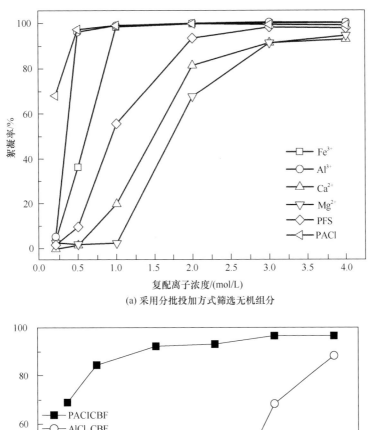

(a) 采用分批投加方式筛选无机组分

(b) 采用复合投加方式筛选无机组分

图 3-1　不同金属离子对生物絮凝剂的絮凝效果影响

3.1.2　复合生物絮凝剂的制备

　　复合生物絮凝剂制备的研究是在筛选 PACl 和 Al^{3+} 为制备复合絮凝剂无机组分的基础上,分别将定量 PACl 或 $AlCl_3$ 与生物絮凝剂混合,在一定温度条件下搅拌并冷却，制得复合铝盐生物絮凝剂，并考察 PACl/AlCl₃ 含量（PACl 和 AlCl₃ 溶液中铝浓度同为 2.36 mol/L）、生物絮凝剂含量、反应温度及复配方式对制备的复合生物絮凝剂絮凝效能的影响。PACl 与生物絮凝剂所制备的复合铝盐生物絮凝剂用 PAClCBF 表示，AlCl₃ 与生物絮凝剂所制备的复合铝盐生物絮凝剂用 AlClCBF 表示。生物絮凝剂用 CBF 表示。

1. 生物絮凝剂含量的影响

图 3-2 为不同 PACl/CBF 比例（体积比）对复合铝基生物絮凝剂絮凝效果的影响结果。当 PACl/CBF 为 0.025 时，复合铝基生物絮凝剂絮凝率小于聚铝。这是由于在较低 PACl/CBF 时，絮凝剂仍呈负电性，电荷无法充分中和，颗粒之间的排斥作用较强，导致无法有效絮凝。当 PACl/CBF 为 0.05~0.25 时，絮凝效率随 PACl/CBF 的升高而明显升高，此时复合生物絮凝剂具有协同作用，其絮凝率优于聚铝和生物絮凝剂。然而当 PACl/CBF 为 0.375 时，絮凝效率出现微小下降。这是由于当投加过量生物絮凝剂时，PACl 无法完全中和不断增加的负电荷，致使 ζ 电位保持在较低的水平。强烈的静电斥力导致高岭土颗粒无法仅仅通过生物絮凝剂的架桥作用而有效去除。从图中也可以看出，在低投加量条件下，复合絮凝剂的絮凝率比常规絮凝剂聚合氯化铝的高出 20% 左右，因此，确定最佳 PACl/CBF 比例为 0.25。

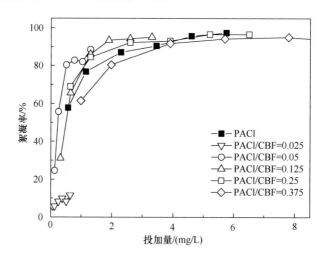

图 3-2 PACl/CBF 比例（体积比）对复合生物絮凝剂的影响

2. 复配反应温度的影响

图 3-3 为不同复合温度（40℃、60℃、80℃和100℃）对制备的复合絮凝剂的

影响。当药剂投加量较低（＜1.3 mg/L）时，生物絮凝剂的絮凝率随着复合温度的增加而增加，而复合温度大于 60℃，并且药剂投加量较大时（5.2 mg/L），絮凝率出现一定的下降。因此，选择复合温度 60℃进行下一步的制备研究。

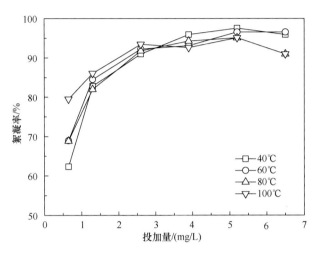

图 3-3　复合温度对复合生物絮凝剂的影响

3. pH 的影响

图 3-4 为 pH 对复合铝盐生物絮凝剂的絮凝效果影响。可以看出 PAClMBF 的絮凝效果略好于 AlClMBF，絮凝 pH 范围更大。

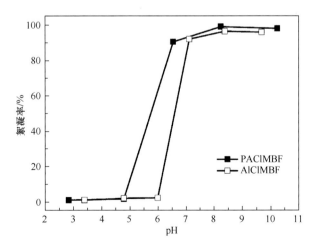

图 3-4　pH 对复合铝盐生物絮凝剂絮凝效果的影响

4. 不同复合方式的比较

常见的复合絮凝方式有先投加生物絮凝剂后投加铝盐（PACl-MBF 或 AlCl-MBF）和先投加铝盐后投加生物絮凝剂（MBF-PACl 或 MBF-AlCl）两种。

图 3-5 和图 3-6 分别为在生物絮凝剂和铝盐投加量相同的情况下，复合絮凝方式与铝盐生物复合絮凝剂的絮凝效果比较结果。从图中可以看出：铝盐生物复合絮凝剂絮凝效果略好于复合投加的絮凝方式；PAClMBF 絮凝效果好于 AlClMBF。

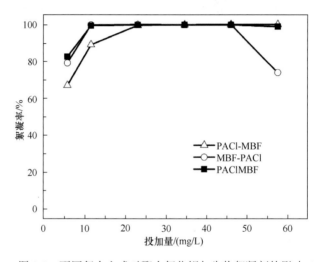

图 3-5 不同复合方式对聚合氯化铝与生物絮凝剂的影响

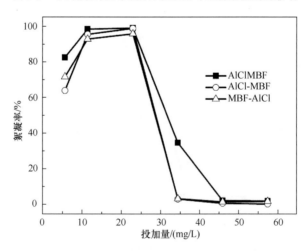

图 3-6 不同复合方式对铝盐与生物絮凝剂的影响

3.2 生物复合絮凝剂的高效复配

3.2.1 一价阳离子 K⁺、Na⁺ 与微生物絮凝剂的复配

图 3-7 为一价阳离子 K^+ 和 Na^+ 与微生物絮凝剂进行复配的情况。一价阳离子投加量分别为 0.2 mmol/L、0.5 mmol/L、1.0 mmol/L、2.0 mmol/L、3.0 mmol/L、4.0 mmol/L，微生物絮凝剂投加量固定为 17.0 mg/ L。从图中可以看出 K^+、Na^+ 对絮凝率的增加效果有限，复配后絮凝效果仅从 13% 和 14% 分别增加到 15% 和 16%，K^+ 的复配效果略好于 Na^+，但是和二价阳离子相比 K^+ 的复配效果仍然有限。

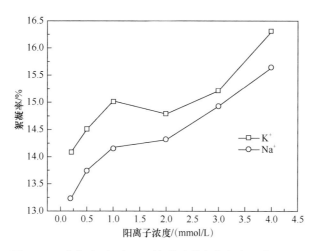

图 3-7 一价阳离子 K^+、Na^+ 与微生物絮凝剂复配作用效果

3.2.2 二价阳离子 Ca²⁺、Mg²⁺ 与微生物絮凝剂的复配

图 3-8 为二价阳离子与微生物絮凝剂的复配情况。二价阳离子投加量分别为 0.2 mmol/L、0.5 mmol/L、1.0 mmol/L、2.0 mmol/L、3.0 mmol/L、4.0 mmol/L，微生物絮凝剂投加量固定为 17.0 mg/L。Ca^{2+}、Mg^{2+} 对絮凝活性的增加效果较明显，复配后絮凝率从 15% 和 12% 分别增加到 89% 和 95%，Mg^{2+} 的复配效果略好于 Ca^{2+}。这是由于投加 Ca^{2+}、Mg^{2+} 可以通过电中和作用，在微生物絮凝剂内部架桥带负电荷的功能基团，使负电荷的高岭土悬浊液脱稳，促进絮凝。

3.2.3 三价阳离子 Fe³⁺、Al³⁺ 与微生物絮凝剂的复配

图 3-9 为三价阳离子与微生物絮凝剂的复配情况。阳离子投加量分别为 0.2 mmol/L、0.5 mmol/L、1.0 mmol/L、2.0 mmol/L、3.0 mmol/L、4.0 mmol/L，微生

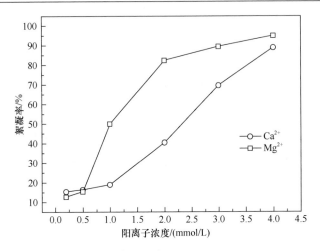

图 3-8　二价阳离子 Ca^{2+}、Mg^{2+} 与微生物絮凝剂复配作用效果

物絮凝剂投加量固定为 17.0 mg/L。Fe^{3+} 对絮凝活性的增加效果较明显，在投加量为 2.0 mmol/L 时，絮凝活性即达到 98%。而 Al^{3+} 与微生物絮凝剂复配后几乎没有明显效果。

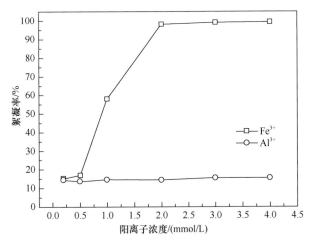

图 3-9　三价阳离子 Fe^{3+}、Al^{3+} 与微生物絮凝剂复配作用效果

3.2.4　高分子无机絮凝剂 PFS、PAC 与微生物絮凝剂的复配

采用高分子无机絮凝剂 PFS 和 PAC 与微生物絮凝剂进行复配，其结果与三价 Fe^{3+}、Al^{3+} 的复配结果相似（图 3-10）。在 PFS 投加量（以 Fe 计）仅为 0.5 mmol/L 时，复配后絮凝活性即达到 99%，PFS 与微生物絮凝剂复配的效果（与 Fe^{3+} 相比）更加明显。

由上述研究可知，阳离子和无机絮凝剂与微生物絮凝剂复配效果的顺序为 $PFS>Fe^{3+}>Mg^{2+}>Ca^{2+}>PAC$、$Al^{3+}$、$K^+$、$Na^+$。以此确定 PFS 和 Fe^{3+} 为无机复配组分。另外，除 Al^{3+} 和 PAC 外，阳离子和无机絮凝剂与微生物絮凝剂复配的促进效果顺序按照一价<二价<三价阳离子的顺序增加，即在相同物质的量阳离子投加量下，阳离子价态越高，所带正电荷越大，压缩双电层作用和电中和能力越强，促进絮凝效果越明显。并且由于微生物絮凝剂的有效成分主要是酸性多聚糖和蛋白质，投加阳离子可以与其中的活性基团—OH 和—COO^- 在絮凝过程中发生架桥作用，生成更密实的絮体。

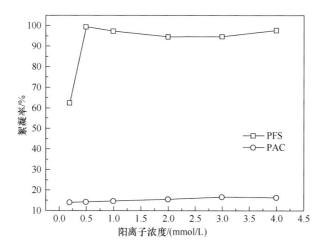

图 3-10　无机高分子絮凝剂 PFS、PAC 与微生物絮凝剂复配作用效果

3.2.5　以高岭土-腐殖酸模拟水样为对象对 CBF 与硫酸铝（AS）进行复配

1. CBF 与 AS 复配的混凝效果

1）投加顺序和投加量对混凝效果的影响

图 3-11 和图 3-12 分别为不同 AS 与 CBF 的投加顺序及 CBF 的投加量在同一 Al 投加量范围内（1～8.5 mg/L）进行的混凝实验。通过测定混凝后上清液的余浊、UV_{254} 及 DOC 等指标，考察 AS 与 CBF 复配投加顺序和投加量对高岭土-腐殖酸模拟水样混凝效果的影响。

图 3-11（a）为 AS 单独投加，且投加量小于 2.5 mg/L 时，混凝后出水余浊随投加量增大明显下降，继续增大投加量出水余浊变化很小，稳定在 1.0 NTU 以下。由图 3-11（b）和（c）可以看出 UV_{254} 及 DOC 去除率均随 AS 投加量的增大而增大，并在 AS 投加量为 8.5 mg/L 处取得最大值。

图 3-11 为先投加 AS 后投加 CBF 的复配混凝方式，其效果随 AS 投加量的变

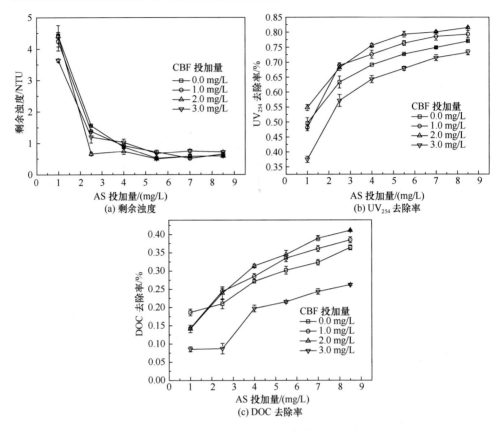

图 3-11　AS-CBF 投加量对混凝效果的影响

化趋势与 AS 的一致，当适量地投加 CBF 时混凝效果得到提高。单独投加 AS 时，UV_{254} 及 DOC 去除率在投加量为 7.0 mg/L 时分别为 74.8%和 32.3%。而与 CBF 复配使用后（CBF 投加 2 mg/L），UV_{254} 及 DOC 去除率可分别提高至 80%及 40%。

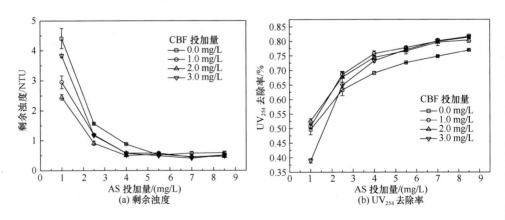

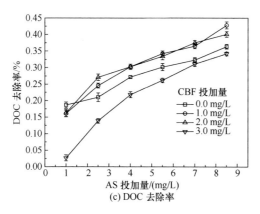

(c) DOC 去除率

图 3-12 CBF-AS 投加量对混凝效果的影响

图 3-12 为改变投加顺序后，混凝效果随 AS 投加量的变化趋势，此时混凝效果变化趋势无明显变化。CBF 的投加量为 1～2 mg/L 时，可提高混凝效果，其投加量增大到 3 mg/L 时，反而使混凝效果降低。

2）pH 对混凝效果的影响

用 HCl 和 NaOH 溶液调节水样 pH 依次为 4、5、6、7、8、9，分别投加 7 mg/L 和 2 mg/L 的 AS 和 CBF 进行混凝实验。图 3-13 为水样的 pH 对混凝效果的影响。

从图中可以看出，三种混凝剂的混凝效果随 pH 的变化趋势一致。由图 3-13（a）可以看出，酸性条件下的混凝出水余浊较大，pH 为 7～9 时余浊较小，稳定在 0.6 NTU 左右。这说明在碱性条件下，絮体较易沉降，余浊去除效果较佳。由图 3-13（b）和（c）可以看出，UV_{254} 及 DOC 的去除率随 pH 的增大均呈现出先增大后减小的趋势，在 pH 为 6 处取得最大值。

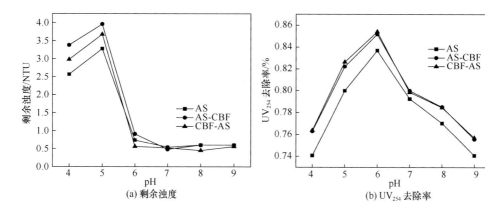

(a) 剩余浊度

(b) UV_{254} 去除率

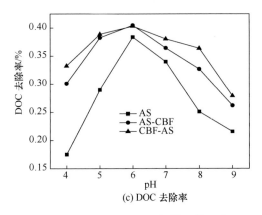

图 3-13　pH 对混凝效果的影响

　　另外，在 pH 小于 6 时，CBF 的投加会增大出水余浊，pH 大于 6 时，CBF 的投加会使剩余余浊降低。在所研究的 pH 范围内，无论投加顺序如何，CBF 与 AS 复配使用均使有机物去除率增大，在一定程度上扩大了混凝剂的 pH 适用范围。上述规律如图 3-13 所示。

　　2. CBF 与 PAC 复配的混凝效果

　　图 3-14 为 PAC 与 CBF 复配对高岭土-腐殖酸模拟水样的混凝效果，并对余浊及有机物去除率指标进行考察。

　　CBF 与 PAC 复配之后的效果与单独使用 PAC 相比处理效果没有提高，反而有所下降。这表明在处理腐殖酸-高岭土模拟水样时，CBF 与 PAC 之间有相互抑制作用，因而没有对 PAC-CBF 复配混凝剂进行更深入的研究。上述规律如图 3-14 所示。

3.2.6　以高岭土-腐殖酸模拟水样为对象对 CBF 与 TiCl₄ 混凝剂进行复配

　　对 TiCl$_4$ 来说，改变 TiCl$_4$ 与 CBF 的投加顺序及 CBF 的投加量，在同一 Ti 投加量范围内（2～12 mg/L）进行混凝实验，通过测定混凝后上清液的余浊和 DOC，考察 CBF 投加量和 TiCl$_4$ 与 CBF 复配投加顺序对高岭土-腐殖酸模拟水样混凝效果的影响，结果如图 3-15 所示。

　　图 3-15（a）为当 TiCl$_4$ 单独投加时，剩余余浊随着 TiCl$_4$ 投加量的增大而逐渐降低，当 TiCl$_4$ 投加量大于 6 mg/L 时，剩余余浊基本达到平稳阶段。在投加 TiCl$_4$ 30 s 之后投加 CBF，当 CBF 投加量为 1～4 mg/L 时，剩余余浊未见明显的上升趋势，但是当 CBF 投加量为 5 mg/L 时，混凝后出水余浊明显较 TiCl$_4$ 单独投加时升

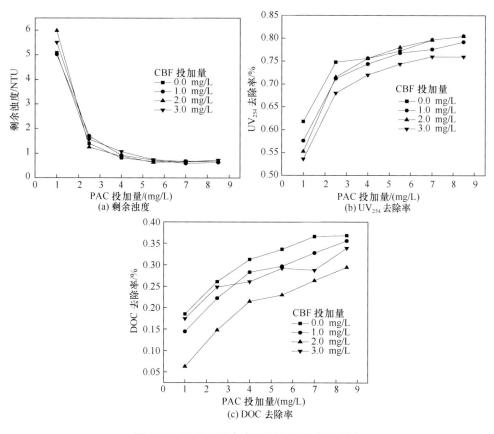

图 3-14　PAC-CBF 投加量对混凝效果的影响

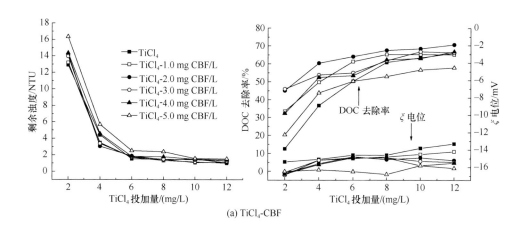

(a) TiCl₄-CBF

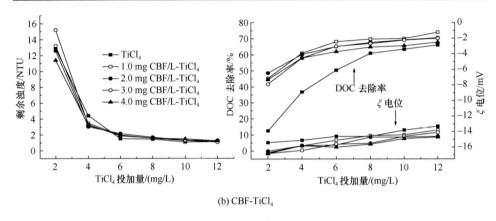

(b) CBF-TiCl₄

图 3-15　CBF 投加量对剩余余浊、DOC 去除率及 ζ 电位的影响

高。对 DOC 去除率来说，与 TiCl₄ 本身相比，CBF 能够有效地提高 DOC 的去除率，但是当 CBF 投加量过大时则会导致 DOC 去除率的下降，这可能是由于 CBF本身是一种有机物质，当投加量过多时，残余的 CBF 导致了水体中 DOC 的升高。对 ζ 电位来说，随着 CBF 投加量的增大，絮体的电位逐渐下降，这是由于 CBF本身带有负电荷，投加量过多，多余的负电荷会吸附在絮体颗粒表面，从而导致颗粒物之间相互排斥，从而导致 DOC 去除率的下降。

改变 CBF 与 TiCl₄ 的投加顺序，在所研究的投加量范围以内，CBF 投加量对剩余余浊的影响不大，且 CBF 能够有效地提高 DOC 去除率，同时，ζ 电位也呈现出一定程度的降低趋势。上述规律如图 3-15（b）所示。

对 $Al_2(SO_4)_3$ 来说，研究内容同上，研究发现，与 TiCl₄ 混凝剂相比，CBF 作为 $Al_2(SO_4)_3$ 的混凝剂能够有效地降低出水的剩余余浊，且能够有效地提高 DOC 去除率［图 3-16（a）］。当 $Al_2(SO_4)_3$ 投加量为 3 mg/L 时，2.0 mg CBF 能够将剩余余浊由 1.17 NTU 降低到 0.74 NTU，DOC 去除率可由 68.3%提高到 78.8%。改变 $Al_2(SO_4)_3$与 CBF 的投加顺序［图 3-16（b）］，CBF 同样能够有效地提高 DOC 去除率，出水剩余余浊变化不明显。另外，ζ 电位同样随着 CBF 投加量的增大呈现下降的趋势。

3.2.7　以地表水为对象对 CBF 与铝盐混凝剂进行复配

1. CBF 与 AS 复配的混凝效果

图 3-17 和图 3-18 分别为在同一 $Al_2(SO_4)_3$ 投加量范围内（2～12 mg/L）改变AS 与 CBF 的投加顺序及 CBF 的投加量进行混凝实验，通过测定混凝后上清液的余浊、UV₂₅₄ 及 DOC 去除率，考察 AS 与 CBF 复配投加顺序和投加量对引黄水库水混凝效果的影响。

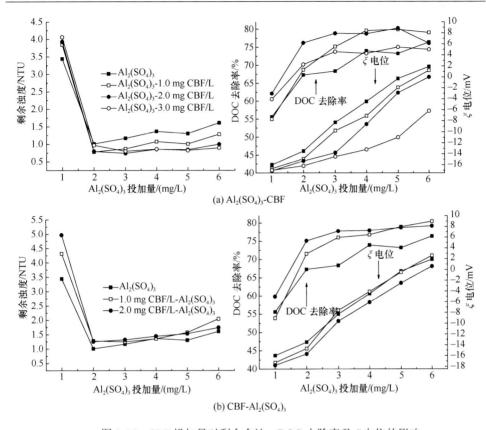

(a) Al₂(SO₄)₃-CBF

(b) CBF-Al₂(SO₄)₃

图 3-16　CBF 投加量对剩余余浊、DOC 去除率及 ζ 电位的影响

　　CBF 与 AS 复配之后的效果与单独使用 AS 相比处理效果没有明显提高。这表明在处理实际地表水样时，CBF 与 AS 之间没有协同作用，因而没有对 AS-CBF 和 CBF-AS 复配混凝剂进行更深入的研究，以上规律如图 3-17 和图 3-18 所示。

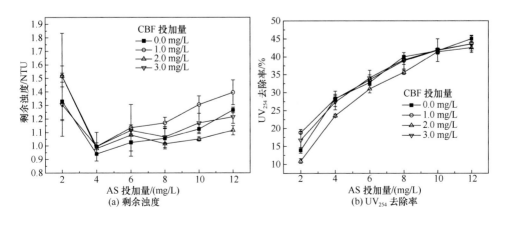

(a) 剩余浊度

(b) UV₂₅₄ 去除率

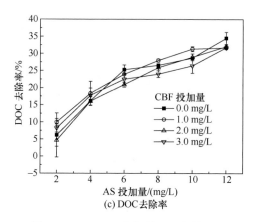

(c) DOC去除率

图 3-17 AS-CBF 投加量对混凝效果的影响

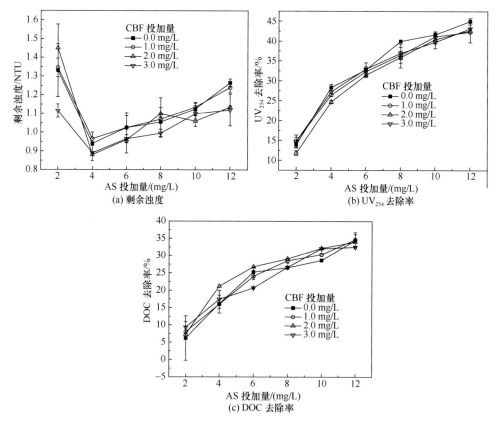

图 3-18 CBF-AS 投加量对混凝效果的影响

2. CBF 与 PAC 复配的混凝效果

1）投加顺序及投加量对混凝效果的影响

在同一 PAC 投加量范围内（2～12 mg/L），改变 PAC 与 CBF 的投加顺序及 CBF 的投加量进行混凝实验，通过测定混凝后上清液的剩余余浊、UV$_{254}$ 去除率及 DOC 去除率，考察 PAC 与 CBF 复配投加顺序和投加量对地表水混凝效果的影响，结果如图 3-19 和图 3-20 所示。

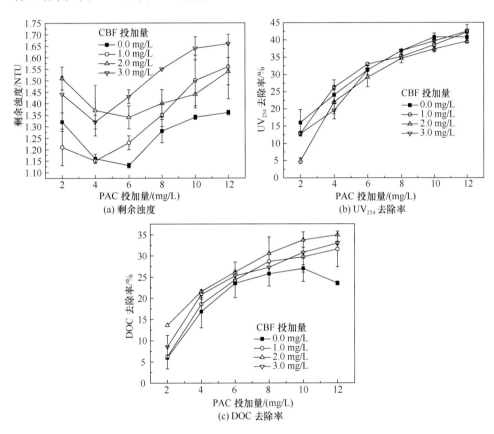

图 3-19　PAC-CBF 投加量对混凝效果的影响

图 3-19（a）可以看出 PAC 单独投加时，当其投加量在 6 mg/L 时，出水剩余余浊最小，之后随投加量的增加，剩余余浊增大。由图 3-19（b）可以看出，随着 PAC 投加量的增加，UV$_{254}$ 去除率逐渐增大，并在投加量为 10 mg/L 时达到最大值。由图 3-19（c）可知，DOC 去除率随着投加量的增加先增大后减小，投加量为 10 mg/L 时去除率最佳。由图 3-19（c）可知 PAC-CBF 的混凝效果随 PAC 投加量的变化趋势与单独投加 PAC 的一致。与 CBF 复配后，剩余余浊升高，投加

适量的 CBF（2.0 mg/L）可提高 DOC 去除率。

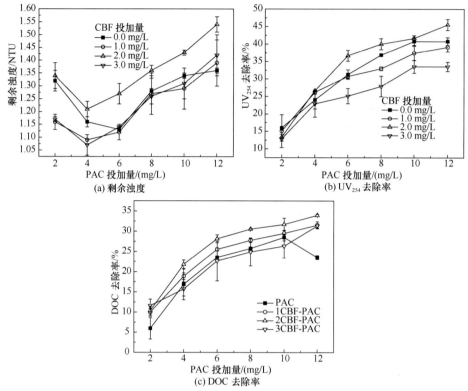

图 3-20　CBF-PAC 投加量对混凝效果的影响

　　图 3-20 为混凝效果随 CBF-PAC 投加量的变化趋势。改变投加顺序后，其趋势也与 PAC 单独投加时的变化趋势相似。当 CBF 的投加量为 2 mg/L 时，其出水剩余余浊虽然升高，但是其 UV_{254} 去除率和 DOC 去除率（PAC 投加量为 12 mg/L）可由单独投加时的 44.79%和 23.52%分别提高到 45.56%和 33.95%。

　　2）pH 对混凝效果的影响

　　用 HCl 和 NaOH 溶液调节水样 pH 为 5.5、6、7、8、9，分别投加 10 mg/L 和 2 mg/L 的 PAC 和 CBF 进行混凝实验，考察水样 pH 对混凝效果的影响，如图 3-21 所示。

　　图 3-21 为三种混凝剂的混凝效果随 pH 的变化趋势。随着 pH 的升高，三种混凝剂的变化趋势基本一致，剩余余浊逐渐降低，而 UV_{254} 去除率及 DOC 去除率先增大后减小，在 pH 为 6 处取得最大值。另外，从图中还可以看出，CBF 与 PAC 复配可在酸性混凝条件下降低出水剩余余浊，提高 UV_{254} 去除率；在碱性条件下

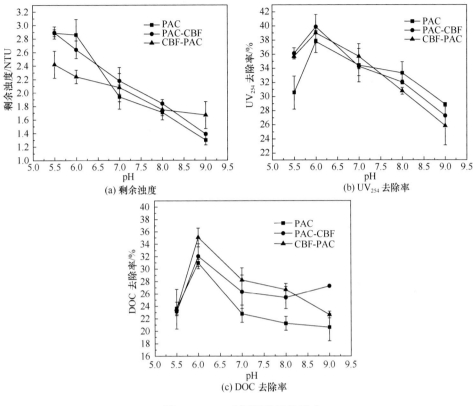

图 3-21 pH 对混凝效果的影响

反而使出水剩余余浊升高，UV_{254} 去除率降低；在 pH 为 6～9 时，DOC 去除率均得到显著提高。

3.2.8 以分散黄模拟水样为对象对 CBF 与铝盐进行复配

纺织工业是我国重要的经济产业之一，其产生的印染废水污染较为严重。与其他处理方法相比，化学絮凝法具有工艺简单、操作方便、适用范围广、建设费用低等优点，因此成为印染废水处理领域中一个十分重要的方法。在化学絮凝法所使用的絮凝剂中，无机絮凝剂因其处理效果更好、廉价易得等原因，已逐渐成为主流。其中，铝盐絮凝剂的应用范围最为广泛。然而近年来，随着铝盐絮凝剂的使用，其毒性问题表现得越来越突出。另外，铝盐混凝剂产生的絮体一般较小，所需静沉时间较长，进而导致水处理成本增加。

在 CBF 与传统混凝剂复配处理腐殖酸模拟水样和黄河水的研究中发现，后投加 CBF 可增大絮体粒径，提高絮体强度及破碎后的能力。因此，针对铝盐存在的不足，拟采用无生物毒性，可生物降解的 CBF 与铝盐（AS 和 PAC）复配，通过研究其对分散黄模拟染料废水的处理效果，从而达到提高脱色率、降低铝盐投加量、改善絮体特性、缩短沉降时间的目的。

1. 投加量对脱色效果的影响

图 3-22 为 AS 或 PAC 与 CBF 复配投加量对分散黄脱色效果的影响。将 AS 或 PAC（B=1.5）先于 CBF 投加，改变 CBF 的投加量，在同一铝盐投加量范围内进行混凝实验，并测定混凝后上清液在 445 nm 处的吸光度进行表征。

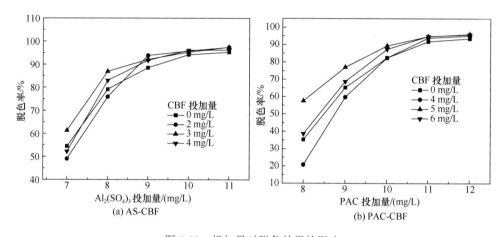

图 3-22　投加量对脱色效果的影响

单独使用 AS 时，脱色率随投加量的增大而增大，到其投加量为 10 mg/L 时趋于稳定。与 CBF 复配使用后脱色率变化规律不变，但在 AS 投加量（以铝计）7～9 mg/L 范围内脱色效果可提高 7%，且 CBF 投加量为 3 mg/L 时脱色效果最好。上述规律如图 3-22（a）所示。

当 CBF 投加量一定时，脱色率均随 PAC 投加量的增大而增大，并且在投加量 11 mg/L 时趋于稳定，去除率可达到 91.8%。与 CBF 复配使用后脱色率也随投加量的增加而增大，在高投加量下，复配优势相对较小，去除率仅提高 3%。但在低投加量下加入 CBF，其脱色率有明显提升，可提高 10%～20%，且 CBF 投加量为 5 mg/L 时脱色效果最好。上述规律如图 3-22（b）所示。

2. pH 对脱色效果的影响

用 HCl 和 NaOH 溶液调节水样 pH，采用 AS-CBF（AS 8 mg/L 和 10 mg/L，CBF 3 mg/L）及 PAC-CBF（PAC 9 mg/L 和 11 mg/L，CBF 5 mg/L）进行混凝脱色实验，如图 3-23 所示。

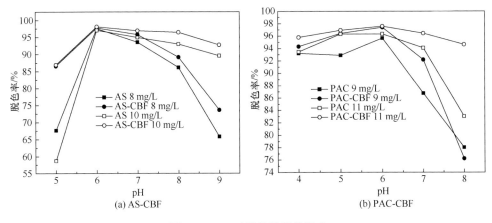

图 3-23　pH 对脱色效果的影响

AS 及 AS-CBF 的脱色率均随 pH 升高呈现先增加后减小的趋势，pH 为 6 时的脱色效果最佳。在较高 AS 投加量（10 mg/L）下，AS 及 AS-CBF 的脱色效果较佳且受 pH 的影响均较小，AS-CBF 可在所研究的 pH 范围内均取得很高的脱色率。上述规律如图 3-23（a）所示。当 PAC 投加量为 9 mg/L 时，PAC 及 PAC-CBF 的混凝脱色率在 pH 为 4~6 范围内较高，且变化较小，之后随 pH 增加逐渐减小。在较高 PAC 投加量（11 mg/L）下，PAC 及 PAC-CBF 的混凝脱色效果较佳且受 pH 影响较小。上述规律如图 3-23（b）所示。

另外，从图中还可以看出，在同一 pH 条件下，CBF 与 AS 或 PAC 复配均可使脱色效果提高，在一定程度上扩大了 pH 适用范围。

3.2.9　以含磷模拟水样为对象对 CBF 与传统化学混凝剂进行复配

1. CBF 与铝盐复配的除磷效果

在同一 Al 投加量范围内（2~12 mg/L）改变 CBF 的投加量进行混凝实验，通过测定混凝后上清液中的含磷量，考察铝盐混凝剂（AS 和 PAC）与 CBF 复配投加量对总磷去除效果的影响，如图 3-24 和图 3-25 所示。

图 3-24 为 AS 单独投加时 Al 投加量对总磷去除效果的影响。AS 单独投加时，总磷去除率随 Al 投加量的增加而增大。但是，CBF 与 AS 复配投加并未提高总磷的去除率反而使其有所下降。这说明在去除总磷方面，CBF 与 AS 无协同作用。

图 3-25 为 PAC 单独投加时，Al 的投加量对总磷去除效果的影响。PAC 单独投加时，总磷去除率随 Al 投加量的增加而增大。另外，CBF 与 AS 复配投加可使总磷去除率提高约 7%。但值得注意的是，在相同 Al 投加量下，AS 单独投加时的总磷去除效果最佳。

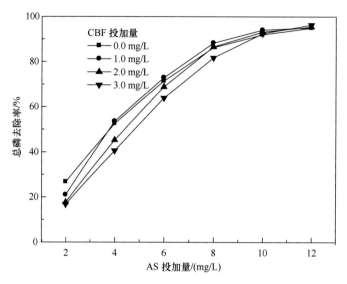

图 3-24 AS 投加量对总磷去除效果的影响

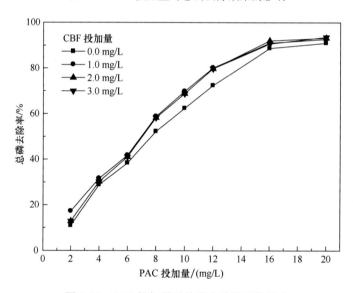

图 3-25 PAC 投加量对总磷去除效果的影响

2. CBF 与铁盐复配的除磷效果

在同一 Fe 投加量范围内改变 CBF 的投加量进行混凝实验，通过测定混凝后上清液中的含磷量，考察铁盐混凝剂（FC 和 PFC）与 CBF 复配投加量对总磷去除效果的影响，如图 3-26 和图 3-27 所示。

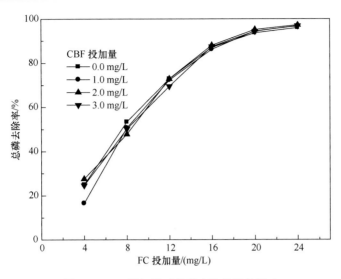

图 3-26　FC 投加量对总磷去除效果的影响

图 3-26 显示，FC 单独投加时，总磷去除率随 Fe 投加量的增加而增大。但是，CBF 与 FC 复配投加后总磷的去除率并未提高。这说明，在总磷去除方面 CBF 与 FC 并无协同作用。

图 3-27 为 PFC 投加量对总磷去除效果的影响。当 PFC 投加量较大时总磷可以保持较高的去除率，但 CBF 与 PFC 复配投加也未能提高总磷的去除效果。这说明在总磷去除方面，CBF 与 PFC 也无协同作用。

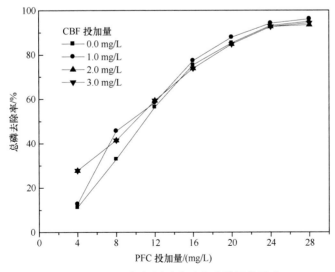

图 3-27　PFC 投加量对总磷去除效果的影响

3.2.10　CBF 与非离子型 PAM 和阴离子型 PAM 的复合研究

以高岭土的模拟水样和腐殖酸的模拟水样为处理对象，对固态 CBF 与 PAM 的复合进行了研究，探讨了非离子型 PAM（nonionic PAM）和阴离子型 PAM（anionic PAM）与 CBF 的复合。通过絮凝率和腐殖酸去除率的变化来确定最佳的 PAM 与 CBF 配比，然后在最佳配比条件下，分别探讨了 10% $CaCl_2$ 投加量，复合絮凝剂的投加量及 pH 对混凝效果的影响。

1. CBF 与 PAM 复合絮凝剂的制备方法

称取一定质量的非离子型 PAM 和一定质量的阴离子型 PAM，配成 2 g/L 的储备液待用。称取一定质量的固态 CBF 于烧杯中，用磁力搅拌器搅拌 1～1.5 h 至溶解，然后按照不同的质量比（mass ratio）分别加入 PAM，继续搅拌 1～1.5 h，最后定容，储存于 4℃冰箱中备用。复合混凝剂分别用 nonionic PAM-CBF 和 anionic PAM-CBF 表示。

2. CBF 与非离子型 PAM 和阴离子型 PAM 复合絮凝剂对高岭土模拟水样的混凝效果

1）最佳 PAM 与 CBF 配比的确定

制备 PAM∶CBF= 0.02、0.05、0.06667、0.1、0.2、0.5、1，共 7 个配比的复合絮凝剂，投加量为 10 mg CBF/L，加入了 1 mL 10% $CaCl_2$ 作为助凝剂。

从图 3-28 中可以看出，不论是复合混凝剂还是 PAM，随着配比的增大，絮凝率均逐渐提高。对非离子型 PAM-CBF 和非离子型 PAM 来说，非离子型 PAM-CBF 相对于非离子型 PAM 对高岭土的絮凝率具有明显的提高，即非离子型 PAM 与 CBF 具有明显的协同作用。当非离子型 PAM∶CBF=0.2 时，絮凝率趋势变化不明显，考虑到 PAM 的高成本，选择非离子型 PAM∶CBF=0.2 为最佳配比。图 3-28（b）为 ζ 电位随着配比的变化而变化的情况。随着 PAM 所占配比的逐渐增大，ζ 电位呈现增大趋势，且非离子型 PAM 与 CBF 复合后，出水的絮体 ζ 电位高于非离子型 PAM。随着配比的增大，ζ 电位均为负值，并未接近零电位点，这说明在混凝过程中起主要作用的不是电中和，而是由于吸附架桥和卷扫网捕起作用。在以往的研究中发现，$CaCl_2$ 的加入可以提高絮凝活性，加强絮凝剂分子与悬浮颗粒以配位键结合而促进絮凝，即加强其架桥作用和中和作用。

对阴离子型 PAM-CBF 和阴离子型 PAM 来说，阴离子型 PAM-CBF 相对于阴离子型 PAM 对高岭土的絮凝率并没有明显的提高（图 3-29），即阴离子型 PAM 与 CBF 不具有明显的协同作用。当阴离子型 PAM∶CBF>0.2 时，复合型絮凝剂的絮凝效果略低于阴离子型 PAM。

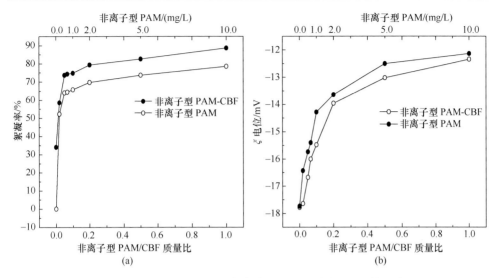

图 3-28　PAM/CBF 比例对絮凝率（a）和 ζ 电位（b）的影响

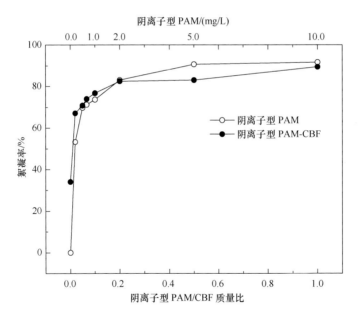

图 3-29　阴离子型 PAM/CBF 质量比对絮凝率的影响

2）CaCl₂ 投加量对絮凝效果的影响

在最佳配比条件下，即非离子型 PAM：CBF=0.2，改变 CaCl₂ 的投加量，絮凝效果如图 3-30（a）所示。

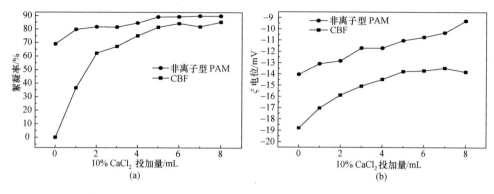

图 3-30 10% CaCl$_2$ 投加量对絮凝率（a）和 ζ 电位（b）的影响

随着 CaCl$_2$ 投加量的增大，絮凝率首先呈现上升趋势，但是当 CaCl$_2$ 投加量大于 1 mL 后，随着投加量继续增大，絮凝率变化趋势不明显，呈现水平状态，上述结果如图 3-30（a）所示。以单独使用 CBF 为对比，如图所示，随着 CaCl$_2$ 投加量的增大，絮凝率急剧增大，当 CaCl$_2$ 投加量大于 5 mL 后，逐渐达到稳定状态。图 3-30（b）为 ζ 电位随着 CaCl$_2$ 投加量变化而变化的趋势。由图中可以看出，随着 CaCl$_2$ 投加量的增大，ζ 电位均呈现出增大的趋势，且电位大小顺序如下：非离子型 PAM-CBF＞CBF。

研究认为，混凝体系中的离子，尤其是高价离子能够改变胶体的 ζ 电位，降低其表面电荷，压缩双电层，有效地破坏胶体的稳定性，促进大分子与胶体颗粒之间的吸附与架桥。在研究阳离子对环圈项圈藻产絮凝剂絮凝膨润土的影响时发现，阳离子如 Ca^{2+} 的加入减少了大分子和悬浮颗粒的负电荷增加了悬浮颗粒对大分子的吸附量，促进了架桥的形成。还有研究认为金属离子如 Ca^{2+} 等，对微生物絮凝剂起促进作用是由于微生物絮凝剂中暴露的羧基等官能团与这些金属阳离子的"架桥"。

CaCl$_2$ 的加入对复合混凝剂的絮凝率影响不大，不加入 CaCl$_2$ 时，非离子型 PAM-CBF 的絮凝率就达到 69.0%。由于 Ca^{2+} 的加入会导致出水硬度的增大，所以，在利用复合混凝剂处理水时可以考虑减少助凝剂 CaCl$_2$ 的用量，甚至可以不用加入助凝剂。

3）pH 对絮凝效果的影响

在最佳配比条件下，投加 1 mL 10% CaCl$_2$，复合絮凝剂及 CBF 投加量均为 10 mg CBF/L，探讨水样 pH 对絮凝效果的影响，结果如图 3-31（a）所示。

从图中明显看出，复合混凝剂的絮凝效果明显高于 CBF 本身，在所研究的 pH 范围内，复合混凝剂的絮凝率随着 pH 的变化波动较小，絮凝率均在 80% 左右，而 CBF 本身则更容易受到 pH 的影响，随着 pH 的升高，絮凝率逐渐增大，在 pH=7 时，絮凝率达到最高（43.6%），pH 的继续增大将导致絮凝率的下降。ζ 电位随着

pH 的变化如图 3-31（b）所示，对 CBF 来说，随着 pH 的增大，ζ 电位逐渐降低，而对非离子型 PAM 来说，ζ 电位先升高后降低。但是，ζ 电位均为负值，说明架桥和网捕为主要絮凝作用。

　　研究结果表明，复合混凝剂受 pH 的影响较小，而单独的 CBF 受 pH 的影响较大，且在广泛的 pH 范围内，复合混凝剂均具有较高的混凝效果。

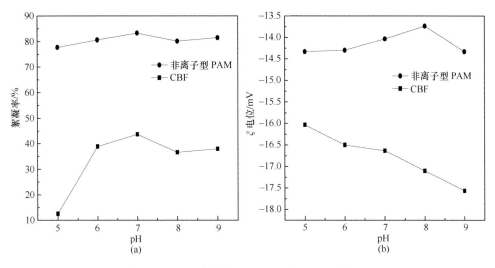

图 3-31　pH 对絮凝率（a）和 ζ 电位（b）的影响

4）复合混凝剂投加量对絮凝效果的影响

图 3-32 为絮凝率及 ζ 电位随着复合混凝剂投加量的变化情况。

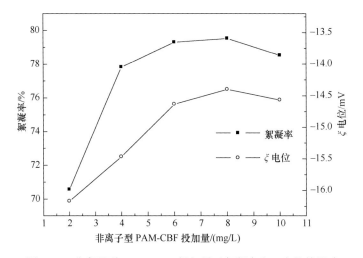

图 3-32　非离子型 PAM-CBF 投加量对絮凝率和 ζ 电位的影响

结果表明，随着投加量的增大，絮凝率呈现出先升高后下降的趋势，絮凝率在投加量为 8 mg/L 时达到最高（79.5%）。ζ 电位呈现出相同的变化趋势，在 8 mg/L 时，ζ 电位最高（−14.4 mV）。得到结果与之前的研究结果相似，混凝剂的投加量或多或少都会降低混凝效果。混凝剂投加量过少，说明没有足够的混凝剂吸附悬浮的高岭土颗粒，或者促进颗粒之间的架桥，过多的混凝剂则会由于颗粒间的电荷相斥作用从而导致小颗粒无法聚集。

3. CBF 与非离子型 PAM 和阴离子型 PAM 复合絮凝剂对腐殖酸模拟水样的混凝效果

1）最佳 PAM 与 CBF 配比的确定

制备 PAM∶CBF= 0.05、0.06667、0.1、0.2、0.5，共 5 个配比的复合絮凝剂，投加量为 10 mg CBF/L，加入了 3.0 mL 10% CaCl$_2$ 作为助凝剂，采用腐殖酸（humic acids，HA）为模拟水样，结果如图 3-33 所示。

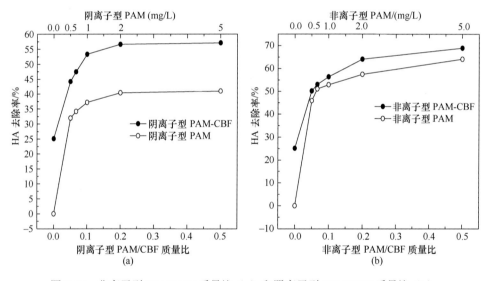

图 3-33　非离子型 PAM/CBF 质量比（a）和阴离子型 PAM/CBF 质量比（b）对 HA 去除率的影响

从图中可以看出，对阴离子型 PAM-CBF 来说，随着配比的增大，絮凝率逐渐提高，当阴离子型 PAM∶CBF＞0.2 时，HA 去除率基本保持不变；对非离子型 PAM-CBF 来说，HA 去除率随着配比的增大逐渐增大，当非离子型 PAM∶CBF＞0.2 时，去除率上升趋势不明显，考虑到 PAM 的高成本，选择非离子型 PAM∶CBF=0.2 和阴离子型 PAM∶CBF=0.2 为最佳配比。

图 3-34 为 ζ 电位随着配比的变化而变化的情况。随着配比的增大，ζ 电位均为负值，并未接近零电位点，这说明在混凝过程中起主要作用的主要是吸附架桥和卷扫网捕。

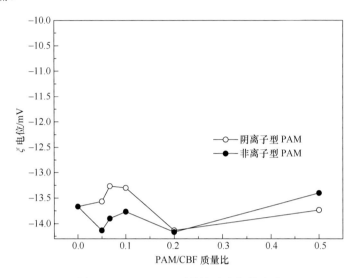

图 3-34　PAM/CBF 质量比对电位的影响

2）最佳 $CaCl_2$ 投加量对絮凝效果的影响

在最佳配比条件下，即非离子型 PAM∶CBF=0.2，阴离子型 PAM∶CBF=0.2，改变 $CaCl_2$ 的投加量，絮凝效果如图 3-35（a）所示。

图 3-35（a）为最佳 $CaCl_2$ 投加量对 HA 去除率：非离子型 PAM-CBF＞阴离子型 PAM-CBF＞CBF。对 CBF 和阴离子型 PAM-CBF 来说，随着 $CaCl_2$ 投加量的增大，絮凝率呈现上升趋势。对非离子型 PAM-CBF 来说，当 $CaCl_2$ 投加量由 0 mg/L 增大到 1 mg/L 时，HA 去除率由 60.2%增加到 66.0%，随着 $CaCl_2$ 投加量继续增大，HA 去除率呈现水平状态，即非离子型 PAM-CBF 相对于 CBF 和阴离子型 PAM-CBF 较小地受到 $CaCl_2$ 的影响。对非离子型 PAM-CBF，在 $CaCl_2$ 投加量为 0 mg/mL 时，对 HA 的去除率即可达 60.2%，而对 CBF 和阴离子型 PAM-CBF，在 $CaCl_2$ 投加量为 0 mg/mL 时，对 HA 的去除率仅为 6.6%和 28.4%。图 3-35（b）为 ζ 电位随着 $CaCl_2$ 投加量的变化而变化的趋势。由图中可以看出，随着 $CaCl_2$ 投加量的增大，ζ 电位均呈现出增大的趋势，且电位大小顺序如下：CBF＞阴离子型 PAM-CBF＞非离子型 PAM-CBF。有研究认为，混凝体系中的离子，尤其是高价离子能够改变胶体的 ζ 电位，降低其表面电荷，压缩双电层，有效地破坏胶体的稳定性，促进大分子与胶体颗粒之间的吸附与架桥。在本研究中，Ca^{2+} 对微生物絮凝剂起促进作用可能是由于微生物絮凝剂中暴露的羧基等官能团与这些金属阳离子的

"架桥"。在后面的研究中，对 CBF 和阴离子型 PAM-CBF，均投加 3 mL CaCl₂ 作为助凝剂，而对非离子型 PAM-CBF，CaCl₂ 投加量为 0 mL。

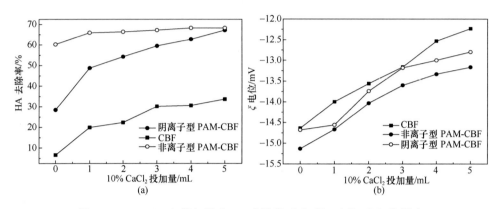

图 3-35　10% CaCl₂ 投加量对 HA 去除率（a）和 ζ 电位（b）的影响

3）不同混凝体系中 ζ 电位的变化

对 HA、CBF、HA+CBF、HA+CaCl₂、HA+CaCl₂+CBF 的 ζ 电位进行了比较测定，其中 CBF 为 10 mg/L，HA 为 10 mg/L，10% CaCl₂ 为 3.0 mL，在混凝的 20 min 内，ζ 电位的变化如图 3-36 所示。ζ 电位在 20 min 内均较稳定，基本未呈现较大变化。HA 和 CBF 均呈现出较低的电位值，分别为 –13.8 mV 和 –42.7 mV。从图中可以看出，CaCl₂ 加入后可以有效地增大 ζ 电位（大约 –11.4 mV），CBF 加入后，ζ 电位低于 HA，这说明两者颗粒之间存在静电互斥作用。

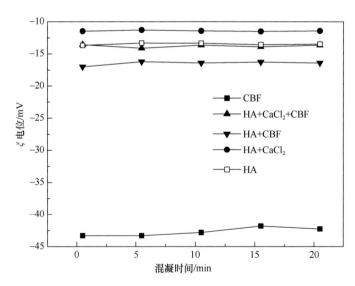

图 3-36　在不同混凝体系中 ζ 电位的变化

4）混凝剂投加量对絮凝效果的影响

图 3-37 为 HA 去除率及 ζ 电位随着复合混凝剂投加量的变化情况。

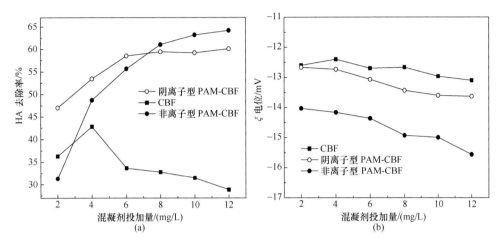

图 3-37　混凝剂投加量（以 mg CBF/L 计）对 HA 去除率及 ζ 电位的影响

由图可以看出，对 CBF 来说，随着混凝剂投加量的增大，HA 去除率呈现出先增大后减小的趋势，对阴离子型 PAM-CBF 和非离子型 PAM-CBF 来说，随着投加量的增大，HA 去除率逐渐升高，对阴离子型 PAM-CBF 来说，当混凝剂投加量为 6 mg/L 时，去除率达到 58.5%，继续增大投加量，HA 去除率没有明显增大；对非离子型 PAM-CBF 来说，当混凝剂投加量大于 10 mg/L 时，HA 去除率增大不明显。因此，分别选择 4 mg/L、6 mg/L 和 10 mg/L 作为 CBF、阴离子型 PAM-CBF 和非离子型 PAM-CBF 在一定条件下的最佳混凝剂投加量。图 3-37（b）为 ζ 电位随着混凝剂投加量的变化趋势，随着投加量的增大，电位均呈现出下降趋势，且 CBF＞阴离子型 PAM-CBF＞非离子型 PAM-CBF。

5）pH 对絮凝效果的影响

在最佳配比条件下，对 CBF 和阴离子型 PAM-CBF，投加 3.0 mL 10% $CaCl_2$，对非离子型 PAM-CBF，投加 0 mL 10% $CaCl_2$，复合絮凝剂及 CBF 投加量均为 10 mg CBF/L，探讨水样 pH 对絮凝效果的影响，结果如图 3-38（a）所示。

从图中可以看出，三种混凝剂对 HA 的去除率随着水样 pH 的变化呈现出相同的变化趋势，均随着 pH 的升高呈现出下降趋势，在酸性条件下，混凝剂对 HA 去除率明显高于碱性条件下的去除率。图 3-38（b）为 ζ 电位随着 pH 的变化趋势，随着 pH 的增大，ζ 电位呈现出下降趋势，当 pH＞4 时，pH 趋于平稳。在酸性条件下，ζ 电位趋于 0 mV，这说明在酸性条件下，电中和在混凝过程中发挥了重要

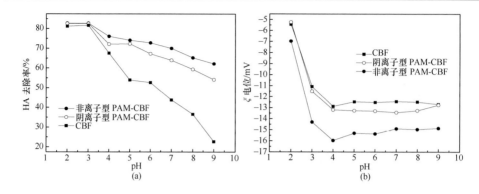

图 3-38　pH 对 HA 去除率（a）和 ζ 电位（b）的影响

作用。三种混凝剂在不同 pH 下的 ζ 电位进一步验证了上述观点。图 3-39 为混凝剂 ζ 电位随着 pH 的变化。随着 pH 的升高，电位急剧降低，当 pH>4 时，下降趋势趋于平缓。同时可以看出，复合混凝剂的电位略高于 CBF 本身。从以上结果看出，非离子型 PAM-CBF 相对于其他两种混凝剂更不易受到 pH 的影响。

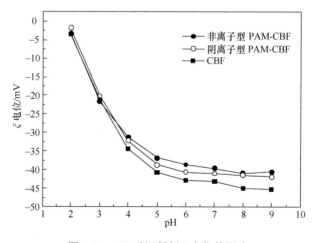

图 3-39　pH 对混凝剂 ζ 电位的影响

3.2.11　CBF 接枝丙烯酰胺絮凝剂及其制备技术

采用 CBF、丙烯酰胺（AM）、二甲基二烯丙基氯化铵（DMDAAC）为原料，采用一定的引发剂，在一定条件下合成接枝共聚物，对接枝前后产品的 ζ 电位进行表征，以此研究产品的混凝效果。将接枝共聚物与聚合铝复合制备得到聚合铝-改性微生物絮凝剂无机有机复合絮凝剂，并对该复合絮凝剂的混凝性能进行了初步表征。

1. CBF-AM 絮凝剂的制备方法及其混凝效果研究

1）CBF-AM 絮凝剂的制备方法研究

以 CBF 及 AM 为原料，过硫酸钾和亚硫酸钠为复合引发剂，在一定的温度及搅拌条件下，接枝共聚制得复合型生物絮凝剂接枝丙烯酰胺絮凝剂（CBF-AM）。具体步骤如下所述。

（1）取复合型微生物絮凝剂与去离子水按质量体积比［（1～2）∶（20～50）］（单位 g/mL）加入反应容器中，混合均匀。

（2）通入氮气将反应容器中的氧气排尽后水浴加热至 30～70℃，在持续通氮气并搅拌的条件下，加入质量浓度为 10 g/L 的过硫酸钾溶液，搅拌，再加入质量浓度为 10 g/L 的亚硫酸钠溶液，过硫酸钾与亚硫酸钠的物质的量比为 1∶1；加入丙烯酰胺将反应容器密封，停止通氮气，反应 1.0～3.0 h；所述复合型生物絮凝剂与丙烯酰胺的质量比为 1∶（2～8），所述过硫酸钾固体用量是丙烯酰胺质量的 0.4%～0.8%。

（3）反应结束将产品冷却至室温，加入过量乙醇并搅拌，使反应产物析出，抽滤，取滤渣，用丙酮洗涤三次，真空干燥即得产品。

CBF-AM 絮凝剂的合成路线如下：

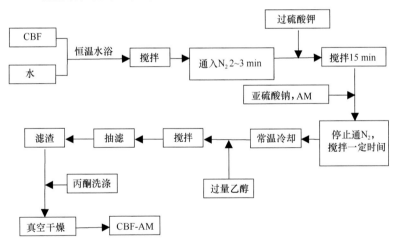

2）CBF-AM 絮凝剂的混凝效果研究

将以上合成的 CBF-AM 用于高岭土悬浊液及腐殖酸模拟水的混凝处理，并与 CBF 本身的混凝处理效果进行对比。研究发现如下结果。

（1）图 3-40 为 CBF 接枝前后的红外光谱图。CBF 接枝 AM 成功后电位由 −40 mV 左右提高至 −20.0～0.0 mV。其中，412.08 cm⁻¹ 是 CBF 分子链上葡萄糖单元—OH 的伸缩振动峰，2926.46 cm⁻¹ 为亚甲基伸缩振动吸收峰，1081.43 cm⁻¹

为葡萄糖环的特征吸收峰。而由聚丙烯酰胺的标准光谱图可知，在 3330 cm⁻¹、2900 cm⁻¹ 和 1667 cm⁻¹ 处分别为氨基、亚甲基和酰胺基团中羰基的伸缩振动吸收峰。接枝产物不仅在 1114.08 cm⁻¹ 处出现了葡萄糖环的特征峰，而且在 1671.36 cm⁻¹ 处出现了 PAM 的特征峰。另外，在 1321 cm⁻¹ 及 1413 cm⁻¹ 处出现了 C—N 伸缩峰，也是氨基基团峰，说明接枝成功。

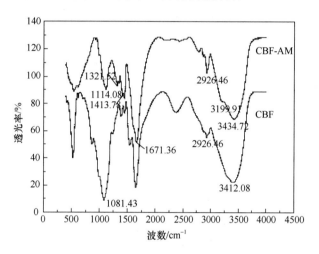

图 3-40　CBF 和 CBF-AM 的红外光谱图

（2）不同单体质量比的复合型生物絮凝剂接枝丙烯酰胺絮凝剂（CBF-AM）分别用于高岭土悬浊液和腐殖酸模拟水样的混凝处理，结果分别列于表 3-1 和表 3-2。由结果可见，在不同的 CBF 与 AM 配比条件下，CBF-AM 对高岭土悬浊液和腐殖酸均具有较好的去除效果。

表 3-1　CBF-AM 絮凝剂处理高岭土的去除率（%）

投加量/（mg/L）	CBF：AM（质量比）			
	1：2	1：4	1：6	1：8
2	81.2	81.4	79.4	83.9
4	84.4	74.7	74.1	77.7
6	78.4	71.9	67.0	72.9
8	72.2	67.1	64.5	69.8
10	74.8	67.3	61.1	64.4

表 3-2　CBF-AM 絮凝剂处理腐殖酸的去除率（%）

投加量/（mg/L）	CBF：AM（质量比）			
	1：2	1：4	1：6	1：8
2	46.9	48.1	56.6	55.2

续表

投加量/（mg/L）	CBF：AM（质量比）			
	1：2	1：4	1：6	1：8
4	53.4	47.1	57.2	53.9
6	54.6	44.2	52.4	50.9
8	51.6	43.7	54.6	49.7
10	51.6	39.4	49.8	49.7
12	47.6	10.2	40.0	26.1

（3）不同引发剂用量条件下合成的 CBF-AM 用于以上两种水样的混凝处理，其中引发剂过硫酸钾质量分别占单体质量的 0.6%或 0.8%。应用效果列于表 3-3 和表 3-4 中。由处理结果可见，在不同的引发剂浓度条件下，CBF-AM 对高岭土悬浊液和腐殖酸均具有较好的去除效果。

表 3-3　CBF-AM 絮凝剂处理高岭土的去除率（%）

投加量/(mg/L)	1：2		1：4		1：6		1：8	
	0.6%	0.8%	0.6%	0.8%	0.6%	0.8%	0.6%	0.8%
2	87.6	83.6	80.3	81.6	82.5	83.6	79.4	83.8
4	82.6	82.5	73.8	75.4	69.5	75.7	77.3	76.6
6	82.5	70.3	70.5	71.0	68.2	75.7	71.7	73.8
8	77.6	75.2	65.6	66.6	54.5	72.7	69.0	71.6
10	78.3	78.7	62.8	63.5	63.6	70.0	67.4	68.5

表 3-4　CBF-AM 絮凝剂处理腐殖酸的去除率（%）

投加量/(mg/L)	1：2		1：4		1：6		1：8	
	0.6%	0.8%	0.6%	0.8%	0.6%	0.8%	0.6%	0.8%
2	46.3	45.2	54.8	55.6	53.7	52.0	57.5	56.8
4	49.2	44.5	57.2	54.1	52.4	55.7	57.7	57.1
6	47.1	43.9	54.8	50.6	46.3	47.8	55.5	54.0
8	41.6	43.3	54.9	46.0	46.6	47.4	48.3	44.3
10	39.4	43.0	41.6	41.5	23.9	9.2	32.1	32.3
12	34.3	40.2	37.8	24.8	2.7	9.3	19.0	36.4

（4）不同温度条件下制备的 CBF-AM 用于以上两种水样的混凝处理，反应温度 30℃、40℃、50℃、60℃、70℃下制得的样品分别计为样品 30、样品 40、样品 50、样品 60、样品 70，应用效果列于表 3-5 和表 3-6 中。由处理结果可见，不同温度条件下合成的 CBF-AM 对高岭土悬浊液和腐殖酸均具有较好的去除效果。

表 3-5　CBF-AM 絮凝剂处理高岭土的去除率（%）

投加量/（mg/L）	样品 30	样品 40	样品 50	样品 60	样品 70
2	86.0	78.9	86.4	86.1	88.2
4	84.5	78.8	81.4	82.8	84.5
6	84.6	77.5	78.9	79.1	81.1
8	81.3	76.6	76.8	75.2	77.2
10	81.1	69.7	73.8	68.9	73.4

表 3-6　CBF-AM 絮凝剂处理腐殖酸的去除率（%）

投加量/（mg/L）	样品 30	样品 40	样品 50	样品 60	样品 70
2	47.2	46.9	52.5	53.3	50.8
4	46.7	53.7	51.3	50.6	52.4
6	42.4	51.4	51.3	44.0	52.4
8	40.0	50.9	49.4	43.9	47.8
10	38.3	49.9	43.5	20.0	40.5
12	30.4	44.9	40.5	1.5	23.7

（5）不同反应时间条件下制备的 CBF-AM 用于以上两种水样的混凝处理，反应时间 1 h、2 h、3 h 制得的样品分别计为样品 1、样品 2、样品 3，应用效果列于表 3-7 和表 3-8 中。由处理结果可见，不同反应时间合成的 CBF-AM 对高岭土悬浊液和腐殖酸均具有较好的去除效果。

表 3-7　CBF-AM 絮凝剂处理高岭土的去除率（%）

投加量/（mg/L）	样品 1	样品 2	样品 3
2	85.3	84.0	86.4
4	80.1	80.6	81.4
6	76.3	76.8	78.9
8	72.3	73.3	76.8
10	69.2	70.4	73.8

表 3-8　CBF-AM 絮凝剂处理腐殖酸的去除率（%）

投加量/（mg/L）	样品 1	样品 2	样品 3
2	54.2	49.9	52.5
4	53.2	50.3	51.3
6	50.1	52.5	51.3
8	49.5	51.0	49.4
10	50.2	49.6	43.5
12	43.5	32.0	40.5

2. CBF-AM-DMDAAC 絮凝剂及其制备方法研究

1）CBF-AM-DMDAAC 絮凝剂的制备方法研究

接枝改性的复合型生物絮凝剂 CBF-AM-DMDAAC，是以复合型生物絮凝剂与丙烯酰胺及二甲基二烯丙基氯化铵接枝共聚制得，反应条件如下：水浴温度 30～80℃，通氮气，复合型生物絮凝剂、丙烯酰胺与二甲基二烯丙基氯化铵（DMDAAC）的加入质量比为=1∶（1～6）∶1，以过硫酸钾和亚硫酸钠为复合引发剂，其中，引发剂按照过硫酸钾占丙烯酰胺与二甲基二烯丙基氯化铵质量之和的 0.2%～1.2% 计，且过硫酸钾和亚硫酸钠的物质的量比 $n(\text{K}_2\text{S}_2\text{O}_8)$∶$n(\text{Na}_2\text{SO}_3)=1∶1$，恒温反应 1.0～6.0 h。具体步骤如下所述。

（1）取复合型微生物絮凝剂 CBF 与去离子水按质量体积比（1～2）∶（20～50）（单位 g/mL）加入反应容器中，混合均匀。

（2）通入氮气将反应容器中的氧气排尽后水浴加热至 30～80℃，在持续通氮气并搅拌的条件下，加入浓度为 10 g/L 的过硫酸钾溶液，搅拌 15 min，再加入浓度为 10 g/L 的亚硫酸钠溶液，然后按比例加入丙烯酰胺及二甲基二烯丙基氯化铵，将反应容器密封，停止通氮气，反应 1.0～6.0 h。

所述复合型生物絮凝剂 CBF、丙烯酰胺与二甲基二烯丙基氯化铵的质量比为 1∶（1～6）∶1，所述过硫酸钾用量是丙烯酰胺与二甲基二烯丙基氯化铵质量之和的 0.2%～1.2%，所加入亚硫酸钠的质量以 $n(\text{K}_2\text{S}_2\text{O}_8)$∶$n(\text{Na}_2\text{SO}_3)=1∶1$ 计算。

（3）反应结束将产品冷却至室温，加入过量乙醇并搅拌，使反应产物析出，抽滤，取滤渣，用丙酮洗涤三次，于 50℃下真空干燥 3 h，即得复合型生物絮凝剂接枝丙烯酰胺及二甲基二烯丙基氯化铵絮凝剂（CBF-AM-DMDAAC）产品。

2）CBF-AM-DMDAAC 絮凝剂的混凝效果研究

将不同条件下制备的 CBF-AM-DMDAAC 应用于腐殖酸模拟水样的处理，研究发现如下结果。

（1）图 3-41 为 CBF 接枝前后的红外光谱图。CBF 接枝 AM、DMDAAC 成功后电位为–3.0～30.0 mV。

3412.08 cm^{-1} 处为 CBF 分子链上葡萄糖单元—OH 的伸缩振动峰，2926.46 cm^{-1} 处为亚甲基伸缩振动吸收峰，1081.43 cm^{-1} 处为葡萄糖环的特征吸收峰。1400 cm^{-1} 处为 CBF 的羟基峰，1081 cm^{-1} 及 1257 cm^{-1} 处为 CBF 结构中含氧六元杂环的特征峰，接枝反应后消失或出现明显的减弱。1320 cm^{-1}、1350 cm^{-1}、1417 cm^{-1}、1611 cm^{-1} 处出现的特征峰可以表征含 C—C、C—N 的链节的伸缩振动峰，证明有 N 杂环存在，证明接枝成功。

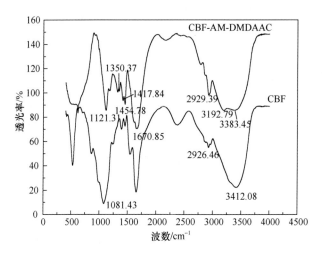

图 3-42 CBF 和 CBF-AM-DMDAAC 的红外谱图

（2）不同 AM 与 DMDAAC 质量比的 CBF-AM-DMDAAC 产品应用于腐殖酸模拟水样的处理，应用效果见表 3-9。

表 3-9 不同 AM 与 DMDAAC 质量比的 CBF-AM-DMDAC 絮凝剂处理腐殖酸的效果

$m(AM)$：$m(DMDAAC)$	投加量/（mg/L）	UV_{254} 去除率/%	DOC 去除率/%
1：1	6	75.0	47.7
2：1	6	79.1	61.6
3：1	6	78.8	62.3
4：1	6	78.9	60.1
5：1	6	78.6	57.2
6：1	6	78.8	56.3

由以上处理结果可见，在不同的 AM 与 DMDAAC 质量比的条件下，复合型生物絮凝剂接枝丙烯酰胺及二甲基二烯丙基氯化铵絮凝剂对 UV_{254} 及 DOC 的去除率可分别达到 75% 和 47% 以上，当 $m(AM)$：$m(DMDAAC)$ 为 2：1 时，CBF-AM-DMDAAC 絮凝剂对 UV_{254} 及 DOC 的去除率分别可达 79% 和 60%，考虑到絮凝剂合成成本，优选 $m(AM)$：$m(DMDAAC)$ 为 2：1。

（3）固定 AM 与 DMDAAC 质量比为 2：1，复合型生物絮凝剂与丙烯酰胺的质量比为 1：（1～6），将产品用于腐殖酸模拟水样的处理，应用效果见表 3-10。

表 3-10 不同 CBF 与 AM 质量比的 CBF-AM-DMDAAC 絮凝剂处理腐殖酸的效果

$m(CBF)：m(AM)$	投加量/（mg/L）	UV_{254} 去除率/%	DOC 去除率/%
1：1	6	15.1	4.0
1：2	6	75.8	58.4
1：3	6	76.7	59.5
1：4	6	77.3	55.9
1：5	6	77.2	54.4
1：6	6	77.4	51.2

由以上处理结果可见，在 $m(CBF)：m(AM)$ 为 1：（2~6）条件下，复合型生物絮凝剂接枝丙烯酰胺及二甲基二烯丙基氯化铵絮凝剂对 UV_{254} 及 DOC 的去除率分别可达 75%和 50%以上，且当 $m(CBF)：m(AM)$ 为 1：2 时，CBF-AM-DMDAAC 对 UV_{254} 及 DOC 的去除率可达 75.8%及 58.4%，考虑到絮凝剂合成成本，优选 $m(CBF)：m(AM)$ 为 1：2。

（4）固定 $m(AM)：m(DMDAAC)$ 为 2：1，$m(CBF)：m(AM)$ 为 1：2，过硫酸钾加量为单体质量之和的 0.2%~1.2%，不同引发剂用量条件下接枝改性复合型生物絮凝剂 CBF-AM-DMDAAC 用于腐殖酸模拟水样的处理，应用效果见表 3-11。

表 3-11 不同引发剂用量的 CBF-AM-DMDAAC 絮凝剂处理腐殖酸的效果

$K_2S_2O_8$ 占单体质量之和的比例/%	投加量/（mg/L）	UV_{254} 去除率/%	DOC 去除率/%
0.2	6	75.1	51.4
0.4	6	75.4	58.2
0.6	6	75.8	56.2
0.8	6	75.7	49.4
1.0	6	75.8	46.7
1.2	6	75.8	52.6

由以上处理结果可见，不同引发剂用量条件下合成的复合型生物絮凝剂接枝丙烯酰胺及二甲基二烯丙基氯化铵絮凝剂对 UV_{254} 及 DOC 的去除率均可达约 75%及 50%，当 $K_2S_2O_8$ 用量占单体质量之和的 0.4%时，CBF-AM-DMDAAC 对 UV_{254} 及 DOC 的去除率可达 75%及 58%，考虑到絮凝剂合成成本，优选 $K_2S_2O_8$ 用量占单体质量之和的 0.4%。

（5）不同温度条件下接枝改性复合型生物絮凝剂 CBF-AM-DMDAAC 的产品用于腐殖酸模拟水样的处理，反应温度 30℃、40℃、50℃、60℃、70℃、80℃下制得的样品分别计为样品 30、样品 40、样品 50、样品 60、样品 70、样品 80，应用效果见表 3-12。

表 3-12 不同温度条件下的 CBF-AM-DMDAAC 絮凝剂处理腐殖酸的效果

样品	投加量/（mg/L）	UV$_{254}$ 去除率/%	DOC 去除率/%
样品 30	6	73.6	53.0
样品 40	6	74.3	57.6
样品 50	6	75.3	58.6
样品 60	6	75.4	55.2
样品 70	6	76.0	43.0
样品 80	6	76.3	43.8

由以上处理结果可见，不同温度条件下合成的复合型生物絮凝剂接枝丙烯酰胺及二甲基二烯丙基氯化铵絮凝剂对 UV$_{254}$ 及 DOC 的去除率均可达约 70% 及 40%以上，当反应温度为 50℃时，CBF-AM-DMDAAC 对 UV$_{254}$ 及 DOC 的去除率可达75% 及 58%以上，考虑到絮凝剂的合成成本，优选反应温度为 50℃。

（6）不同反应时间条件下接枝改性复合型生物絮凝剂 CBF-AM-DMDAAC 的产品用于腐殖酸模拟水样的处理，反应时间 1 h、2 h、3 h、4 h、5 h、6 h 制得的样品分别计为样品 1、样品 2、样品 3、样品 4、样品 5、样品 6，应用效果见表 3-13。

表 3-13 不同反应时间的 CBF-AM-DMDAAC 絮凝剂处理腐殖酸的效果

样品	投加量/（mg/L）	UV$_{254}$ 去除率/%	DOC 去除率/%
样品 1	6	73.8	50.8
样品 2	6	74.0	53.1
样品 3	6	74.5	53.2
样品 4	6	75.0	51.4
样品 5	6	75.1	51.7
样品 6	6	75.2	52.7

由以上处理结果可见，不同反应时间条件下合成的复合型生物絮凝剂接枝丙烯酰胺及二甲基二烯丙基氯化铵絮凝剂对 UV$_{254}$ 及 DOC 的去除率均可达约 70%及 50%以上，为了保证反应的充分性，优选反应时间为 3 h。

3. 聚合铝与 CBF-AM-DMDAAC 无机有机复合絮凝剂的制备方法与混凝效果研究

1）聚合铝与无机有机复合絮凝剂的制备方法研究

聚合铝-CBF-AM-DMDAAC 无机有机复合絮凝剂，是聚合铝与 CBF-AM-DMDAAC 按 Al：CBF-AM-DMDAAC（质量比）=（1~8）：1 混合反应制得；

其中，所述聚合铝（PAC）是将 $AlCl_3 \cdot 6H_2O$ 原料溶于蒸馏水中，加入 Na_2CO_3 调节碱化度 16%~66%，常温下反应制得，CBF-AM-DMDAAC 是在过硫酸钾和亚硫酸钠引发剂存在下接枝共聚制得。具体步骤如下所述。

（1）聚合铝（PAC）的制备。将 $AlCl_3 \cdot 6H_2O$ 固体原料溶于水中，搅拌下滴加 Na_2CO_3 溶液至碱化度 16%~66%，常温下搅拌反应得无色透明液体，即得聚合铝溶液；$AlCl_3 \cdot 6H_2O$ 与水的质量体积比是（4~23）：100，单位为 g/mL。

（2）改性复合型生物絮凝剂（MCBF）的制备。以复合型生物絮凝剂与丙烯酰胺、二甲基二烯丙基氯化铵为原料，反应条件如下：水浴温度 30~80℃，通氮气，复合型生物絮凝剂、丙烯酰胺与二甲基二烯丙基氯化铵的质量比=1：（1~6）：1，以过硫酸钾和亚硫酸钠为复合引发剂，过硫酸钾占丙烯酰胺与二甲基二烯丙基氯化铵质量之和的 0.2%~1.2%，且过硫酸钾和亚硫酸钠的物质的量比 $n(K_2S_2O_8):n(Na_2SO_3)=1:1$，恒温反应 1~6 h。反应结束将产品冷却至室温，加入过量乙醇并搅拌，使反应产物析出，抽滤，取滤渣，用丙酮洗涤三次，于 50℃下真空干燥 3 h，即得改性复合型生物絮凝剂 MCBF 粉末。

（3）按 Al：MCBF（质量比）=（1~8）：1 的配比，取步骤（1）制得的聚合铝溶液和步骤（2）制得的改性复合型生物絮凝剂，将改性复合型生物絮凝剂加水配成 2~3 g/L 的改性复合型生物絮凝剂溶液，在搅拌条件下，将改性复合型生物絮凝剂溶液滴加到聚合铝溶液中，常温下反应 1~3 h，得聚合铝-改性复合型生物絮凝剂无机有机复合絮凝剂。

2）聚合铝与 CBF-AM-DMDAAC 无机有机复合絮凝剂的混凝效果研究

PAC-MCBF 无机有机复合絮凝剂属于一种新型高效的高分子水处理药剂，将其用于以下两种模拟水样的处理：一种是腐殖酸-高岭土模拟水样，另一种是黄腐酸-高岭土模拟水样，腐殖酸和黄腐酸可分别代表水体大分子及小分子的有机物。研究发现以下结果。

（1）固定 $m(Al):m(MCBF)=1:1$，制备 PAC 碱化度为 66% 的 PAC-MCBF 无机有机复合絮凝剂，该产品以"No.1"表示，将其应用于腐植酸-高岭土模拟水样和黄腐酸-高岭土模拟水样的混凝处理，处理结果分别列于表 3-14 和表 3-15。

在所研究的投加量范围内，PAC-MCBF 无机有机复合絮凝剂对余浊的混凝去除效果明显优于 PAC 及 MCBF，在 2 mg/L 的投加量下剩余余浊小于 1.00 NTU，且当投加量为 1 mg/L 的条件下，UV_{254} 的去除率较 PAC 提高了约 20%，较 MCBF 提高了约 30%。另外，由表 3-14 可以明显看出，PAC-MCBF 能够有效地改善絮体特性，PAC-MCBF 所生成的絮体粒径较 PAC 单独使用时有 66%~200% 的提高，同时絮体的生成速度明显大于 PAC，而 MCBF 所生成絮体的生长速度缓慢且在混凝慢搅阶段未达到稳定粒径。上述规律见表 3-14。

表 3-14 不同絮凝剂对腐殖酸-高岭土模拟水样的处理效果及絮体特性

指标	混凝剂	投加量/（mg/L）					
		1	2	3	4	5	6
剩余余浊/NTU	PAC	6.19	2.38	1.7	1.80	1.44	1.58
	MCBF	15.55	15.45	11.25	9.865	8.87	9.52
	No. 1	3.07	0.88	0.79	0.79	0.75	0.74
UV_{254} 去除率/cm^{-1}	PAC	67.34	91.01	93.16	94.94	95.70	95.95
	MCBF	58.68	76.62	78.13	77.43	77.78	78.82
	No. 1	86.99	92.33	94.19	94.89	95.59	96.05
稳定阶段絮体粒径/μm	PAC	140.50	230.34	267.89	261.78	248.51	227.19
	MCBF	3.39	13.26	60.40	86.14	100.09	93.94
	No. 1	232.68	577.89	723.04	782.88	713.83	682.24
絮体生长速度/（μm/min）	PAC	9.06	25.59	33.49	43.63	45.18	50.49
	MCBF	—	—	—	—	—	—
	No. 1	15.51	55.04	90.38	104.38	101.98	64.98

在所研究的投加量范围内，PAC-MCBF 无机有机复合絮凝剂对余浊的去除效果明显优于 PAC 及 MCBF，当投加量在 4～12 mg/L 条件下，剩余余浊小于 1.00 NTU，但对有机物的去除效果未见明显提高。另外，由表 3-14 可以明显看出，PAC-MCBF 能够有效地改善絮体特性，PAC-MCBF 所生成的絮体粒径较 PAC 单独使用时有明显的提高，同时絮体的生长速度明显大于 PAC，而 MCBF 单独使用处理黄腐酸-高岭土模拟水样絮体微小，肉眼几乎不可见。上述规律见表 3-15。

表 3-15 不同絮凝剂对黄腐酸-高岭土模拟水样的处理效果及絮体特性

指标	混凝剂	投加量/（mg/L）					
		2	4	6	8	10	12
剩余余浊/NTU	PAC	2.15	1.19	1.52	1.98	2.10	1.86
	MCBF	14.10	15.10	15.90	15.95	15.25	15.45
	No. 1	1.41	0.84	0.84	0.85	0.99	0.92
UV_{278} 去除率/cm^{-1}	PAC	56.45	63.44	65.59	66.67	67.74	68.82
	MCBF	22.83	29.89	35.87	40.22	43.48	46.74
	No. 1	57.98	63.83	66.49	68.09	69.68	72.34
稳定阶段絮体粒径/μm	PAC	200.64	265.74	262.98	193.40	167.40	153.89
	MCBF	3.35	4.04	4.45	4.76	4.77	5.33
	No. 1	434.15	553.40	575.27	510.58	483.51	489.02
絮体生长速度/（μm/min）	PAC	12.54	27.97	35.06	38.68	37.20	38.47
	MCBF	—	—	—	—	—	—
	No. 1	28.94	55.34	82.18	78.55	50.90	51.48

（2）固定 $m(\text{Al})$：$m(\text{MCBF})$为 1：1，制备 PAC 碱化度为 50%的 PAC-MCBF 无机有机复合絮凝剂，该产品以"No. 2"表示，将其应用于腐殖酸-高岭土模拟水样和黄腐酸-高岭土模拟水样的混凝处理，处理结果分别列于表 3-16 和表 3-17。将 PAC-MCBF 和 PAC 均用于腐殖酸-高岭土模拟水样的处理，在碱化度为 50%的条件下，PAC-MCBF 无机有机复合絮凝剂在余浊的去除方面较 PAC 本身具有明显的优势，在投加量为 2 mg/L 时，剩余余浊由 3.19 NTU 降到 0.91 NTU。在所研究的投加量范围内，当投加量为 1 mg/L 时，PAC-MCBF 无机有机复合絮凝剂对 UV_{254} 的去除率可高达 87.24%，明显高于 PAC 本身。另外，PAC-MCBF 无机有机复合絮凝剂能够明显地提高絮体的粒径及生长速度。上述规律见表 3-16。

表 3-16　不同絮凝剂对腐殖酸-高岭土模拟水样的处理效果及絮体特性

指标	混凝剂	投加量/（mg/L）					
		1	2	3	4	5	6
剩余余浊/NTU	PAC	8.62	3.19	3.09	3.33	4.01	4.55
	No. 2	2.75	0.91	0.80	1.00	1.39	2.33
UV_{254} 去除率/cm^{-1}	PAC	57.56	91.33	94.56	95.89	96.56	96.44
	No. 2	87.24	92.79	95.23	95.89	96.23	96.67
稳定阶段絮体粒径/μm	PAC	130.93	214.41	248.64	240.11	185.88	165.71
	No. 2	318.43	580.83	566.87	496.21	429.03	310.92
絮体生长速度/（$\mu m/min$）	PAC	12.47	28.59	35.52	32.01	28.60	27.62
	No. 2	24.49	61.14	66.69	49.62	40.86	31.09

将 PAC-MCBF 和 PAC 均用于黄腐酸-高岭土模拟水样的处理，在碱化度为 50%的条件下，PAC-MCBF 无机有机复合絮凝剂在余浊的去除方面较 PAC 本身具有明显的优势，当投加量为 4 mg/L 和 6 mg/L 时，剩余余浊由 2.07 NTU 和 3.80 NTU 降到 1.0 NTU 以下。但是，在所研究的投加量范围内，PAC-MCBF 对 UV_{254} 的去除率没有明显的提高。在絮体特性方面，PAC-MCBF 无机有机复合絮凝剂所产生的絮体生长速度明显大于 PAC 本身且所得絮体粒径明显高于 PAC 本身，这对后续固液分离过程具有积极意义。上述规律见表 3-17。

表 3-17　不同絮凝剂对黄腐酸-高岭土模拟水样的处理效果及絮体特性

指标	混凝剂	投加量/（mg/L）					
		2	4	6	8	10	12
剩余余浊/NTU	PAC	1.80	2.07	3.80	5.41	5.30	4.91
	No. 2	1.45	0.87	0.98	1.26	1.69	3.22
UV_{254} 去除率/cm^{-1}	PAC	58.33	64.58	67.19	69.79	68.75	66.67
	No. 2	58.95	63.68	67.37	68.95	70.00	73.16

续表

指标	混凝剂	投加量/（mg/L）					
		2	4	6	8	10	12
稳定阶段絮体粒径/μm	PAC	134.36	272.86	183.05	151.46	123.34	124.32
	No. 2	440.69	558.72	447.72	364.14	295.05	246.69
絮体生长速度/（μm/min）	PAC	8.14	30.32	33.28	27.54	24.67	22.60
	No. 2	28.43	50.79	49.75	38.33	26.82	23.49

（3）固定 $m(\text{Al}):m(\text{MCBF})$ 为 1:1，制备 PAC 碱化度为 33%的 PAC-MCBF 无机有机复合絮凝剂，该产品以"No. 3"表示，将其应用于腐殖酸-高岭土模拟水样和黄腐酸-高岭土模拟水样的混凝处理，处理结果分别列于表 3-18 和表 3-19。

将 PAC-MCBF 和 PAC 均用于腐殖酸-高岭土模拟水样的处理，在碱化度为 33%的条件下，PAC-MCBF 无机有机复合絮凝剂在余浊的去除方面较 PAC 本身具有明显的优势，在投加量为 2 mg/L 和 3 mg/L 时，剩余余浊由 1.52 NTU 和 1.76 NTU 降到 1.0 NTU 以下。在所研究的投加量范围内，当投加量为 1 mg/L 时，PAC-MCBF 无机有机复合絮凝剂对 UV_{254} 的去除率可高达 85.39%，明显高于 PAC 本身（57.29%）。另外，PAC-MCBF 无机有机复合絮凝剂能够明显地提高絮体的生长速度及达到稳定阶段的絮体粒径。

表 3-18　不同絮凝剂对腐殖酸-高岭土模拟水样的处理效果及絮体特性

指标	混凝剂	投加量/（mg/L）					
		1	2	3	4	5	6
剩余余浊/NTU	PAC	6.83	1.52	1.76	2.37	3.33	4.03
	No. 3	2.74	0.84	0.93	1.04	1.37	1.93
UV_{254} 去除率/cm^{-1}	PAC	57.29	92.32	94.35	95.25	95.82	96.16
	No. 3	85.39	92.21	94.26	95.35	96.00	96.10
稳定阶段絮体粒径/μm	PAC	171.79	261.60	293.21	245.39	202.00	175.30
	No. 3	352.22	586.23	567.43	497.66	392.17	304.09
絮体生长速度/（μm/min）	PAC	11.45	27.54	45.11	32.72	28.86	29.22
	No. 3	25.16	61.71	56.74	49.77	39.22	26.44

将 PAC-MCBF 和 PAC 均用于黄腐酸-高岭土模拟水样的处理，在碱化度为 33%的条件下，PAC-MCBF 无机有机复合絮凝剂在余浊的去除方面较 PAC 本身具有明显的优势，当投加量为 4 mg/L 时，剩余余浊由 2.26 NTU 降到 1.0 NTU 以下。但是，在所研究的投加量范围内，PAC-MCBF 对 UV_{254} 的去除率没有明显的提高。在絮体特性方面，PAC-MCBF 无机有机复合絮凝剂所产生的絮体生长速度明显大

于 PAC 本身且所得絮体粒径明显高于 PAC 本身。上述规律见表 3-19。

表 3-19　不同絮凝剂对黄腐酸-高岭土模拟水样的处理效果及絮体特性

指标	混凝剂	投加量/（mg/L）					
		2	4	6	8	10	12
剩余余浊/NTU	PAC	2.10	2.26	4.00	4.47	4.54	5.00
	No. 3	1.48	0.97	1.08	1.24	1.44	2.55
UV_{254} 去除率/cm^{-1}	PAC	54.26	60.64	62.77	64.89	65.96	67.02
	No. 3	53.97	59.79	64.02	66.14	68.25	70.37
稳定阶段絮体粒径/ μm	PAC	222.28	250.60	203.10	165.18	147.94	129.85
	No. 3	494.60	487.05	448.58	383.42	311.08	258.24
絮体生长速度/ μm/min	PAC	13.47	25.06	25.39	27.53	26.90	25.97
	No. 3	31.91	48.70	49.84	45.11	34.56	28.69

通过以上实验表明，在 PAC 溶液碱化度为 33%、50% 及 66% 的条件下，聚合铝-改性复合型生物絮凝剂无机有机复合絮凝剂（PAC-MCBF）较 PAC 本身均能够明显地降低出水的剩余余浊，同时，PAC-MCBF 能够明显地改善絮体特性，PAC-MCBF 所产生的絮体生长速度和达到稳定阶段时的絮体粒径明显大于 PAC 本身。对大分子腐殖酸-高岭土模拟水样来说，PAC-MCBF 与 PAC 的投加量一般为 1～6 mg/L，优选 2 mg/L；对小分子黄腐酸-高岭土模拟水样来说，PAC-MCBF 与 PAC 的投加量一般为 2～12 mg/L，优选 6 mg/L。

3.2.12　生物絮凝剂与改性植物胶粉、改性壳聚糖高效复合/复配关键技术

微生物絮凝剂具有良好的絮凝效果及环境友好性，但高昂的制作成本阻碍了其大规模推广应用。而植物来源及动物来源的生物絮凝剂具有资源丰富、成本低廉的优点。若能将微生物絮凝剂与其他天然来源的改性生物絮凝剂制作成复合/复配生物絮凝剂，则既能降低生产成本，又能进一步提高絮凝性能。该复合/复配生物絮凝剂技术的开发为探索微生物絮凝剂大规模应用提供了一条可行之路。

采用华南理工大学环境与能源学院胡勇有教授课题组的微生物絮凝剂 MBF8（由絮凝剂产生菌 HHE-A8 生产得到）、阴离子改性植物胶粉絮凝剂 CG-A 及阳离子改性壳聚糖 CAD，研制复合/复配生物絮凝剂，确定絮凝性能及最佳絮凝条件。

1. 生物絮凝剂与植物胶粉改性絮凝剂的复合关键技术

1）复合生物絮凝剂 CBF-1 的制备

采用 F691 植物粉进行羧甲基改性，制备出阴离子型絮凝剂 CG-A（肖锦和周勤，2005）。CG-A 其为棕色高黏度胶状物（图 3-42），主要成分为羧甲基纤维素

和羧甲基多聚糖，及少量羧甲基果胶。有天然芳香味，其有效成分为 10.9%，pH 约为 11。

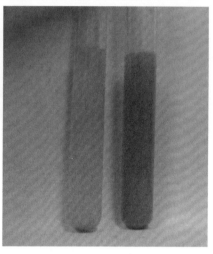

图 3-43　CG-A 溶液、MBF8 溶液及 CBF-1 溶液

将 CG-A 与微生物絮凝剂 MBF8（由絮凝微生物 HHE-A8 生产所得）按一定混合比例及特定搅拌条件进行复合，制作成复合生物絮凝剂 CBF-1。

2）CBF-1 的表征

（1）物化特性。CBF-1 为带有一定黏性的含少量不溶物的淡黄色液体，有效成分为 0.5%，不溶物（木质素及改性不完全的纤维素）含量为 0.013%，pH 为 6.1，相对黏度（30℃）为 1.72，等电点（0.1%溶液）约为 pH=1.5。

（2）特征官能团。图 3-43 为 MBF8、CG-A 及 CBF-1 的红外图谱。从图 3-43 曲线 a 可知，3397 cm^{-1} 处的吸收峰是 O—H 和 N—H 伸缩振动峰；2429 cm^{-1} 处的吸收峰是糖类 C—H 的对称和不对称振动峰；1645 cm^{-1} 处的特征吸收峰是 N—H 变角振动峰；1302 cm^{-1} 处有吸收峰，表明含有磷酸基团；908 cm^{-1} 处为 β-型糖苷键的典型吸收峰；536 cm^{-1} 处的吸收峰是糖环呼吸振动和羧酸基偶合作用所产生的。故 MBF8 为带有氨基和磷酸基团的阴离子型多糖（酮糖）。从图 3-43 曲线 b 可知，3434 cm^{-1} 处的强吸收峰是 O—H 和 N—H 伸缩振动峰，存在着分子间和分子内的氢键，含有大量的羟基；1602 cm^{-1} 处的强吸收峰为—COOH 中的 CO 键伸缩振动峰；1418 cm^{-1} 处为羧基—CONH$_2$ 中的 CO 对称伸缩振动峰；1069 cm^{-1} 处的强吸收峰是酯内的 C—O—C 反对称伸缩振动吸收谱带。故 CG-A 带有大量羟基、羧基和酰胺基，其中羟基最多。由图 3-43 曲线 c 可见，CBF-1 的红外图谱基本保持了 MBF8 与 CG-A 各自的特征峰。复合后，CBF-1 含有 MBF 及 CG-A 的全部官能团。

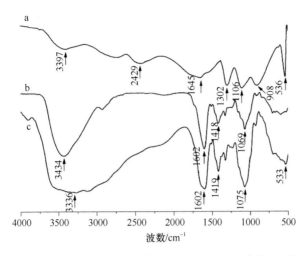

图 3-43　MBF8（曲线 a）、CG-A（曲线 b）及 CBF-1（曲线 c）的红外图谱

（3）聚合形态。浓度为 3.0 g/L（有效成分）的 CG-A、MBF8 及 CBF-1 的透射电镜照片如图 3-44 所示，MBF8［图 3-44（a）］为枝化度较小的长条形分枝状形态；CG-A［图 3-44（b）］为枝化度较大的囊泡状形态；CBF-1［图 3-44（c）］为枝化度最大的枝杈聚集体形态。这些聚合形态的尺度均在微米级，为聚合物胶束自组装形成的形态。其中，MBF8 聚集体由线性的聚合物组成，CG-A 的聚集体由小囊泡及针状的聚合物组成，而 CBF-1 则由上述的小聚合物有序组成。且 CBF-1 由于基团的排斥力等原因，能在水中呈现良好的刚性伸展形态。CBF-1 枝化度变大说明通过复合，CG-A 中的羧甲基多聚糖、羧甲基纤维素与 MBF8 中的阴离子型多糖能相互吸引，有序地进行自组装形成了聚合度更大的刚性伸展形态。而 CBF-1 中的不溶物组分［图 3-44（d）］为表面粗糙的直径在 20 μm 以上的长条状物质，主要为原有成分 CG-A 中的木质素与纤维素。

3）CBF-1 的絮凝特性

无机高分子混凝剂 PAC 在废水中通过压缩双电子层、电荷中和等作用而是胶体颗粒凝聚。而有机高分子絮凝剂 CBF-1 是通过吸附架桥、网捕等作用是凝聚颗粒成长为絮体而沉淀下来，两者复配絮凝能降低药剂用量并提高絮凝效果。并且 CBF-1 还能有效降低出水残余铝含量，提高出水安全性。下面通过考察药剂投加量、水质 pH 及离子强度对絮凝效果的影响，确定最佳絮凝条件，并考察对不同余浊废水的絮凝效能。

（1）药剂投加量对絮凝效果的影响。在 pH=8.0、离子强度为 3 mmol/L 时，PAC+CBF-1 药剂投加量与絮凝效果的关系如图 3-45 所示。由图 3-45（a）可见，随 PAC 投加量的增多，复配不同浓度 CBF-1 的出水余浊均先快速下降后趋于平缓，

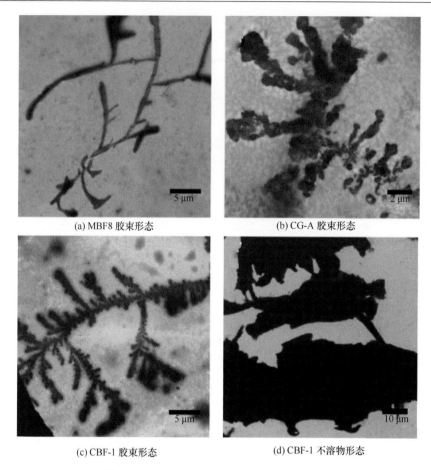

(a) MBF8 胶束形态　　　　　　　　(b) CG-A 胶束形态

(c) CBF-1 胶束形态　　　　　　　　(d) CBF-1 不溶物形态

图 3-44　透射电镜下絮凝剂的胶束及不溶物形态

CBF-1 投加量越多，除浊效果越好，在 PAC（≥2.0 mg/L）+CBF-1（≥0.5 mg/L）内能使剩余余浊下降至 7.0 NTU 以下。PAC（1.0～6.0 mg/L）+CBF-1（1.0～2.0 mg/L）絮凝出水的剩余余浊比 PAC 单独使用时降低 30%～82%。相同剩余余浊下，复配能减少 PAC 用量 25%～50%。由图 3-45（b）可见，随 PAC 投加量的增大，PAC 及 PAC+CBF-1 的絮体 ζ 电位均逐渐上升，并由负变正，而随 CBF-1 投加量增多，ζ 电位下降并接近零。这与 Bo 等（2011）关于硫酸铝+复合生物絮凝剂 CBF 絮凝高岭土悬浊液时，CBF 有提升絮凝的效果并伴随出现 ζ 电位下降呈现同样规律。Li 等（2009）认为，微生物絮凝剂所带的—OH、—NH$_2$、—CONH$_2$ 等基团能与高岭土颗粒表面上的 H$^+$、OH$^-$通过氢键结合，所带的—COO$^-$可以与高岭土颗粒进行化学键结合。CBF-1 上的羧甲基纤维素、羧甲基多聚糖及微生物絮凝剂多糖为带多活性基团的线性高分子，分子链容易在水中伸展开，这些基团与高岭土颗粒吸附结合，因此 PAC+CBF-1 复配对高岭土有很好的桥联作用。

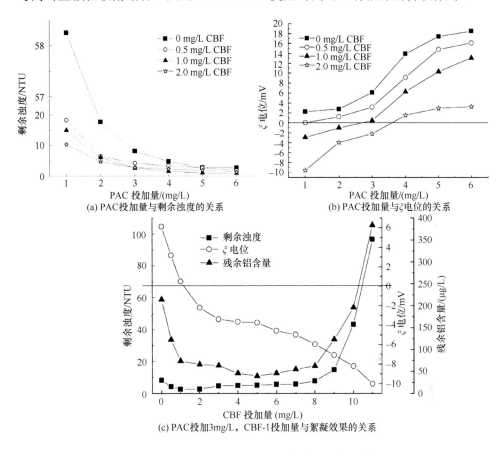

图 3-45　CBF-1 投加量对复配絮凝效果的影响

如图 3-45（c）所示，随 CBF-1 投加量增大，PAC+CBF-1 絮凝出水剩余余浊
先下降后平稳，CBF-1 投加量在 1.0～8.0 mg/L 范围内，剩余余浊均小于 8.0 NTU，
在 CBF-1 投加 8.0 mg/L 时出现折点余浊迅速增大；随 CBF-1 投加量增大，絮体 ζ
电位逐渐下降，并在 CBF-1 为 1.0 mg/L 时最接近零，之后转为负值并远离零点；
随 CBF-1 投加量增大，出水残余铝先急剧下降后趋于平稳（<75.0 mg/L），在 CBF-1
投加大于 8.0 mg/L 后迅速升高。CBF-1 在一定范围内的过量投加，由于吸附桥联
作用使 PAC+CBF-1 仍能保持良好的絮凝效果；但当 CBF-1 过量太多以致过度覆
盖絮体，并使絮体 ζ 电位偏离零点过多时，絮体间由于排斥作用致使絮凝效率急
剧下降。PAC+CBF-1 絮凝能有效降低出水余铝量，原因在于 CBF-1 上的—OH 能
与 PAC 上的—OH 配位吸附，且能通过氢键及化学键与高岭土结合，从而促进 PAC

在高岭土颗粒上吸附沉积，减少水中残余铝量。而当絮凝效果恶化时，水中残留的高岭土颗粒增多，从而导致吸附性铝相应增多，残余铝量变大。

（2）pH 对絮凝效果的影响。在离子强度为 3.0 mmol/L 时，不同 pH 下的 PAC（3.0 mg/L）+CBF-1 的絮凝效果如图 3-46 所示。由图 3-46（a）可见，PAC 单独投加时，在酸性及中性下没有絮凝效果，pH 为 8.0～10.0 下有较好效果，pH 为 11.0 时絮凝效果又变差。而 PAC+CBF-1（2.0 mg/L）在 pH 为 6.0～9.0 内絮凝效果较好，且随 CBF 投加量的增大而增强；但 pH＞10.0 后，PAC+CBF-1 的絮凝效果也变差。故 PAC+CBF-1 的适用 pH 为 6.0～10.0。由图 3-46（b）可见，单独投加 PAC 时，ζ 电位随 pH 的提高而降低，并在 pH 为 8.0～9.0 转变为负值，之后大幅度下降并远离零电点。负电性的 CBF-1 的加入使 ζ 电位下降，并随投加量增多而下降越多，在 pH 为 6.0～9.0 内 ζ 电位绝对值下降至接近零；而在 pH≥10.0，ζ 电位远离零电点。盐基度较高（2.33）的 PAC 只适用于弱碱性条件，而 PAC+CBF-1 絮凝时，通过 CBF-1 的吸附桥联等作用，能改善 PAC 在弱酸性及中性条件下的絮凝效果，并使在弱碱条件下的絮凝能力更显优异，但在强碱条件下，絮体 ζ 电位过度偏离零值，以及 CBF-1 负电性增强会导致絮凝效果的下降。

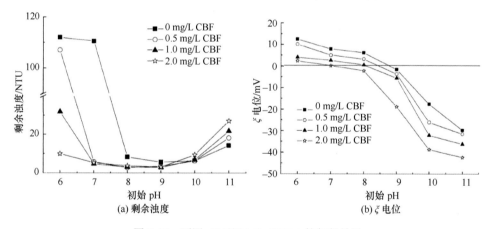

图 3-46　不同 pH 下 PAC+ CBF-1 的絮凝效果

（3）离子强度对絮凝效果的影响。在 pH 为 8.0 时，离子强度对 PAC+CBF-1 的絮凝效果的影响如图 3-47 所示。由图 3-47（a）可见，离子强度会使絮凝效果产生明显的差异，PAC 单独混凝时，3 mmol/L 离子强度是絮凝效果变好的折点，增加 CBF-1 的投加量能使折点提前，并在 CBF-1 为 1.0～2.0 mg/L 时消失。从而 PAC+CBF-1（1.0～2.0 mg/L）能拓宽适用离子强度范围至 0.5～5 mmol/L（剩余余浊≤7 NTU）。由图 3-47（b）可见，ζ 电位随离子强度增大逐渐下降，在一定条件下可由正电位转化为负电位。究其原因，离子强度的增大，使高岭土胶体颗粒的扩散层中的反离子浓度增大，压缩扩散层厚度并引起 ζ 电位下降（常青，2005），从而有利于 PAC 对高岭土颗粒脱稳。而对于 PAC+CBF-1 絮凝，在中、低离子强度（0.5～3.0 mmol/L）时，CBF-1 中的高分子链能良好伸展，实现较好的吸附桥联，从而提升 PAC 的絮凝性能；但在高离子强度（4.0～5.0 mmol/L）时，由于高浓度的盐离子对 CBF-1 的高分子的基团产生电荷屏蔽作用，高分子链伸展程度降低，架桥作用略减，絮凝效果与 PAC 相当。

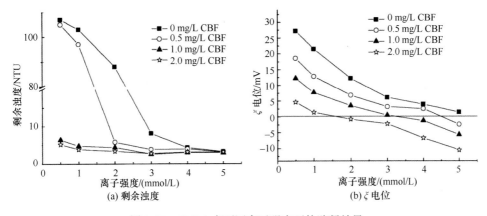

图 3-47　CBF-1 在不同离子强度下的助凝效果

（4）CBF-1 对不同余浊水的絮凝效果。在 pH 为 8.0、离子强度 3.0 mmol/L 时，PAC+CBF-1 对不同余浊水的絮凝效果如图 3-48 所示，当原水余浊从 6 NTU 增大至 300 NTU 时，絮凝后剩余余浊不断增大，但余浊去除率也在依次提升（从 61%提高至 98%），可见 PAC+CBF-1 适用于低、高余浊水的絮凝处理。而 ζ 电位随原

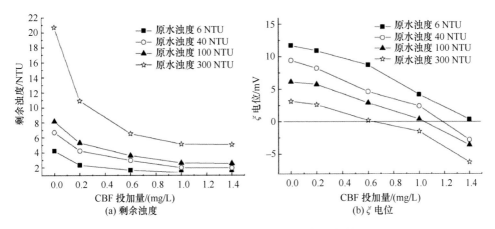

图 3-48　CBF-1 在不同初始余浊下的助凝效果

水余浊的增加而逐渐下降，是因为高余浊下，PAC 投加量不变，导致电荷中和作用减弱所致。PAC+CBF-1 对高余浊水具更高余浊去除率，原因在于，一方面，高岭土浓度的增大，有利于提高脱稳的高岭土颗粒的碰撞概率；另一方面，在 PAC 电荷中和作用减弱下，CBF-1 仍能通过氢键作用及电位隧道机理实现与高岭土的吸附桥联。

2. 微生物絮凝剂与改性壳聚糖复配关键技术研究

在废水中投放 PAC 混凝剂使水中胶体脱稳，再加入微生物絮凝剂 MBF8 协同提升絮凝作用，再投加高分子阳离子改性壳聚糖絮凝剂 CAD 进一步增强桥联作用，实现复配絮凝。

1）阳离子改性壳聚糖 CAD 制备

天然的壳聚糖存在相对分子质量较低、电荷密度小、水溶性差等不足。而通过接枝丙烯酰胺、二甲基二烯丙基氯化铵，能制成阳离子型改性壳聚糖絮凝剂 CAD，极大地提高了其絮凝性能。

CAD 采用水溶液自由基聚合反应制备，将壳聚糖溶于 1%乙酸溶液中，35℃水浴加热，氮气保护下搅拌 5 min 使之完全溶解，缓慢滴加 0.7 mL 0.1 mmol/L 过硫酸铵溶液，反应 15 min 后，加入丙烯酰胺溶液，继续反应 10 min，缓慢加入二甲基二烯丙基氯化铵溶液（质量分数 60%），反应 3 h 后得到 CAD，使用前配成（有效成分 2.0 g/L）的溶液。实验装置如图 3-49 所示。

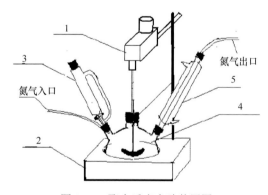

图 3-49　聚合反应实验装置图

1. IKA 搅拌器；2. 集热式恒温水浴加热器；3. 注液漏斗；4. 三颈烧瓶；5. 回流冷凝管

2）阳离子改性壳聚糖 CAD 的表征

（1）物化特性。CAD 为淡黄色液体，有效成分为 2.6%，pH 为 3.7，采用 GPC 凝胶色谱分析 CAD 的重均相对分子质量为 2.88×10^6，阳离子度为 16.7，等电点（0.1%溶液）约为 pH=10.5。

（2）特征官能团。图 3-50 为 CAD 的红外光谱，3410 cm^{-1} 处的强吸收峰是 O—H 和 N—H 伸缩振动峰，表明分子间和分子内存在氢键，且含有大量的羟基；酰胺基的 I 带特征吸收峰在 1666 cm^{-1} 处出现强烈的吸收；1320 cm^{-1} 处为 —C==C—中 CH 的伸缩振动峰；1155 cm^{-1} 处为叔醇中 C—O 的伸缩振动峰；1076 cm^{-1} 处为叔胺中 C—N 的伸缩振动峰；阳离子结构单元中季氨基团的特征吸收峰出现在 952 cm^{-1} 处。红外光谱表明 CAD 分子结构中含有羟基、氨基、季氨基、酰胺基等多种官能团。

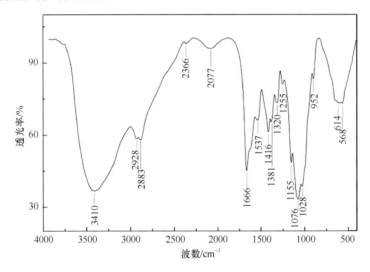

图 3-50　CAD 红外光谱

图 3-51 为 CAD 的 X 射线衍射谱图。与壳聚糖相比，CAD 中 Form I（2θ 在 10°左右）和 Form II（2θ 在 20°左右）处的衍射峰基本消失，AM、DMDAAC 与壳聚糖的反应破坏了壳聚糖原有的晶体结构，分子链上的接枝支链使得 CAD 分子链间距离增大，出现无规则晶形特征，分子间氢键形成能力降低（Wang et al.，2008）。

（3）表面形貌。

图 3-52（a）和（b）分别为壳聚糖、CAD 放大 5000 倍的扫描电镜图，由图可以看出壳聚糖表面较为平整，CAD 表面粗糙不平，进一步证明 AM、DAMDAC 成功接枝到壳聚糖分子结构上，增大了接触面积，提高了吸附性能及絮凝性能。

3）阳离子改性壳聚糖 CAD 的絮凝特性

考察复配方式、复配比例、药剂投加量、水体 pH 等对复配絮凝效果的影响，确定最佳复配絮凝条件，并考察复配絮凝与常规絮凝剂絮凝效果的对比。

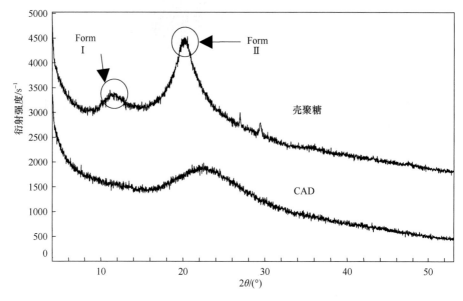

图 3-51　CAD X 射线衍射图谱

(a) 改性前　　　　　　　　　　(b) 改性后

图 3-52　改性前后壳聚糖扫描电镜图

（1）复配方式对絮凝的影响。在 pH 为 8.0、离子强度 3.0 mmol/L 下，先投加 3.0 mg/L PAC，然后与 MBF8（0.5 mg/L）、CAD（0.5 mg/L）复配，不同投加顺序对初始余浊 12～460 NTU 高岭土悬浊液的絮凝效果如图 3-53 所示。从图中可以看出，余浊去除效果依次为：先 MBF8 后 CAD＞先 CAD 后 MBF8＞MBF8、CAD 同时加＞MBF8、CAD 混合后加。MBF8、CAD 混合后再投加，混合过程中阴离子型的 MBF8 与阳离子型的 CAD 会发生交联，大大降低絮凝效果；MBF8、CAD 同时加，在搅拌过程中两者也会产生一定的交联，影响絮凝效果；先投加 CAD

时，CAD 与同为阳离子型的 PAC 有可能产生电荷过饱和，絮凝效果提升不明显；先投加 MBF8 再投加 CAD 时，两者与悬浮颗粒物的电荷中和作用互不干扰，阴离子型 MBF8 能与阳离子型 PAC 协同提升絮凝作用，再投加大相对分子质量 CAD 进一步增强桥联作用，絮凝效果最好。因此后续研究中的复配方式为先投加 MBF8，再投加 CAD。

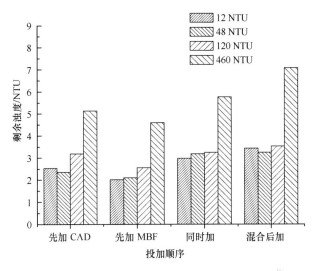

图 3-53　不同投加方式的余浊去除效果

（2）复配比对絮凝的影响。在 pH 为 8.0、离子强度为 3.0 mmol/L 时，PAC（3.0 mg/L）+MBF8+CAD（总投加量一定，复配比不同）对初始余浊 110 NTU 高岭土悬浊液的絮凝效果如图 3-54 所示，不同投加量下，剩余余浊都是先降低，后升高。高复配比下，带负电荷的 MBF8 能有效降低 ζ 电位，但 CAD 投加量较少，桥联吸附作用不明显，余浊去除效果一般；低复配比下，大相对分子质量的 CAD 可促进桥联吸附作用，但 CAD 同时带有大量正电荷导致胶体电荷由负转正，ζ 电位远离零值，胶体重新稳定而使絮凝效果变差。复配比为 5∶3 时既能有效降低 ζ 电位，又能使 CAD 充分发挥桥联作用，投加量为 0.5 mg/L、1.0 mg/L、2.0 mg/L 时余浊分别降至 3.66 NTU、3.37 NTU、3.25 NTU，絮凝效果最好，故确定 MBF8、CAD 复配比为 5∶3。

（3）药剂投加量对絮凝的影响。在 pH 为 8.0、离子强度为 3.0 mmol/L 时，对照组只投加 PAC，其余组除投加 PAC 外，分别投加 1.0 mg/L 的 MBF8、CAD、MBF8+CAD（复配比为 5∶3），不同 PAC 投加量对余浊 110 NTU 高岭土悬浊液的絮凝效果如图 3-55 所示。从图中可以看出，随 PAC 投加量的增多，不同复配

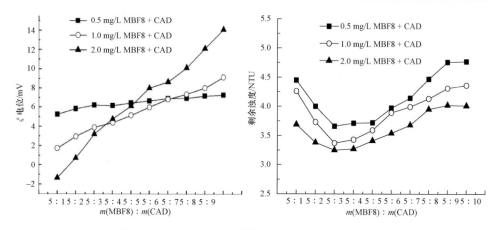

图 3-54 MBF8：CAD 复配比与余浊去除效果的关系

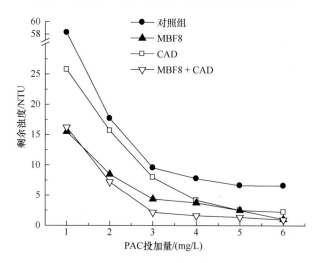

图 3-55 PAC 投加量对余浊去除效果的影响

絮凝的出水余浊均呈先快速下降后趋于平缓的规律，絮凝效果排序为：PAC+MBF8+CAD＞PAC+MBF8＞PAC+CAD＞PAC。PAC（≥3.0 mg/L）+MBF8+CAD（1.0 mg/L）能使剩余余浊下降至 2.50 NTU 以下。PAC（1.0～6.0 mg/L）+MBF8＋CAD（1.0 mg/L）絮凝出水的剩余余浊比单独投加 PAC 时降低 59%～85%。相同剩余余浊下，PAC+MBF8+CAD 复配能减少 PAC 用量的 25%～75%。PAC+MBF8+CAD 复配对高岭土良好的絮凝效果是多种因素综合作用的结果，一方面，MBF8 与 CAD 分子上的—OH、—NH$_2$ 和—CONH$_2$ 等基团能与高岭土颗粒表面上的 H$^+$、OH$^-$通过氢键结合（Li et al.，2009）；另一方面，MBF8 与 CAD 所带的—H$_2$PO$_4$ 及—COOH 可解离成带负电荷的—PO$_4^{3-}$及—COO$^-$，并通过范德华力与 PAC 中的正电荷羟基聚合物结合；此外，这些分布在高分子链上的基团间排斥力，使高分子链在水中刚性伸展开（雷志斌等，2012），有利于絮凝网捕作用。在絮凝过程中，MBF8 与 CAD 在不同时段产生互补，MBF8 组分起到加快胶体脱稳凝聚的作用，而 CAD 则强化了桥联作用使絮体迅速成长为大絮体。

（4）pH 对复配絮凝效果的影响。在离子强度 3.0 mmol/L 下，对照组只投加 3.0 mg/L PAC，其余组除投加 3.0 mg/L PAC 外，分别投加 2.0 mg/L 的 MBF8、CAD、MBF8+CAD（复配比为 5∶3），不同 pH 条件下对余浊 110 NTU 高岭土悬浊液的絮凝效果如图 3-56 所示。由于盐基度较高（2.33）的 PAC 只适用于弱碱性条件（Lin，2008），所以 PAC 单独投加时，在酸性及中性条件下没有絮凝效果，pH 为 8.0～10.0 下才有较好的絮凝效果（雷志斌等，2012；于琪等，2013），而 PAC+MBF8+CAD 在 pH 为 6～10 范围内均可以将余浊降至 10.00 NTU 以下，这是因为 MBF8、CAD 分子链上具有的—NH$_2$、—COOH 等基团形成了大量的氢键、化学键，再加上 CAD 的桥联作用使得 PAC+MBF8+CAD 在弱酸性及中性条件下也具有良好的絮凝效果，并使弱碱条件下的絮凝能力更加优异，充分发挥了阴/阳离子絮凝剂的互补增强作用。

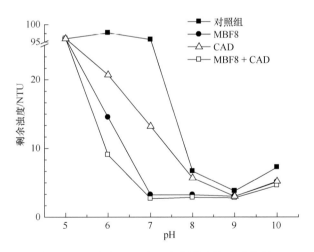

图 3-56　不同 pH 下复配絮凝的余浊去除效果

（5）复配絮凝对残余铝的去除效果。在 pH 为 8.0、离子强度 3.0 mmol/L 时，PAC（3.0 mg/L）+复配絮凝剂处理余浊 110 NTU 高岭土悬浊液的上清液残余铝浓度如图 3-57 所示。从图中可以看出，在 0.2～1.8 mg/L 范围内，随 MBF8、CAD、MBF8+CAD（复配比为 5∶3）投加量的增大，残余铝浓度均不断下降，残余铝浓度的排序为 PAC+MBF8+CAD＜PAC+CAD＜PAC+MBF8，当 MBF8+CAD 投加量为 1.8 mg/L 时，残余铝浓度可降至 62.5 μg/L，远低于 200 μg/L 的生活饮用水卫

生标准。PAC+MBF8+CAD 能有效降低出水余铝量，原因在于 MBF8 分子中的
—OH 能与 PAC 上的—OH 配位吸附，且能通过氢键及化学键与高岭土结合，从而
促进 PAC 在高岭土颗粒上吸附沉积，减少水中余铝量，而 CAD 分子中的—NH_2、
—OH 临位结构对铝有一定的螯合作用（Muzzarelli et al.，1994；Bassi et al.，2000），
借助氢键和离子键形成具有类似网状结构的笼形分子，与金属离子形成稳定的配位
结合作用，进一步降低水中残余铝浓度。

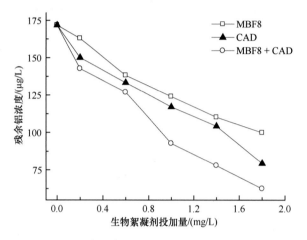

图 3-57　絮凝剂投加量对残余铝浓度的影响

（6）复配絮凝与常用助凝剂效果对比。在 pH 为 8.0、离子强度 3.0 mmol/L 时，
PAC（3.0 mg/L）+复配絮凝剂絮凝 110 NTU 高岭土悬浊液的效果如图 3-58 所示。

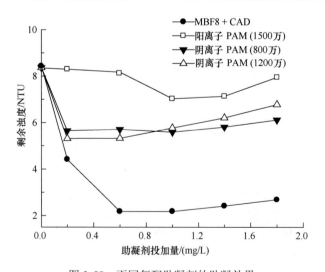

图 3-58　不同复配助凝剂的助凝效果

PAC+阳离子 PAM（相对分子质量 1500 万）会迅速形成大颗粒，但对微细颗粒的去除效果不佳，絮凝效果有限，最佳投加量下剩余余浊仍有 7.03 NTU。PAC+阴离子 PAM（800 万、1200 万）絮凝效果优于阳离子 PAM，投加量为 0.2 mg/L 时便可将余浊降至 5.82 NTU、5.60 NTU，但继续投加，絮凝效果不再提升。与高分子 PAM 相比，MBF8+CAD（质量比为 5∶3）在投加量为 0.2～1.8 mg/L 范围内均具有良好的絮凝效果，0.6 mg/L 时便可将余浊降至 2.18 NTU，且 MBF8、CAD 健康无毒，可生物降解，经进一步优化后，是具有良好应用前景的新型絮凝剂。

3.3 生物复合絮凝剂的物化特征

1. 复合絮凝剂的扫描电镜照片

图 3-59～图 3-63 为冷冻干燥后的复合絮凝剂的表面建构。在较低碱化度时，复合絮凝剂的表面较为光滑，并有突起。考虑原因为真空干燥时的压力变化，复合生物絮凝剂中的多糖蛋白质成分具有较强的交联作用，引起突起生成。随着碱化度增加，明显的条状结构和颗粒出现在复合絮凝剂中。可以发现改变盐基度可以明显地改变复合絮凝剂的表面形态，光滑的表面逐渐变得不规则，随着盐基度增加，明显的颗粒和不规则的物质聚合在样品表面形成。这些不规则的物质可能主要包含铝的水解产物。复合铝基生物絮凝剂主要含有铝的水解产物，生物絮凝剂分子，以及可能的复合成分。

图 3-59 生物絮凝剂的电镜照片

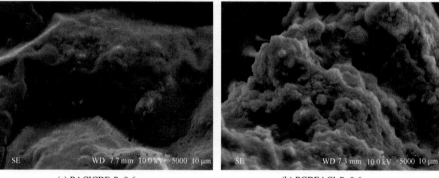

(a) PAClCBF *B*=0.6   (b) PCBFACl *B*=0.6

图 3-60　碱化度为 0.6 时所制备的复合生物絮凝剂的电镜照片

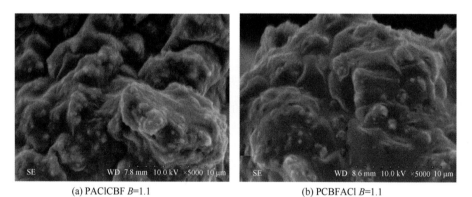

(a) PAClCBF *B*=1.1   (b) PCBFACl *B*=1.1

图 3-61　碱化度为 1.1 时所制备的复合生物絮凝剂的电镜照片

(a) PAClCBF *B*=1.7   (b) PCBFACl *B*=1.7

图 3-62　碱化度为 1.7 时所制备的复合生物絮凝剂的电镜照片

(a) PAClCBF B=2.2　　　　　　　　　(b) PCBFACl B=2.2

图 3-63　碱化度为 2.2 时所制备的复合生物絮凝剂的电镜照片

2. 复合铝盐生物絮凝剂铝形态分布

图 3-64 为 PAClCBF 和 PCBFACl 的铝形态分布。对于两种复合絮凝剂来说，铝形态变化趋势相似。随着盐基度的增加，Al_a 含量下降而 Al_c 含量增加。Al_b 含量先增加后减少，在盐基度为 1.7 时达到最大。$Al(III)$ 水解聚合态水解物 Al_b 被普遍认为是絮凝过程中发挥电性中和颗粒架桥作用最活性的形态。在生产制备聚铝过程中，生成高含量 Al_b 是主要目标。同样，高含量 Al_b 在制备复合铝基生物絮凝剂过程中十分重要。

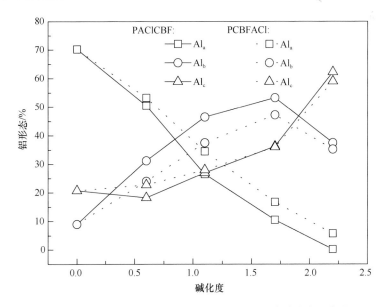

图 3-64　PAClCBF 和 PCBFACl 的铝形态分布随碱化度的变化

　　尽管两种复合絮凝剂中铝的形态分布趋势相似，但不同的聚合方法对铝形态含量仍具有明显影响。PAClCBF 中的 Al_a 含量要少于 PCBFACl，而 Al_b 含量更高。复合聚合的过程中，新鲜制备的聚铝溶液与生物絮凝剂混合，Al_b 本身已存在于混合药液中；而在共聚法制备过程中，$AlCl_3$ 溶液首先与生物絮凝剂混合，Al_b 本身并不存在于 $AlCl_3$ 溶液中，单体铝 Al_a 是其中主要的水解产物，然后再加碱聚合。CBF 的存在可能会阻止加碱聚合过程中 Al_b 的形成。这个结论为盐基度对絮凝率的影响提供了解释。

3. 复合生物絮凝剂的红外光谱

　　红外光谱分析的目的是研究初始絮凝剂中化学键可能的变化，进而验证复合成分之间是否有新物种生成。CBF、PACl 及不同盐基度的复合铝基生物絮凝剂的红外图谱如图 3-65 所示。在 2926 cm^{-1} 处的较弱 C—H 对称伸缩振动峰，在 1429 cm^{-1} 附近较弱的键是—CH_3 的弯曲共振峰和—CH_2 的剪式振动峰，指示着羧基基团的存在，在 1085 cm^{-1} 附近的强峰是 C—O 伸缩共振峰，这些峰都指代着复合生物絮

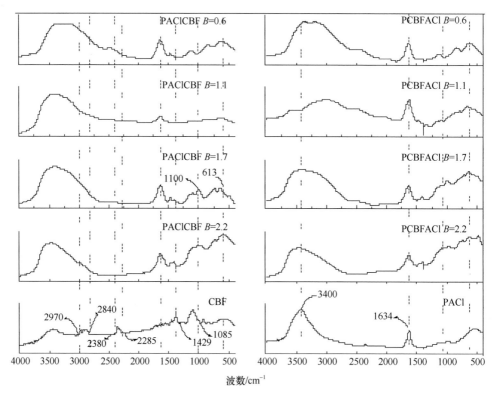

图 3-65　复合生物絮凝剂的红外图谱

凝剂中聚多糖及其衍生物的存在。在生物絮凝剂与聚铝复合之后，主要变化发生在
3400 cm^{-1} 和 1634 cm^{-1}，指示着羟基组分中—OH 伸缩和 Al—O 键振动。当盐基度
大于 1.7 时，可以明显地在 1100 cm^{-1} 和 613 cm^{-1} 处发现 Al—OH—Al 伸缩共振峰
和 Al—OH 转型振动峰。另外，PCBFACl 的红外图谱与 PAClCBF 的相似，表明不
同的聚合方法并没有影响复合生物絮凝剂中生成的键。这个结论与 N. D. Tzoupanos
和 A. I. Zouboulis 等在利用聚铝和电解质制备复合絮凝剂中发现的结论一致。

4. 复配絮凝剂效能与分批次投加絮凝比较

图 3-66 对复合铝基生物絮凝剂的絮凝率与复配絮凝剂进行了比较。随着高岭
土浓度的不同，不同絮凝剂的絮凝率也不尽相同。当高岭土浓度小于 50 mg/L 时，
PAClCBF 的絮凝率要好于 PACl-CBF 和 CBF-PACl。而当高岭土浓度大于 100 mg/L
时，CBF-PACl 的絮凝率要更好。如此，复合铝基生物絮凝剂和两种复配絮凝剂
可以根据处理水质的不同，依据情况而使用。

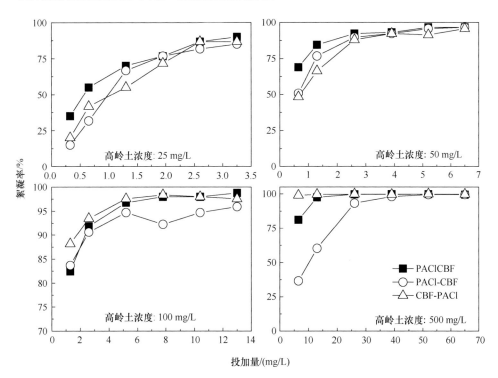

图 3-66　PAClCBF、PACl-CBF 和 CBF-PACl 絮凝率的对比

高岭土浓度的不同影响着絮凝剂的絮凝率。在较低高岭土浓度时，悬浮高岭
土颗粒之间的距离相对较大，颗粒间碰撞概率降低，PAClCBF 可以通过电性中和

及架桥作用跨越颗粒之间的距离。当高岭土浓度较高时，高岭土颗粒之间的距离较小。CBF-PACl 可以通过吸附架桥作用来增加颗粒之间的有效碰撞半径。另外，絮凝剂的最佳投加量随着高岭土浓度的增加而增加。这与吸附和电性中和作用一致，而与卷扫絮凝的作用机理不一致。颗粒浓度与絮凝剂投加量之间存在剂量关系，当絮凝剂过量或者太少的时候导致絮凝恶化却与架桥作用机理一致。研究各样品絮凝处理后生物与无机技术盐残留，结果表明，处理后水样中无明显残留。

3.4　生物絮凝剂的絮凝行为和絮凝机理的探讨

3.4.1　CBF 与 AS 复配处理高岭土-腐殖酸模拟水样的絮体特性研究

1. 不同投加量下的絮体特性研究

1) 投加量对絮体生长-破碎-再生过程的影响

采用 Mastersizer 2000 实时监测 AS、AS-CBF 及 CBF-AS 三种混凝剂对高岭土-腐殖酸模拟水样混凝过程中絮体的生长、破碎及再生情况，结果如图 3-67 所示。

三种混凝剂在不同投加量下生成的絮体，随着混凝过程的进行均呈现出相同的变化趋势。在慢搅阶段絮体粒径先逐渐增大，待絮体生长与破碎达到平衡后，絮体粒径进入稳定阶段。当转速增大到 200 r/min，混凝进入破碎阶段后，絮体粒径急剧变小。当转速减小到 40 r/min 再次转入慢搅阶段后，破碎后的絮体又重新聚集，粒径不断增大，最终稳定不变。上述规律如图 3-67 所示。

另外，从图中可以看出，低投加量下絮体生长较慢，到达稳定阶段所需时间长，慢搅后及破碎后粒径均较小。而高投加量下絮体生长速度及粒径均较大。CBF 与 AS 复配投加可明显增大絮体粒径。为更深入细致地研究比较不同混凝体系中的絮体的物理特性，选取了如下参数（包括絮体生长速度、絮体粒径、絮体强度因数、恢复因数及絮体分形维数）进行分析。

2) 投加量对絮体形成过程的影响

选取絮体生长速度及稳定阶段的絮体粒径两个参数来对絮体形成过程进行研究，不同投加量下的絮体生长速度计絮体粒径结果如图 3-68 所示。

图 3-68 (a) 为三种混凝剂的絮体生长速度均呈现增大的趋势。这是由于随着 AS 投加量的增加会使更多的胶体脱稳，水样中的颗粒浓度变大，有效碰撞增多，导致絮体的生成增长速度加快。值得注意的是，在 AS 投加量 8.5 mg/L 处，絮体生长速度稍有下降，这可能是由于在此投加量下稳定阶段粒径减小，从而导致计算出的絮体生长速度较小。

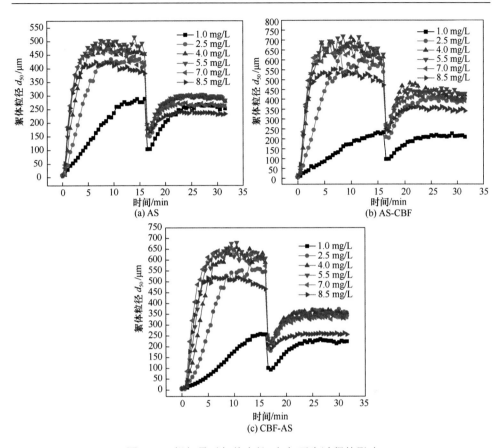

图 3-67　投加量对絮体生长-破碎-再生过程的影响

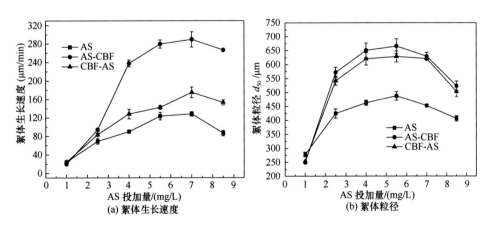

图 3-68　投加量对絮体形成过程的影响

图 3-68（b）为在三种混凝体系中，稳定阶段的絮体粒径均随 AS 投加量的增大，呈现先增大后减小的趋势，在 AS 投加量 5.5 mg/L 处絮体粒径最大。对比图 3-68（a）和（b）可知，絮体粒径较絮体生长速度受投加顺序影响小。这可能是由于慢搅阶段时间较长，足够让具有不同增长速度的絮体长大。

另外，从图中可以看出，CBF 的投加可加快絮体生长，尤其是 CBF 在 AS 后投加，可使絮体生长速度增大至原来的两倍多。且当 AS 投加量大于 1.0 mg/L 时，无论投加顺序如何，CBF 与 AS 复配投加使絮体粒径增大了 100~200 μm。这表明 CBF 在混凝过程中发挥了吸附架桥作用，致使絮体生长加快，粒径增大。Yang 等在微生物絮凝剂与 PAC 复配混凝处理高岭土模拟水样的研究中也发现了类似的现象，即微生物絮凝剂可增大絮体粒径，这主要归因于其吸附架桥作用。Ray 和 Hogg 也曾报道，吸附架桥作用下产生的絮体要远远大于电中和作用下产生的絮体。因此，AS-CBF 及 CBF-AS 能够产生较大的絮体主要归因于 CBF 的吸附架桥作用。

3）投加量对絮体强度及恢复性能的影响

对混凝慢搅过程中生成的絮体施以高剪切力（200 r/min），使其破碎，然后将转速减至 40 r/min，继续搅拌 15 min 使絮体恢复。不同投加量下絮体强度因数及恢复因数，结果见表 3-20。

表 3-20　不同投加量下的絮体强度因数和恢复因数

混凝剂		AS 投加量/（mg/L）					
		1.0	2.5	4.0	5.5	7.0	8.5
强度因数	AS	37.59	35.41	36.10	36.76	39.99	41.21
	AS-CBF	41.73	35.59	39.67	38.92	42.45	45.57
	CBF-AS	37.27	33.39	34.16	35.28	35.93	37.96
恢复因数	AS	89.80	51.99	42.64	38.39	31.34	28.78
	AS-CBF	87.29	52.54	45.95	43.70	38.82	39.71
	CBF-AS	81.89	49.49	35.41	29.60	27.71	21.01

三种混凝剂的絮体强度因数均随 AS 投加量的增加而增大。研究表明，絮体强度与颗粒间结合键的强弱及结合键的个数密切相关。投加量较小时，颗粒间的结合键较少，导致絮体强度弱，易于破碎。值得注意的是，三种混凝剂在 AS 投加量为 1.0 mg/L 时，絮体的强度因子均较大，说明絮体强度大。这可能是在此投加量下絮体粒径很小的缘故。通常絮体越小，其结构越密实，抗破碎能力越强。上述规律见表 3-20。

当 AS 投加量从 1.0 mg/L 增大到 2.5 mg/L 时，絮体的恢复因数急剧减小，之后随着 AS 投加量的继续增大，恢复因子缓慢减小。大量研究表明，絮体的恢复性能与混凝机理密切相关。Yukselen 等认为电中和作用下的颗粒脱稳聚集本质上是个物理过程，絮体破碎时不涉及化学键的破坏，因而破碎后的絮体容易恢复；而卷扫网捕作用下的颗粒脱稳聚集主要是化学过程，絮体破碎的同时颗粒间的化学键可能被破坏，导致破碎的絮体难以恢复。Li 等（2013）用硫酸铝混凝剂处理高岭土时也发现，在卷扫网捕作用机理下生成的絮体破碎后难以恢复。Yu 等也通过研究发现，当用铝盐作混凝剂时，其在电中和作用下生成的高岭土絮体破碎后可完全恢复。本研究中在低 AS 投加量下，Al^{3+} 和 $Al(OH)^{2+}$ 被认为是铝的优势水解形态，电中和作用为主要混凝机理，因而絮体破碎后易于恢复。随着 AS 投加量的增大，铝的优势水解形态逐渐转向氢氧化铝凝胶沉淀，卷扫网捕作用增强，因而此条件下生成的絮体破碎后难以恢复。上述规律见表 3-20。

当 AS 投加量大于 4.0 mg/L 时，AS-CBF 的絮体强度因数和恢复因数均最大，而 CBF-AS 的絮体强度因数和恢复因数最小。这可能是投加顺序导致混凝作用机理不同的缘故。当 AS-CBF 被用作混凝剂时，颗粒在先投加的 AS 的作用下脱稳聚集成微絮体，然后在后投加的 CBF 的吸附架桥作用下聚集长大。AS-CBF 的絮体强度较大，很可能是絮体间新增的吸附架桥键所致。这与 Li 等的研究结论相符，他们发现架桥作用下生成的絮体比单纯的电中和或卷扫网捕作用下生成的絮体的抗剪切能力更强。絮体在高剪切力下破碎，与此同时，微生物絮凝剂的长链也可能断裂，吸附在颗粒表面的生物高分子可重新排列。新出现的吸附位点可将破碎的絮体重新吸附聚集，因而 AS-CBF 絮体的恢复能力较强。

当用 CBF-AS 作混凝剂时，AS 与水样中的胶体及 CBF 同时作用，胶体与混凝剂间的结合方式更为复杂。虽然其作用方式目前尚不清楚，但可以肯定的是，CBF 先于 AS 投加会导致絮体松散易破碎，并且破碎后难以恢复。

2. 不同剪切强度下的絮体特性研究

1）剪切强度对絮体破碎再生过程的影响

固定 AS 及 CBF 的投加量分别为 7.0 mg/L 和 2.0 mg/L，在原水 pH 下，于混凝慢搅阶段结束后，对絮体施加不同程度的剪切力（搅拌速度分别为 75 r/min、100 r/min、150 r/min、200 r/min、250 r/min 和 300 r/min），搅拌 1 min，使絮体破碎，然后将搅拌速度减至 40 r/min，持续 15 min，使絮体恢复。对高岭土-腐殖酸模拟水样絮凝过程中絮体粒径随时间的变化情况如图 3-69 所示。

图 3-69 为絮体破碎受剪切力的影响。当施加的剪切力较小时（转速为 75 r/min），絮体粒径下降幅度较小，而当施加的剪切力较大时（转速大于 75 r/min），絮体粒径急剧下降。转速减至 40 r/min 后，破碎后的絮体开始重新聚集生长，但其粒径难以恢复到破碎前的水平。

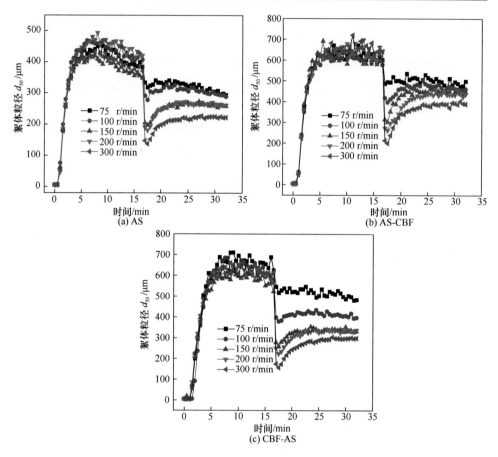

图 3-69　剪切力对絮体生长-破碎-再生过程的影响

2）剪切强度对絮体强度及恢复性能的影响

为更深入细致地分析比较剪切强度对不同混凝剂的絮体破碎再生过程的影响，结果见表 3-21。

表 3-21　不同剪切强度下的絮体强度因数和恢复因数

混凝剂		转速/（r/min）				
		75	100	150	200	300
强度因数	AS	76.21	63.11	50.72	39.99	34.11
	AS-CBF	79.45	65.11	48.92	40.92	30.88
	CBF-AS	77.37	60.04	43.87	36.06	25.29
恢复因数	AS	2.77	18.44	33.98	31.40	31.85
	AS-CBF	4.33	35.13	46.72	45.17	41.67
	CBF-AS	0.00	13.34	23.89	28.01	29.10

表 3-26 显示随着搅拌强度的增强，絮体的强度因子逐渐减小。絮体强度取决于絮体内部颗粒间结合键的强度及数量，当施加在絮体表面的剪切强度大于其内部结合键的强度时，絮体发生破碎。因而，絮体在高剪切强度下更容易破碎，强度因子较小。

当剪切强度较大（转速为 150～300 r/min）时，絮体的恢复因子较大且随剪切力变化的幅度较小。而在低剪切强度下（转速小于 150 r/min），絮体的恢复因数很小，表明破碎后的絮体恢复程度很低。上述规律见表 3-21。这可能是由于不同剪切强度下破碎的絮体结构不同的缘故。絮体在高剪切力作用下破碎后的粒径较小，结构较密实。结构密实的絮体彼此间的有效碰撞频率较大，彼此间的排斥力也最小，因此，容易聚集长大，表现出良好的再生性能。

从表中可以看出，在所研究的剪切强度范围内，三种混凝剂的强度因数及恢复因数的大小均遵循如下规律：AS-CBF＞AS＞CBF-AS，这与之前的研究结果相符。

3. 不同 pH 下的絮体特性研究

1）pH 对絮体生长破碎再生过程的影响

固定 AS 与 CBF 的投加量分别为 7.0 mg/L 和 2.0 mg/L，调节原水 pH 为 4、5、6、7、8 和 9，进行絮体破碎再生研究，用 Mastersizer 2000 实时监测对高岭土-腐殖酸模拟水样混凝过程中絮体变化情况，结果如图 3-70 所示。

图 3-70 为低 pH 下絮体生长情况。可以看出此时絮体生长较慢，到达稳定阶段所需的时间长，稳定阶段的粒径相对较小。当 pH 大于 5 时，絮体生长明显加快且随 pH 变化的幅度不大。破碎后的絮体开始重新聚集生长，但其粒径难以恢复到破碎前的水平。CBF 与 AS 复配投加可使絮体粒径明显增大。为更深入细致地分析比较三种混凝剂在不同 pH 下生成的絮体的物理学特性，选取了如下参数（包括絮体生长速度、絮体粒径、分形维数、絮体强度因数及恢复因数）进行分析。

2）pH 对絮体形成过程的影响

选用絮体生长速度及絮体粒径两参数对絮体形成过程进行描述，不同 pH 下各混凝体系中的絮体生长速度及粒径，结果如图 3-71 所示。

图 3-71 显示，pH 较低时（pH 为 4～5），絮体生长较慢，粒径较小。当 pH 增大到 6 时，卷扫网捕作用开始出现，絮体生长速度及粒径明显增大，之后随着 pH 的增加絮体生长速度基本不变。这与 Letterman 等的研究结果一致，他们认为网捕卷扫作用下的絮体生长速度比电中和作用下的絮体生长速度快，尤其是在有氢氧化物沉淀存在的情况下。因为氢氧化物沉淀不仅可以增加颗粒物的浓度，其敞开结构还可以增加捕捉其他颗粒的机会，导致絮体聚集增长加快。絮体粒径被

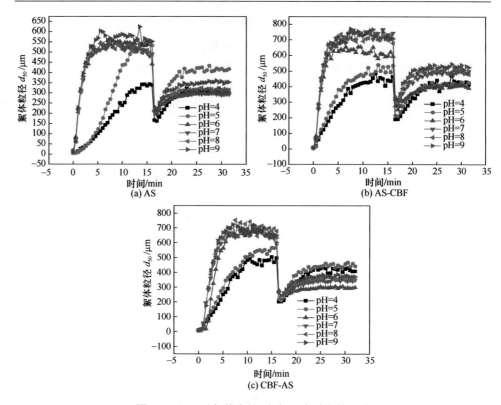

图 3-70　pH 对絮体生长-破碎-再生过程的影响

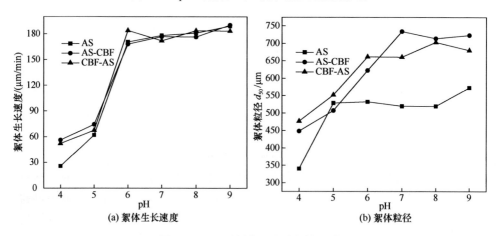

图 3-71　pH 对絮体形成过程的影响

认为与混凝机理密切相关。如前所述,随着 pH 的增加,混凝机理逐渐由电中和作用转向网捕卷扫作用,而网捕作用下产生的絮体通常较大。

另外，从图中还可以看出，CBF 与 AS 复配投加可显著增大絮体粒径，这主要归功于 CBF 的吸附架桥作用。

3）pH 对絮体强度及恢复性能的影响

为研究探讨不同混凝剂在各 pH 下生成的絮体的抗剪切能力及破碎后的恢复能力，结果见表 3-22。

表 3-22　不同 pH 下的絮体强度因数和恢复因数

混凝剂		pH					
		4	5	6	7	8	9
强度因数	AS	0.48	0.41	0.37	0.37	0.39	0.38
	AS-CBF	0.43	0.42	0.41	0.39	0.43	0.44
	CBF-AS	0.43	0.38	0.36	0.35	0.33	0.36
恢复因数	AS	0.83	0.62	0.30	0.32	0.36	0.37
	AS-CBF	0.89	0.68	0.40	0.46	0.48	0.51
	CBF-AS	0.79	0.68	0.14	0.27	0.26	0.30

三种混凝剂的强度因数和恢复因数均随 pH 的增大呈现出先减小后增大的趋势。当水样偏酸（pH 为 4～5），电中和为主要混凝机理时，絮体强度较大且破碎后较易恢复；pH 为 6 时，吸附电中和及网捕卷扫可能同时发挥作用，而此时絮体的强度因数和恢复因数均最小，即在此 pH 条件下生成的絮体易破碎且最不易恢复；当 pH 为 7～9 时，卷扫网捕转为主要混凝机理，絮体强度因数及恢复因数随 pH 变化不大，这与其他学者的研究结果一致。上述规律见表 3-22。

另外，从表中还可以看出，在低 pH 下，三种混凝剂的强度因数相近。但随着 pH 的增大，除 AS-CBF 外，AS 及 CBF-AS 的强度因数都有所下降。这表明 AS 先于 CBF 投加可提高絮体的强度，与强度因数相比，絮体的恢复因数受 pH 影响较大。三种混凝剂的恢复因数的大小均遵循如下规律：AS-CBF＞AS＞CBF-AS，与之前的研究结果相符。

4）不同 pH 下的絮体分形维数研究

絮体的分形维数表明了絮体的密实程度，分形维数越大，絮体越密实。本节利用小角激光散射法对三种混凝剂不同 pH 条件下对高岭土-腐殖酸模拟水样的混凝过程中的絮体分形维数进行动态测定，考察 pH 对絮体分形维数的影响，结果如图 3-72 所示。

图 3-72 为絮体的分形维数与混凝剂种类及水样 pH 的关系。总体来说，高 pH 下絮体的分形维数较大，表明卷扫网捕作用下生成的絮体结构较为密实，这与之前学者的研究结果相符。

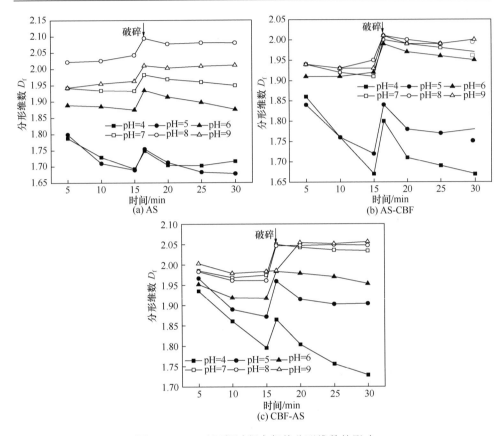

图 3-72　pH 对混凝过程中絮体分形维数的影响

　　另外，絮体的分形维数随着混凝过程的进行而不断变化。三种混凝剂的絮体分形维数随时间的变化规律相似。由图 3-72 可见，破碎后絮体的分形维数明显增大，这与 Spicer 等研究的结果一致，他们发现絮体在高剪切力作用下破碎变小，但分形维数变大，结构较为密实。破碎之前，絮体分形维数在低 pH 下随时间急剧下降，而当 pH 大于 6 时随时间变化很小。在破碎之后的絮体再生阶段，分形维数均随时间变小。絮体分形维数的变化似与絮体粒径的变化相关。对比图 3-71 和图 3-72 可知，随着絮体的生长分形维数逐渐减小，当絮体生长进入稳定阶段后分形维数变化很小，Chakraborti 等在研究中也发现了类似的规律。一种可能的解释是絮体的聚集生长会导致分形维数的减小，确切的原因需要进一步研究探讨。

　　另外，从图中还可以看出在相同 pH 条件下，三种混凝剂的分形维数大小遵循如下规律：CBF-AS＞AS-CBF＞AS。这说明 CBF 的吸附架桥作用可提高絮体的密实程度。

3.4.2　CBF 与 TiCl₄ 混凝剂复配处理高岭土-腐殖酸模拟水样的絮体特性研究

1. 混凝剂投加量对絮体形成、破碎及再生过程的影响研究

采用 Mastersizer 2000 实时监测 $TiCl_4$ 和 $Al_2(SO_4)_3$ 及其相应的复配絮凝剂对高岭土-腐殖酸模拟水样的混凝过程中絮体的生长、破碎及再生情况，选取絮体生长速度及稳定阶段的絮体粒径两个参数来对絮体形成过程进行研究。在研究过程中，分别选择 1.0 mg/L 和 2.0 mg/L CBF 作为 $TiCl_4$ 和 $Al_2(SO_4)_3$ 的助凝剂。

各混凝体系不同投加量下的絮体生长速度，如图 3-73 所示。由图可以看出，随着混凝剂投加量的增大，絮体生长速度逐渐增大，对复配混凝剂来说，生长速度因混凝剂投加顺序的不同而有较大差异。对 $TiCl_4$ 来说，CBF 作为助凝剂较明显地降低了絮体的生长速度，大小顺序如下：$TiCl_4 >TiCl_4$-CBF$>$CBF-$TiCl_4$ [图 3-73（a）]。对 $Al_2(SO_4)_3$ 来说，当 $Al_2(SO_4)_3$ 先于 CBF 投加时，所产生絮体的生长速度与 $Al_2(SO_4)_3$ 单独使用时相当，但是当 CBF 先于 $Al_2(SO_4)_3$ 投加时，CBF 使得絮体生长速度明显降低 [图 3-73（b）]。

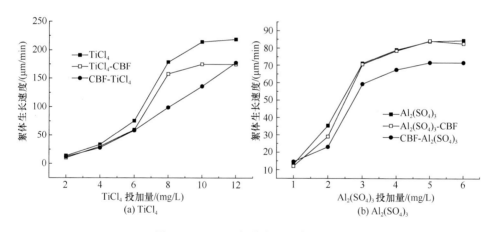

图 3-73　CBF 对絮体生长速度的影响

分别计算絮体生长阶段、破碎阶段及再生阶段的絮体粒径大小，分析研究 CBF 对絮体粒径大小的影响情况。絮体在生长阶段、破碎阶段及再生阶段的粒径随着混凝剂投加量的变化情况如图 3-74 所示。对 $TiCl_4$ 及其复配絮凝剂来说，无论是在絮体的生长、破碎阶段，还是再生阶段，絮体粒径均随着混凝剂投加量的增大而增大，且 CBF 作为助凝剂明显地降低了絮体的粒径大小 [图 3-74（a）]。另外，絮体粒径大小几乎不受到 $TiCl_4$ 与 CBF 投加顺序的影响。对 $Al_2(SO_4)_3$ 及其复配絮凝剂来说，d_1、d_2 和 d_3 均随着混凝剂投加量的增大呈现出先增大后减小的趋势。

CBF 作为助凝剂对絮体粒径大小的影响与 $Al_2(SO_4)_3$ 的投加量有关,且受 $Al_2(SO_4)_3$ 与 CBF 投加顺序的影响较大 [图 3-74(b)]。对 $Al_2(SO_4)_3$-CBF 混凝剂来说,当 $Al_2(SO_4)_3$ 投加量为 4.0 mg/L 时,在絮体的生长、破碎及再生阶段絮体的粒径大小分别得到 19%、27% 和 65% 的提高;但是,当 $Al_2(SO_4)_3$ 的投加量为 2.0 mg/L 时,絮体在生长、破碎及再生阶段的粒径由 319 μm、96 μm 和 154 μm 减小到 300 μm、78 μm 和 132 μm。当 $Al_2(SO_4)_3$ 的投加量高于 3.0 mg/L 时,絮体粒径大小顺序为:$Al_2(SO_4)_3$-CBF>CBF-$Al_2(SO_4)_3$>$Al_2(SO_4)_3$。

不同混凝剂生长速度及粒径大小的变化可以根据不同的混凝作用机理来解释。$TiCl_4$ 和 $Al_2(SO_4)_3$ 的主要混凝作用机理分别是吸附架桥和电中和作用,$TiCl_4$ 及其复配絮凝剂所产生絮体的电位绝对值高于 $Al_2(SO_4)_3$ (图 3-73 和图 3-74),因此颗粒物之间的排斥力作用大于 $Al_2(SO_4)_3$ 及其复配混凝剂,对 $TiCl_4$-CBF 来说,当 CBF(电位约为-46 mV)作为助凝剂投加之后,很快吸附在 $TiCl_4$ 生成的微小颗粒物表面,颗粒物之间的斥力降低了絮体生长速度的同时减小了稳定阶段的絮体粒径。对 $Al_2(SO_4)_3$-CBF 来说,当 $Al_2(SO_4)_3$ 投加量大于 3.0 mg/L 时,絮体在生长、破碎和再生阶段的絮体粒径的增大可归结于 CBF 分子的吸附和架桥作用,当 $Al_2(SO_4)_3$ 投加量小于 2.0 mg/L 时,絮体粒径的减小可能是由于 CBF 分子携带的负电荷吸附在颗粒物表面,电荷斥力影响了微小絮体的团聚。对 CBF-$Al_2(SO_4)_3$ 和 CBF-$TiCl_4$ 来说,当 CBF 加入混凝体系之后,一方面它有可能作为污染物被混凝剂去除,另一方面它增大了体系的负电荷,电荷斥力会导致混凝效率一定程度的

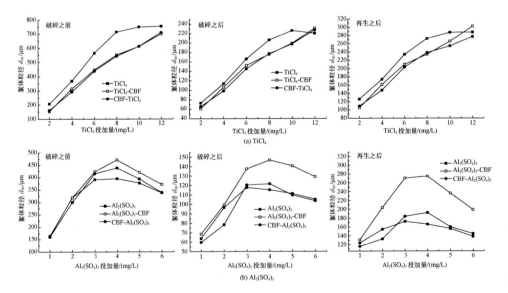

图 3-74 CBF 对生长、破碎及再生阶段絮体粒径大小的影响

降低。微生物絮凝剂 TJ-F1 用于高岭土悬浊液的混凝过程时也有同样的发现。因此，CBF-TiCl$_4$ 所生成的絮体粒径小于 TiCl$_4$。对 CBF-Al$_2$(SO$_4$)$_3$ 来说，CBF 分子作为助凝剂可将颗粒物桥联在一起，但是 HA 与 CBF 之间的电荷斥力使得 CBF-Al$_2$(SO$_4$)$_3$ 所生成的絮体粒径小于 Al$_2$(SO$_4$)$_3$-CBF。从以上分析可知，CBF 作为硫酸铝的助凝剂能够有效地提高絮体粒径的大小，这与 Ray 和 Hogg 的研究相符，他们的研究发现，由于架桥作用所生成的絮体粒径明显大于电中和作用和聚集作用所产生的絮体粒径。

2. 投加量对絮体强度因子和恢复因子的影响研究

为了更进一步详细地研究 CBF 对絮体特性的影响，对混凝生长阶段生成的絮体施以 5 min 的高剪切力（200 r/min），使其破碎，然后将转速减至 40 r/min，继续搅拌 15 min 使絮体恢复。不同混凝剂及不同混凝剂投加量条件下絮体的强度因数及恢复因数，结果见表 3-23。同时，对比 TiCl$_4$-CBF、Al$_2$(SO$_4$)$_3$-CBF 与 TiCl$_4$、Al$_2$(SO$_4$)$_3$ 单独使用所得絮体的强度因数和恢复因数，计算得到 CBF 对絮体强度因数及恢复因数的提高率，结果见表 3-23。

表 3-23 不同混凝剂及不同混凝剂投加量条件下的絮体强度因数和恢复因数

| | 混凝剂 | TiCl$_4$ 投加量/（mg/L） | | | | | |
		2	4	6	8	10	12
S_f	TiCl$_4$	35.3	30.9	29.4	28.9	30.2	29.2
	TiCl$_4$-CBF	39.7	33.9	34.1	31.9	32.6	33.1
	增加率/%	12.7	9.7	15.8	10.6	7.8	13.3
	CBF-TiCl$_4$	40.7	33.7	33.2	32.6	32.3	32.1
R_f	TiCl$_4$	40.2	23.5	17.0	13.0	11.7	7.0
	TiCl$_4$-CBF	48.8	26.3	19.6	15.4	16.2	15.2
	增加率/%	21.2	12.2	15.3	18.4	38.5	117.4
	CBF-TiCl$_4$	46.6	25.2	19.8	16.7	13.7	10.3
	混凝剂	Al$_2$(SO$_4$)$_3$ 投加量/（mg/L）					
		1	2	3	4	5	6
S_f	Al$_2$(SO$_4$)$_3$	38.9	30.3	30.1	29.2	29.5	31.1
	Al$_2$(SO$_4$)$_3$-CBF	42.0	31.1	32.5	31.2	33.4	34.7
	增加率/%	8.0	2.8	7.9	6.8	13.6	11.4
	CBF-Al$_2$(SO$_4$)$_3$	37.2	26.2	29.0	27.7	27.8	30.6
R_f	Al$_2$(SO$_4$)$_3$	57.6	25.0	20.0	18.0	16.8	14.2
	Al$_2$(SO$_4$)$_3$-CBF	65.8	47.3	46.4	39.5	34.1	28.8
	增加率/%	12.5	81.9	132.5	117.0	102.2	102.7
	CBF-Al$_2$(SO$_4$)$_3$	58.2	25.5	21.6	22.3	17.7	17.4

由表 3-23 可以看出，随着混凝剂投加量的增大，无论是何种混凝剂所产生的絮体破碎，再生因数均呈现逐渐减小的趋势，且 CBF 能够有效地提高絮体的恢复因数，顺序如下：$TiCl_4$ [$Al_2(SO_4)_3$] -CBF＞CBF-$TiCl_4$ [$Al_2(SO_4)_3$] ＞$TiCl_4$ [$Al_2(SO_4)_3$]。据报道，絮体的再生能力在一定程度上反映了絮体的内部价键结构，絮体经破碎再生之后，粒径不能恢复到破碎之前的粒径大小，这说明电中和不是唯一的混凝作用机理，絮体靠化学键结合在一起而不单单是物理价键的作用。

絮体的强度因数大小顺序如下：$TiCl_4$-CBF＞CBF-$TiCl_4$＞$TiCl_4$，$Al_2(SO_4)_3$-CBF＞$Al_2(SO_4)_3$＞CBF-$Al_2(SO_4)_3$。对 $TiCl_4$-CBF 和 $Al_2(SO_4)_3$-CBF 来说，CBF 的吸附和架桥作用使得微小絮体聚集，提高了絮体的强度，絮体在高剪切力作用下破碎之后，CBF 对破碎之后絮体碎片的静电吸引力和范德华力将絮体碎片粘连在一起，使得 $TiCl_4$-CBF 和 $Al_2(SO_4)_3$-CBF 所得絮体的恢复能力较混凝剂单独使用时有所提高。与 $TiCl_4$-CBF 相比，$Al_2(SO_4)_3$-CBF 所生成絮体的恢复能力得到较大程度的提高，例如，当 $Al_2(SO_4)_3$ 的投加量为 2.0～5.0 mg/L 时，$Al_2(SO_4)_3$-CBF 混凝剂使得絮体的恢复因子提高了 80%～130%，而对 $TiCl_4$ 来说，在 2.0～10.0 mg/L 投加量范围内，$TiCl_4$-CBF 仅仅使得絮体恢复能力得到 10%～38%的提高。另外，$TiCl_4$ 及其复配絮凝剂所产生絮体的恢复能力明显低于 $Al_2(SO_4)_3$ 及其复配絮凝剂，这与之前研究报道相符，研究发现，与传统混凝剂相比，$TiCl_4$ 混凝剂所产生的絮体破碎之后的再生能力最差。与 $Al_2(SO_4)_3$ 相比，$TiCl_4$ 及其复配混凝剂所产生的絮体带有较高的绝对值电荷，破碎之后的恢复能力较差，这说明，由于电荷之间的斥力导致了 CBF 的吸附和架桥能力未能得到有效的发挥，这也同时解释了为什么 $TiCl_4$ 及其复配混凝剂所产生的絮体恢复能力弱于 $Al_2(SO_4)_3$。

3. 混凝剂投加量对絮体分形维数的影响研究

絮体的分形维数表明了絮体的密实程度，分形维数越大，絮体越密实。本节利用小角激光散射法对不同种类混凝剂不同投加量条件下的不同混凝动态过程中的絮体分形维数进行动态测定，考察 CBF 助凝剂对絮体分形维数的影响，结果如图 3-75 和图 3-76 所示。

图 3-75 和图 3-76 为絮体的分形维数与混凝时间的关系。在絮体的生长阶段，絮体的分形维数随着混凝时间的延长增大，即絮体愈加密实，这可能是由于破碎力作用，絮体内部较弱的价键被破坏，微小的颗粒向着更稳定的结构结合，颗粒物价键之间的引力大于斥力，从而使得所生成的絮体结构更加密实。不论对于何种混凝剂，当对絮体施加高剪切力（200 r/min）时，絮体的分形维数明显增大，这是由于在高剪切力作用下，絮体较弱的价键断裂形成稳定的结构。在恢复慢搅速度使得絮体再生的过程中，絮体的分形维数较为稳定，未出现明显的波动。另

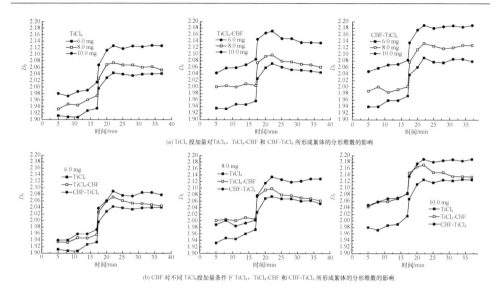

(a) TiCl₄ 投加量对TiCl₄、TiCl₄-CBF 和 CBF-TiCl₄ 所形成絮体的分形维数的影响

(b) CBF 对不同 TiCl₄投加量条件下 TiCl₄、TiCl₄-CBF 和 CBF-TiCl₄ 所形成絮体的分形维数的影响

图 3-75 絮体生长、破碎及再生阶段絮体分形维数随着时间的变化情况

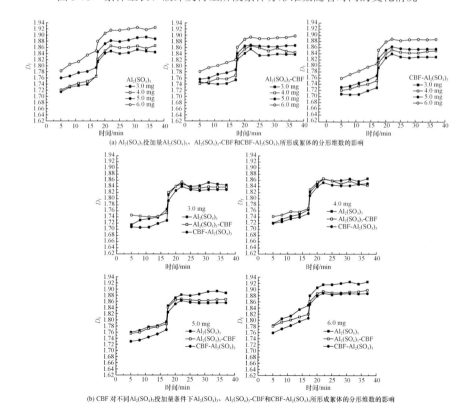

(a) Al₂(SO₄)₃投加量Al₂(SO₄)₃、Al₂(SO₄)₃-CBF和CBF-Al₂(SO₄)₃所形成絮体的分形维数的影响

(b) CBF 对不同Al₂(SO₄)₃投加量条件下Al₂(SO₄)₃、Al₂(SO₄)₃-CBF和CBF-Al₂(SO₄)₃所形成絮体的分形维数的影响

图 3-76 为絮体生长、破碎及再生阶段絮体分形维数随着时间的变化情况

外，随着混凝剂投加量的增大，絮体的分形维数逐渐增大，但是絮体的强度未见明显增大（表3-28），这与之前的研究不符，之前的研究发现，絮体的分形维数与絮体的强度因数有密切的关系。

对不同的混凝剂来说，絮体的分形维数有较大的差异。对$TiCl_4$来说，在絮体生长、破碎及再生过程中，CBF作为助凝剂能够明显地提高絮体的分形维数，且在絮体生长过程中，$TiCl_4$-CBF和CBF-$TiCl_4$絮体的分形维数差异不大，但在絮体破碎及再生过程中差异较大，大小顺序为：CBF-$TiCl_4$＞$TiCl_4$-CBF＞$TiCl_4$。基于图3-84（a）的研究结果，CBF作为$TiCl_4$助凝剂减小了絮体的粒径，絮体因CBF的引入而变得密实可能是由于CBF分子将$TiCl_4$所生成的微小絮体紧密连接在一起。在絮体的破碎及再生阶段，CBF-$TiCl_4$生成的絮体较$TiCl_4$-CBF密实，当$TiCl_4$先于CBF投加时，$TiCl_4$迅速水解，水解产物与HA迅速发生反应，生成微小的絮体，加入CBF之后，CBF的吸附架桥作用使得絮体逐渐长大。对CBF-$TiCl_4$来说，当CBF先于$TiCl_4$投加时，一部分CBF由于吸附或者静电引力与HA发生反应，另一部分与$TiCl_4$的水解产物发生反应，同时也可能伴随着$TiCl_4$水解产物与HA-CBF的反应，因此，由于最初所形成的微小颗粒物的差异有可能导致了絮体分形维数的差异，这只是个假设，还需要进一步的验证。相比之下，对$Al_2(SO_4)_3$来说，CBF对絮体结构的影响与$TiCl_4$不同。在絮体的生长阶段，当$Al_2(SO_4)_3$的投加量为3.0 mg/L和4.0 mg/L时，$Al_2(SO_4)_3$-CBF絮体的分形维数大于$Al_2(SO_4)_3$本身，而当$Al_2(SO_4)_3$的投加量为5.0 mg/L和6.0 mg/L时，$Al_2(SO_4)_3$-CBF絮体的结构较$Al_2(SO_4)_3$本身松散。对CBF-$Al_2(SO_4)_3$来说，CBF的引入降低了絮体的分形维数，即絮体较为松散。在絮体生长阶段，絮体的分形维数大小顺序为：$Al_2(SO_4)_3$＞$Al_2(SO_4)_3$-CBF＞CBF-$Al_2(SO_4)_3$，这表明CBF分子的链状结构导致了复配絮凝剂所产生的絮体结构较$Al_2(SO_4)_3$本身松散。

3.4.3 CBF与PAC复配处理地表水的絮体特性研究

1. 不同投加量下的絮体特性研究

1）投加量对絮体生长破碎再生过程的影响

采用Mastersizer 2000实时监测PAC、PAC-CBF及CBF-PAC三种混凝剂在不同PAC投加量下处理地表水的絮体生长、破碎及再生情况如图3-77所示。

图3-77为三种混凝剂在不同PAC投加量下生成的絮体。随着混凝过程的进行，三种混凝剂在不同PAC投加量下生成的絮体均呈现出相同的变化趋势。在慢搅阶段絮体粒径先逐渐增大，待絮体生长与破碎达到平衡后，絮体粒径进入稳定阶段。当转速增大到200 r/min进入破碎阶段后，絮体粒径急剧变小。当转速减小

到 40 r/min，再次转入慢搅阶段后，破碎后的絮体又重新聚集，粒径不断增大，最终稳定不变。

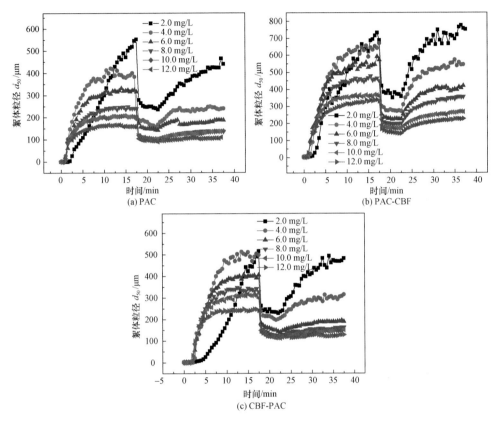

图 3-77　投加量对絮体生长-破碎-再生过程的影响

　　另外，从图 3-77 中还可以看出，低 PAC 投加量下絮体生长较慢，到达稳定阶段所需时间长，但稳定阶段的絮体粒径较大。随着 PAC 投加量的增加，稳定阶段的絮体粒径逐渐减小。CBF 与 PAC 复配投加可明显增大絮体粒径。

　　为更深入细致地研究比较不同混凝体系中的絮体的物理学特性，选取了如下参数（包括絮体生长速度、絮体粒径、絮体强度因数、破碎因数及分形维数）进行分析。

　　2）投加量对絮体形成过程的影响

　　采用絮体生长速度及稳定阶段的絮体粒径来描述絮体的形成过程。各混凝体系不同投加量下处理地表水的絮体生长速度及粒径结果如图 3-78 所示。

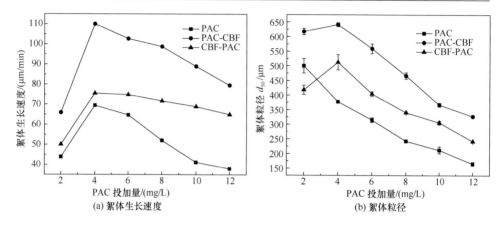

图 3-78　投加量对絮体形成过程的影响

图 3-78（a）为 PAC 单独投加时絮体生长速度的变化趋势。随着投加量的增加，絮体生长速度呈现出先增大后减小的趋势，投加量为 4 mg/L 时的絮体生长最快。这是由于开始 PAC 投加量的增加会使更多的胶体脱稳，水样中的颗粒浓度变大，有效碰撞增多，导致絮体的生成增长速度加快。而由图 3-78 可知，PAC 投加量为 4 mg/L 时，ζ 电位在零附近，继续增大 PAC 投加量，ζ 电位增大，絮体间的斥力增强，不利于絮体的生成聚集，因而絮体生长速度下降。图 3-78（b）为絮体粒径的变化趋势。絮体粒径随着投加量的增大逐渐减小。这是由于随着投加量的增大，絮体的 ζ 电位变为正值并逐渐增大，彼此间的排斥力增强，阻碍了絮体的进一步聚集，导致絮体粒径减小。

PAC-CBF 及 CBF-PAC 的絮体生长速度及粒径呈现出与 PAC 单独投加时相同的变化趋势。这说明 PAC 在絮体生成增长方面发挥了重要作用，其投加量决定着絮体生长速度及粒径的变化趋势。另外，CBF 与 PAC 复配投加后絮体生长加快，粒径增大，尤其是 PAC 先于 CBF 投加，可使絮体生长速度增大至原来的两倍，粒径可增大 200 μm。这表明 CBF 的吸附架桥作用有助于加快絮体生长，增大絮体粒径，尤其是在微絮体存在的情况下，这与之前的研究结果相符。上述规律如图 3-78 所示。

3）投加量对絮体强度及恢复性能的影响

对混凝慢搅过程中生成的絮体施以高剪切力（200 r/min），使其破碎 5 min，然后将转速减至 40 r/min，继续搅拌 15 min，使絮体恢复。不同投加量下处理地表水的絮体的强度因数及恢复因数，结果见表 3-24。

表 3-24　不同投加量下的絮体强度因数和恢复因数

混凝剂		PAC 投加量/（mg/L）					
		2.0	4.0	6.0	8.0	10.0	12.0
强度因数	PAC	49.69	42.63	44.5	41.09	48.24	57.40
	PAC-CBF	62.54	42.89	39.51	41.81	45.83	42.70
	CBF-PAC	58.79	39.15	35.89	37.00	36.42	46.73
恢复因数	PAC	67.46	36.33	21.94	28.31	29.77	18.38
	PAC-CBF	153.98	72.18	56.85	56.92	46.80	44.34
	CBF-PAC	120.64	31.05	16.08	15.97	15.70	7.51

由表 3-24 可知，随 PAC 投加量的增加，三种混凝剂的絮体强度因数基本上呈现先增大后减小的趋势。低投加量下，电中和作用为主要混凝机理，胶体通过静电作用牢固地结合聚集在一起，故絮体强度较大。随着投加量的增大，网捕卷扫作用增强，但同时胶体间的静电斥力作用增强，故絮体强度减弱。投加量继续增大，铝水解聚合物的长链发挥作用，絮体结构密实，强度增大。另外，当 PAC 投加量大于 4.0 mg/L 时，CBF 的投加使絮体强度减弱，尤其是当 CBF 先于 PAC 投加时，絮体强度因数会降低 10%左右。

从表 3-24 还可以看出，三种混凝剂的恢复因数整体上随 PAC 投加量的增加逐渐减小。这是由于在低投加量下，电中和为主要的混凝作用机理，此作用下生成的絮体破碎后易于恢复。随着投加量的增大，卷扫网捕作用出现，此作用机理下生成的絮体恢复能力较差。另外，PAC 先于 CBF 投加可显著提高絮体的恢复因数，而变换投加顺序后絮体的恢复因数则显著下降。这可能是投加顺序导致混凝作用机理不同的缘故。当 PAC-CBF 被用作混凝剂时，颗粒在先投加的 PAC 的强吸附电中和作用下脱稳聚集成微絮体，然后在后投加的 CBF 的吸附架桥作用下聚集长大。絮体在高剪切力下破碎，与此同时微生物絮凝剂的长链也可能断裂，吸附在颗粒表面的生物高分子可重新排列。新出现的吸附位点可将破碎的絮体重新吸附聚集，因而 PAC-CBF 絮体的恢复能力较强。当 CBF-PAC 被用作混凝剂时，PAC 与水样中的胶体及 CBF 同时作用，胶体与混凝剂间的结合方式更为复杂。虽然其作用方式目前尚不清楚，但可以肯定的是 CBF 先于 AS 投加会导致絮体松散易破碎，并且破碎后难以恢复。

4）投加量对絮体分形维数的影响

利用小角激光散射法对不同投加量下各混凝剂在稳定阶段、破碎阶段及再稳阶段的絮体的分形维数进行了测定，考察了投加量及混凝过程对絮体分形维数的影响，结果如图 3-79 所示。

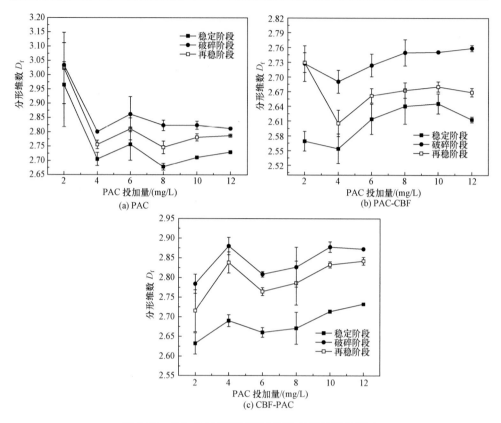

图 3-79　投加量对混凝过程中絮体分形维数的影响

由图 3-79 可知，PAC 单独投加时，投加量为 2 mg/L 时，稳定阶段的絮体分形维数最大；在投加量为 4~12 mg/L 范围内，絮体分形维数较小且变化幅度很小。Tan 等发现电中和作用下生成的絮体结构较为密实，因此，低 PAC 投加量下的絮体分形维数较大。PAC-CBF 及 CBF-PAC 的絮体分形维数总体上随 PAC 投加量的增加逐渐增大。与 PAC 相比，PAC-CBF 的絮体分形维数明显减小，表明其絮体结构较为松散。这可能是由于水中胶体在先投加的 PAC 的作用下失稳形成微絮体，然后在 CBF 的长链吸附桥联作用下聚集增长，因微絮体间带有同种电荷，彼此间的静电排斥较大，故形成的絮体结构松散。

从图 3-79 还可以看出，破碎后三种混凝剂生成的絮体的分形维数均增大，这与 Spicer 等研究的结果一致。另外，再稳阶段的絮体分形维数也大于稳定阶段的絮体分形维数，表明絮体破碎再生后结构变得更为密实。这可能是由于破碎后的絮体在恢复过程中发生了絮体结构的自身调整和重新排列。

2. 不同 pH 下的絮体特性研究

1）pH 对絮体生长破碎再生过程的影响

固定 PAC 与 CBF 的投加量分别为 10.0 mg/L 和 2.0 mg/L，调节原水 pH 为 4、5、6、7、8 和 9，进行絮体破碎再生实验，用 Mastersizer 2000 实时监测对地表水的混凝过程中絮体变化情况如图 3-80 所示。

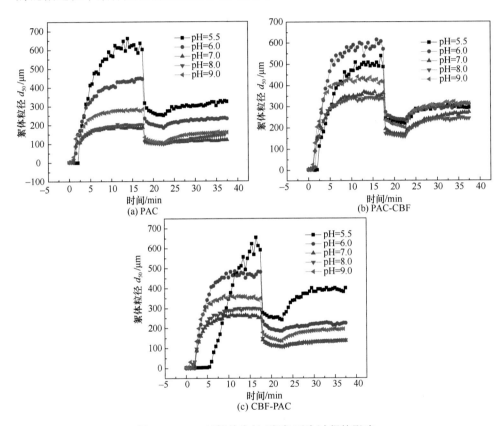

图 3-80　pH 对絮体生长-破碎-再生过程的影响

从图 3-80 中可以看出，酸性 pH 下生成的絮体粒径较大；中性条件下生成的絮体粒径最小。破碎后的絮体开始重新聚集生长，但其粒径难以恢复到破碎前的水平。CBF 与 AS 复配投加可增大絮体粒径。

为更深入细致地分析比较三种混凝剂在不同 pH 下生成的絮体的物理学特性，选取了如下参数（包括絮体生长速度、絮体粒径、分形维数、絮体强度因数及恢复因数）进行分析。

2）pH 对絮体形成过程的影响

选取絮体生长速度及稳定阶段的粒径两个参数处理地表水的絮体形成过程进行描述，不同 pH 下的絮体生长速度及絮体粒径结果如图 3-81 所示。

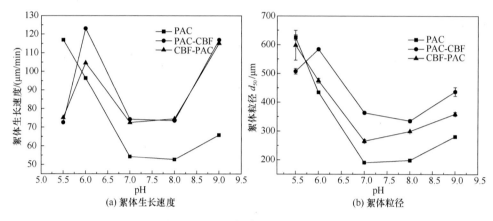

图 3-81　pH 对絮体形成过程的影响

图 3-81（a）为 PAC 单独投加时絮体生长速度随 pH 的变化趋势。随着 pH 的增大，絮体生长速度呈现出先减小后增大的趋势，pH 为 7～8 时，絮体生长最慢。当 pH 为 5.5 时，CBF 与 PAC 复配后的絮体生长速度减小；当 pH 在 6～9 时，PAC 与 CBF 复配投加后的絮体生长速度明显增大，但其随 pH 的变化趋势与 PAC 单独投加时的一致。

图 3-81（b）为 PAC 的絮体粒径随 pH 的变化趋势。随着 pH 的升高，PAC 的絮体粒径呈现出先减小后增大的趋势，pH 为 7～8 时，絮体粒径最小。这可能是由于低 pH 条件下有机物的电荷密度较低，疏水性较强，溶解度较低，从而可相对容易地吸附到大量存在的高电荷多核络合物上发生共沉淀，形成的絮体粒径较大。pH 升高到 9 时，絮体粒径增大，可能是由于此时脱稳胶体表面的 ζ 电位降低，彼此间的静电排斥力减弱，有助于絮体聚集增长，因而絮体粒径增大。从图中还可以看出，PAC-CBF 及 CBF-PAC 的絮体粒径随投加量的变化趋势与 PAC 的大体一致。另外，当 pH 大于 6 时，相较于 PAC 单独投加，CBF 与 PAC 复配投加可增大絮体粒径，尤其是当 PAC 先于 CBF 投加时，絮体粒径可增大 200 μm。这表明在复配混凝过程中，CBF 可增大絮体粒径，这主要归功于其长链的吸附架桥作用。

3）pH 对絮体强度及恢复性能的影响

对混凝慢搅过程中生成的絮体施以高剪切力（200 r/min），使其破碎 5 min，然后将转速减至 40 r/min，继续搅拌 15 min 使絮体恢复。不同 pH 下处理地表水生成的絮体的强度因数及恢复因数，结果见表 3-25。

表 3-25　不同 pH 下的絮体强度因数和恢复因数

混凝剂		pH				
		5.5	6.0	7.0	8.0	9.0
强度因数	PAC	39.65	42.17	54.14	52.11	38.86
	PAC-CBF	45.93	38.13	45.67	47.08	47.70
	CBF-PAC	44.62	39.61	42.36	37.61	38.06
恢复因数	PAC	17.83	20.59	21.74	37.90	29.52
	PAC-CBF	24.56	20.52	49.75	44.42	47.59
	CBF-PAC	41.55	11.82	15.09	14.48	23.58

由表 3-25 可知，PAC 的强度因数随 pH 先增大后减小，在 pH 为 7～8 时，絮体强度因数最大，与粒径的变化趋势恰好相反。通常絮体越小，其结构越密实，抗破碎能力越强。PAC-CBF 的絮体强度因数在 pH 为 6 时最小，而此时絮体粒径最大。CBF-PAC 的絮体强度因数在所研究的 pH 范围内变化很小。另外，pH 在 6～8 时，CBF 的投加使絮体强度减弱，尤其是当 CBF 先于 PAC 投加时，絮体强度因数会降低 12%左右。

从表 3-25 中还可以看出，PAC 的絮体恢复因数随 pH 的升高先增大后减小，pH 为 8 时的絮体恢复因数最大；PAC-CBF 的絮体恢复因数在酸性条件下较低，pH 大于 7 时，其絮体恢复因数升高且均在 44%以上；CBF-PAC 的絮体恢复因数在 pH 为 5.5 时最大，pH 在 6～9 时普遍较小，均在 24%以下。另外，PAC 先于CBF 投加可显著提高絮体的恢复因数，而变换投加顺序后絮体的恢复因数则显著下降。

4）pH 对絮体分形维数的影响

利用小角激光散射法对不同 pH 下各混凝剂在稳定阶段，破碎阶段及再稳阶段的絮体的分形维数进行了测定，考察了 pH 及混凝过程对絮体分形维数的影响，结果如图 3-82 所示。

由图 3-82 可知，随着 pH 的升高，PAC 稳定阶段的絮体分形维数先增大后缓慢减小，pH 为 7 时的分形维数最大；PAC-CBF 稳定阶段的絮体分形维数先减小后增大，pH 为 6 时的分形维数最小；CBF-PAC 稳定阶段的絮体分形维数先增大，在 pH 为 6～9 时变化很小。与 PAC 相比，PAC-CBF 的絮体分形维数较小，表明其絮体结构较为松散。这可能是由于水中胶体在先投加的 PAC 的作用下失稳形成微絮体，然后在 CBF 的长链吸附桥联作用下聚集增长，因微絮体间带有同种电荷，彼此间的静电排斥较大，故形成的絮体结构松散。

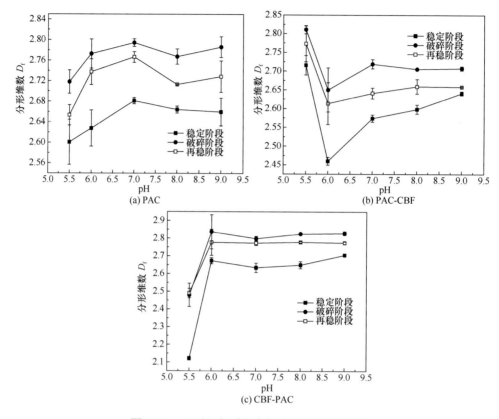

图 3-82   pH 对混凝过程中絮体分形维数的影响

破碎后三种混凝剂生成的絮体的分形维数均增大，这与 Spicer 等研究结果一致。另外，再稳阶段的絮体分形维数也大于稳定阶段的絮体分形维数，表明絮体破碎再生后结构变得更为密实。这可能是由于破碎后的絮体在恢复过程中发生了絮体结构的自身调整和重新排列。

3.4.4   CBF 与铝盐复配处理分散黄模拟水样的絮体特性研究

1. 不同投加量下的絮体特性研究

1）投加量对絮体形成过程的影响

采用絮体生长速度及稳定阶段的絮体粒径来描述絮体的形成过程。通过 PDA2000 在线监测对分散黄模拟水样的混凝过程中的絮体粒径变化情况，不同投加量对絮体生长速度的影响结果如图 3-83 所示。

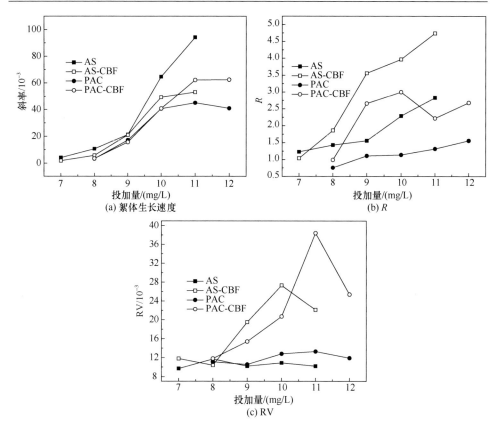

图 3-83　投加量对絮体生长速度的影响

由图 3-83（a）可知，随着 Al 投加量的增加，四种混凝剂的絮体生长速度均呈现逐渐增大的趋势。这是由于铝盐投加量的增加会使更多的胶体脱稳，水样中的颗粒浓度变大，有效碰撞增多，导致絮体的生成增长速度加快。

由图 3-83（b）可知，除 PAC-CBF 外，其余三种混凝的絮体粒径均随 Al 投加量的增大而逐渐增大。PAC-CBF 的絮体粒径在 Al 投加量大于 10 mg/L 时稍有下降。总体来讲，在同一 Al 投加量下，AS 及 AS-CBF 的絮体粒径要分别大于 PAC 及 PAC-CBF 的。这与其他学者的研究结果相符，Wang 等发现 AS 比 PAC 生成的絮体粒径更大且抗剪切能力更强。另外，从图中可以看出，CBF 与铝盐复配投加可显著提高絮体粒径，这主要归功于 CBF 的吸附架桥作用。

一般 RV 值越大表明絮体粒径波动越大。由图 3-83（c）可知，随着 Al 投加量的增大，四种混凝剂的 RV 值呈现先增大后减小的趋势。并且 CBF 与铝盐复配使用后，RV 值明显增大，表明絮体差异性变大。

2）投加量对絮体沉降性能的影响

分析处理分散黄模拟水样的不同混凝体系的絮体沉降性能，结果如图 3-84 所示。

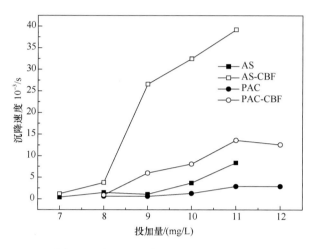

图 3-84　投加量对絮体沉降速度的影响

图 3-84 为四种混凝剂的絮体沉降速度均随 Al 投加量改变的变化趋势。CBF 与铝盐复配使用后，絮体沉降显著加快。另外，从图中还可以看出，在同一 Al 投加量下，AS 及 AS-CBF 的絮体沉降速度要分别大于 PAC 及 PAC-CBF 的。总体来讲，在同一 Al 投加量下，AS 及 AS-CBF 的絮体沉降速度要分别大于 PAC 及 PAC-CBF 的。结合图 3-83（b）分析可知，絮体粒径越大，其沉降速度越大，这与其他学者的研究结论相符。

3）投加量对絮体强度及恢复性能的影响

对混凝慢搅过程中生成的絮体施以高剪切力（200 r/min），使其破碎 5 min，然后将转速减至 40 r/min，继续搅拌 12 min 使絮体恢复，不同投加量下处理分散黄模拟水样的絮体强度因数及恢复因数，结果见表 3-26。

表 3-26　不同投加量下的絮体强度因数和恢复因数

混凝剂		Al 投加量/（mg/L）					
		7.0	8.0	9.0	10.0	11.0	12.0
强度因数	AS	22.12	29.55	32.92	40.44	37.98	—
	AS-CBF	23.00	25.00	60.49	67.28	59.55	—
	PAC	—	25.71	43.27	38.70	40.04	48.30
	PAC-CBF	—	28.81	39.01	55.84	121.41	98.62

续表

混凝剂		Al 投加量/（mg/L）					
		7.0	8.0	9.0	10.0	11.0	12.0
恢复因数	AS	51.14	44.09	41.67	26.87	26.97	—
	AS-CBF	81.00	76.98	94.62	23.20	58.33	—
	PAC	—	46.15	32.27	33.30	37.16	26.32
	PAC-CBF	—	54.76	87.57	88.58	81.03	1690.53

　　由表 3-26 可知，Al 投加量越大，絮体的强度因数越大，絮体的抗剪切能力越强。并且在高 Al 投加量下，CBF 与铝盐复配使用后，絮体的强度因数明显增大，表明投加 CBF 有助于提高絮体强度。

　　从表 3-26 还可以看出，铝盐单独投加时，絮体的恢复因数随投加量的增加而减小；与 CBF 复配投加时，絮体的恢复因数显著增大，表明絮体的恢复能力得到极大提高。

　　2. 不同 pH 下的絮体特性研究

　　1）pH 对絮体形成过程的影响
　　研究不同 pH 下处理分散黄模拟水样的絮体生长速度的差异，pH 对絮体生长速度的影响，结果如图 3-85 所示。

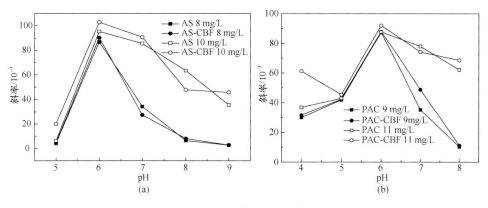

图 3-85　pH 对絮体生长速度的影响

　　由图 3-85 可以看出，随着 pH 的增大，四种混凝剂的絮体生长速度均呈现出先增大后减小的趋势，pH 为 6 时，絮体生长最快。Letterman 等研究发现网捕卷扫作用下的絮体生长较快。在低 pH 下，混凝机理以电中和作用为主，絮体生成增长缓慢；pH 为 6 时，吸附电中和作用较强并且同时存在网捕卷扫，颗粒脱稳容易，絮体生长速度快；pH 继续增大，吸附电中和及网捕卷扫作用均减弱，颗粒脱稳困难，絮体生成增长速度减缓。pH 大于 6 时，增大铝盐投加量可使絮体生长明显加快。这是由于铝盐投加量加大会导致更多的分散黄颗粒脱稳聚集，水样中的颗粒浓度变大，有效碰撞增多，因而絮体生长加快。而在所研究的 pH 范围内，CBF 和铝盐复配投加与铝盐单独投加相比，絮体生长速度无明显变化。

为分析比较不同 pH 条件下各混凝剂的絮体在稳定阶段的粒径大小及波动情况，结果分别如图 3-86 和图 3-87 所示。

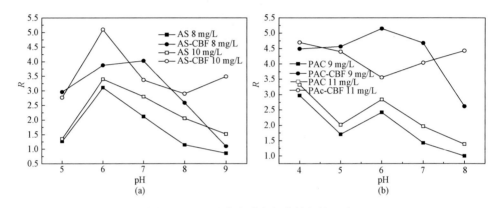

图 3-86　pH 对稳定阶段絮体粒径的影响

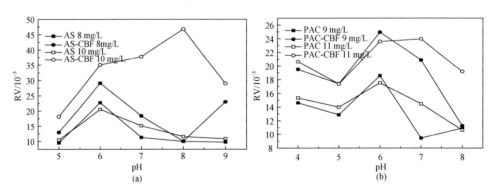

图 3-87　pH 对稳定阶段絮体差异性的影响

图 3-86（a）为 AS 的絮体粒径均随 pH 的变化趋势。AS 的絮体粒径均随 pH 的增大呈现出先增大后减小的趋势，pH 为 6 时生成的絮体最大。增大 AS 投加量，絮体粒径增大。与 CBF 复配后絮体粒径增大，但随 pH 的变化规律未变。从图 3-86（b）可以看出，PAC 单独投加时，pH 为 4 时的絮体粒径最大，pH 大于 6 时，絮体粒径逐渐减小。增大 PAC 投加量，絮体粒径也增大。与 CBF 复配投加后，絮体粒径显著提高，在较宽的 pH 范围内均能取得较大值。

图 3-87（a）为 AS 单独投加时，RV 值随 pH 的变化趋势。随着 pH 的增大，RV 呈现先增大后减小的趋势，并且 pH 为 6 时的 RV 值最大。这说明在偏酸或偏碱性条件下生成的絮体的差异性较小。与 CBF 复配使用后，RV 值增大，尤其是当 AS 投加量较高时，RV 值增大显著。由图 3-87（b）可知，PAC 及 PAC-CBF 均在 pH 为 6 处取得最大 RV 值，之后随着 pH 的增大，RV 值逐渐减小。其与 CBF 复配后，RV 值也增大。

上述结果表明，四种混凝剂在 pH 为 6 处，絮体粒径较大，但同时絮体差异性也较大。CBF 与铝盐复配投加可显著提高絮体粒径，但同时使生成的絮体的差异性增大。

2）pH 对絮体沉降性能的影响

为考察不同混凝体系中处理分散黄模拟水样的絮体沉降性能，结果如图 3-88 所示。

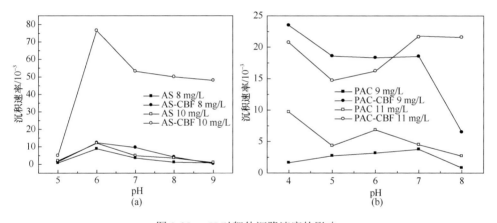

图 3-88　pH 对絮体沉降速度的影响

随着 pH 的增大，AS 及 AS-CBF 的絮体沉降速度均呈现出先增大后减小的趋势，在 pH 为 6 处取得最大值。与 CBF 复配投加后絮体沉降加快，尤其当 AS 投加量较高时，絮体沉降速度明显增大。上述规律如图 3-88（a）所示。

PAC 及 PAC-CBF 在酸性及中性条件下，絮体沉降速度较大；pH 大于 7 时，絮体沉降变慢，脱色率较差。与 CBF 复配使用后，絮体的沉降速度显著增大，而且在所研究的 pH 的范围内均较大。上述规律如图 3-88（b）所示。

3）pH 对絮体强度及恢复性能的影响

对混凝慢搅过程中生成的絮体施以高剪切力（200 r/min），使其破碎 5 min，然后将转速减至 40 r/min，继续搅拌 12 min 使絮体恢复，不同 pH 下生成对分散黄模拟水样的絮体的强度因数及恢复因数结果见表 3-27。

表 3-27　不同 pH 下的絮体强度因数和恢复因数

混凝剂		pH					
		4.0	5.0	6.0	7.0	8.0	9.0
强度因数	AS 8 mg/L	—	24.41	51.45	35.85	26.96	19.77
	AS-CBF 8 mg/L	—	31.76	75.77	56.82	30.12	19.09
	AS 10 mg/L	—	22.06	57.06	43.57	37.38	38.82
	AS-CBF 10 mg/L	—	34.66	52.35	86.65	80.69	89.25
恢复因数	AS 8 mg/L	—	60.42	33.11	32.35	48.81	62.32
	AS-CBF 8 mg/L	—	103.47	104.26	114.37	81.22	75.28
	AS 10 mg/L	—	53.77	23.97	22.78	31.78	43.01
	AS-CBF 10 mg/L	—	50.83	5.35	60.00	64.52	106.67
强度因数	PAC 9 mg/L	23.57	28.65	42.56	38.46	32.00	—
	PAC-CBF 9 mg/L	33.41	28.23	48.93	57.26	30.15	—
	PAC 11 mg/L	28.92	23.27	39.08	40.10	40.29	—
	PAC-CBF 11 mg/L	41.06	26.14	51.12	73.51	62.75	
恢复因数	PAC 9 mg/L	22.03	31.15	10.07	27.27	39.71	—
	PAC-CBF 9 mg/L	58.53	29.27	35.74	96.00	82.51	—
	PAC 11 mg/L	17.37	24.52	8.09	16.10	27.71	—
	PAC-CBF 11 mg/L	85.56	21.23	37.93	118.69	87.88	—

由表 3-27 可知，AS 及 AS-CBF 的强度因数均随 pH 先增大后减小，pH 为 6 时取得最大值。这表明在 pH 为 6 的条件下生成的絮体强度最大。从表中可见，相同 pH 条件下，高 AS 投加量下的絮体强度因数较大，说明增加铝盐投加量可提高絮体强度。另外，CBF 与 AS 复配投加后，絮体强度因数增大，表明 CBF 可提高絮体强度。

由表 3-27 可以看出，随着 pH 的增大，AS 及 AS-CBF（AS-CBF 8 mg/L 除外）的絮体恢复因子均呈现出先减小后增大的趋势，pH 为 6 时的恢复因数最小，絮体的恢复能力最差。当 AS 投加量为 8 mg/L 时，投加 CBF 与其复配后絮体恢复因数显著增大，表明絮体强度得到极大提高。当 AS 投加量增大到 10 mg/L 时，投加 CBF 与其复配后，絮体恢复因数在碱性 pH 下显著增大，在酸性条件下反而减小。

由表 3-27 可知，PAC 投加量为 9 mg/L 时，PAC 及 PAC-CBF 的絮体强度因数随 pH 先增大后减小。PAC 及 PAC-CBF 在 pH 为 6~7 时，CBF 与 PAC 复配使用后，强度因数显著增大。PAC 投加量为 11 mg/L 时，PAC 的絮体强度因数随 pH 逐渐增大，表明 PAC 在高 pH 下生成的絮体强度较大；PAC-CBF 的絮体强度因数在 pH 为 5 时最小，之后随 pH 增大而增大。

从表中还可以看出，PAC 单独投加时的絮体恢复因数在 pH 为 6 时最小，表明 PAC 在此 pH 条件下生成的絮体再生能力最弱；与 CBF 复配投加后，絮体恢复因数显著增大，表明 CBF 可显著提高絮体破碎后的恢复能力。

3.4.5　复合生物絮凝剂 CBF-1 与 PAC 复配絮凝高岭土模拟废水的絮体特性研究

采用华南理工大学胡勇有教授课题组复合生物絮凝剂 CBF-1 与 PAC 进行复配絮凝，考察絮体特性。CBF-1 的成分包括微生物絮凝剂 MBF8 组分、羧甲基改性植物胶粉 CG-A 溶解物组分及不溶解物组分。为了研究这三个组分对 CBF-1 复配 PAC 絮凝所起的作用。采取成分逐步敲除的研究方法，分别考察 CBF-1、CBF-1（soluble）（去除 CG-A 不溶解物）、MBF8（去除 CG-A 溶解物及不溶解物）在复配絮凝中絮体的特点。

为了更直观地了解生物絮凝剂 CBF-1、CBF-1（soluble）及 MBF8 分别与 PAC 复配絮凝时絮凝剂与高岭土颗粒的结合方式，用光学显微镜与扫描电镜拍照分别观察絮体整体形态及表面局部放大形态。对于 pH=8.0、离子强度 3.0 mmol/L、原水余浊 110 NTU 的高岭土悬浊液，1.0 mg/L 生物絮凝剂与 3.0 mg/L 与 PAC 复配絮凝，得到图 3-89 的絮体形态照片。

通过图片的絮体形态对比可以看出絮体大小的排序如下：PAC+CBF-1 ＞ PAC+CBF-1（soluble）＞ PAC+MBF8 ＞ PAC。并且可以看出，PAC 及 PAC+MBF8 的絮体比较细小且表面密实；而 PAC+CBF-1（soluble）及 PAC+CBF-1 的絮体则较大，表面粗糙且缝隙较大，该絮体形态更有利于絮体沉降分离。形成这些絮体形态差异的原因在于絮凝剂作用过程的差异。

对于 PAC 絮凝，一方面，PAC 中的羟基聚合物 Al13 能迅速吸附在黏土颗粒界面上，并相互聚集成为链状物进行电中和及架桥作用，同时逐步转化为氢氧化铝凝胶沉淀物以进一步发挥黏聚作用；另一方面，在高岭土颗粒上沉积的 PAC 羟基聚合物使得高岭土颗粒上形成局部异电区域，且在 PAC 羟基聚合物用量达高岭土颗粒整体电荷转正时，高岭土局部异电形态最佳，有利于高岭土颗粒剂通过局部电中和过程实现絮凝。但由于 PAC 中的无机羟基聚合物的相对分子质量及尺度远低于有机高分子，且它们为持续发生水解的介稳中间产物，所以 PAC 的架桥黏结作用并不等同于有机高分子的吸附架桥作用，并最终形成细小但相对密实的絮体。

对于 PAC+MBF8 絮凝，结合红外光谱结果可以知道，MBF8 带有—OH、—NH$_2$、—PO$_4$ 及酮糖的羰基（—RCOR′—）等基团。其中，—OH 与—NH$_2$ 能通过氢键与高岭土上的 H$^+$ 结合；—PO$_4$ 可解离成带负电荷的—PO$_4^{3-}$ 并通过范德华力与 PAC 中的正电荷羟基聚合物结合；负电性的多糖分子也可以通过电位隧道作用与高岭土颗粒结合。并且 MBF8 为平均相对分子质量达 4.12×10^5 的高分子酸性

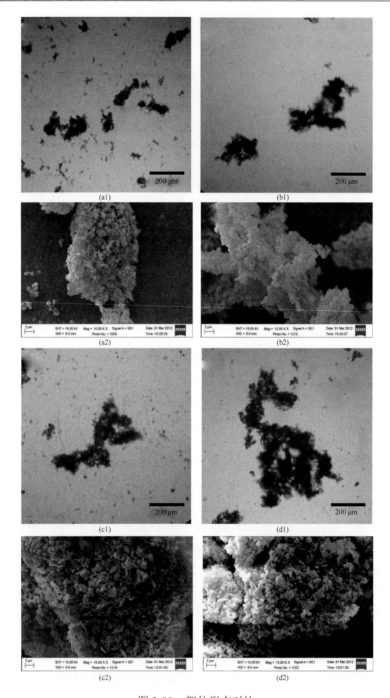

图 3-89　絮体形态对比

（a1）、（a2）：单独投加 PAC；（b1）、（b2）：PAC+MBF8；（c1）、（c2）：PAC+CBF-1（soluble）；（d1）、（d2）：PAC+CBF-1

多糖，从而伴随着其活性基团与高岭土及 PAC 的结合实现吸附桥联，使得 PAC 絮凝时产生的小絮体进一步成长为大絮体。

对于 PAC+CBF-1（soluble）絮凝，主要通过 CBF-1（soluble）中的 MBF8-CG-A 溶解物重组高分子的桥联作用。与 MBF8 的絮凝作用类似，CBF-1（soluble）中的—NH$_2$、—OH 与—CONH$_2$ 能以氢键与高岭土结合；—OH 还可以与 PAC 中的羟基聚合物的不饱和—OH 基进行配位和互补的吸附结合；—PO$_4$ 与—COOH 的解离产物—PO$_4^{3-}$ 及—COO—能通过范德华力与结合 PAC 中的羟基聚合物；负电性的多聚物也可以通过电位隧道作用与高岭土颗粒结合。并且通过这些分布在多聚物分子链上的基团间排斥力，使多聚物分子链在水中刚性伸展开，有利于桥联作用的发挥。所以综合来说，MBF8-CG-A 溶解物重组高分子能发挥更高效的吸附桥联作用，可以使小絮体更好地通过吸附桥联作用变得更大，形态更复杂。

对于 PAC+CBF-1 絮凝，则在 PAC+CBF-1（soluble）絮凝的基础上，增加了不溶物的吸附架桥作用。可以知道，CBF-1 中的不溶物体积大（纵向半径达 10 μm 以上）且具有巨大的比表面积，因此，可以作为吸附核连接已经形成的大絮体，促进絮体的进一步变大。

3.4.6　微生物絮凝剂 MBF8、改性壳聚糖 CAD 与 PAC 复配絮凝高岭土模拟废水的絮体特性研究

采用华南理工大学胡勇有教授课题组微生物絮凝剂 MBF8、改性壳聚糖 CAD 与 PAC 进行复配絮凝，考察絮体特性。在 pH 为 8.0、离子强度 3.0 mmol/L 条件下，PAC（3.0 mg/L）与 1.0 mg/L 的 MBF8、MBF8+CAD（复配比为 5：3）复配絮凝的絮体形态如图 3-90 和图 3-91 所示。

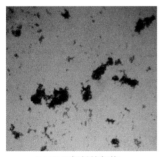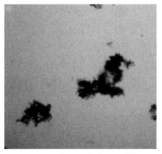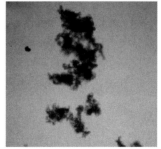

(a) PAC 絮凝的絮体　　　　(b) PAC+MBF8 絮凝的絮体　　　　(c) PAC+MBF8+CAD 絮凝的絮体

图 3-90　光学显微镜下的絮体形态对比

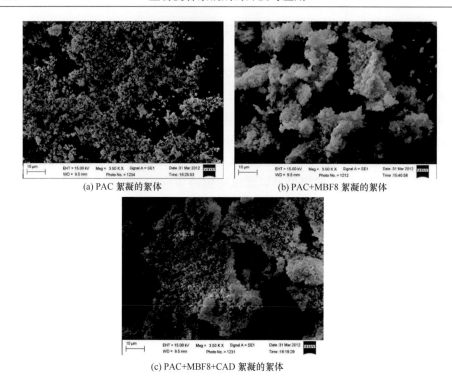

(a) PAC 絮凝的絮体　　(b) PAC+MBF8 絮凝的絮体

(c) PAC+MBF8+CAD 絮凝的絮体

图 3-91　絮体 SEM 照片对比

从图 3-91 中絮体 SEM 图片可以看出，不同复配絮凝所形成的絮体差异显著，絮体大小排序为 PAC+MBF8+CAD＞PAC+MBF8＞PAC。由于 PAC 的水解亚稳中间物相对分子质量及尺度远低于有机高分子，所以 PAC 的架桥作用远不如有机高分子（汤鸿霄，1998），PAC 混凝的絮体远不及复配絮凝时大。在复配体系中，PAC 的羟基聚合物作为高岭土颗粒与 MBF8、CAD 结合的介质，MBF8、CAD 通过吸附电中和及桥联作用使得初级絮体进一步成长为更大的絮体。从形态上看，絮体密实程度排序为 PAC+MBF8+CAD＞PAC+MBF8＞PAC。MBF8 的电荷性较强但相对分子质量较小，絮凝过程中电荷中和作用强于桥联作用，絮体较小但较密实。而大分子的 CAD 不仅桥联作用强，而且也具有良好的电荷中和作用，故 PAC+MBF8+CAD 形成的絮体大而密实。

3.4.7　生物复合絮凝剂的絮凝机理探讨

1. PACICBF 絮凝机理

1）絮体 ζ 点位

絮体 ζ 电位随投加量变化情况如图 3-92 所示，ζ 电位随着絮凝剂投加量的增加而增加。当絮凝剂投加量为 1.3～3.9 mg/L 时，PAClCBF 对胶体表面电荷的作用最大。当 PAClCBF 的投加量达到 6.5 mg/L 时，ξ 电位发生逆转，为 0.5 mV。在生物絮凝剂中加入聚铝可以明显增加复合铝基生物絮凝剂的电性中和能力。高岭土颗粒可以通过电性中和作用脱稳。另外，当絮凝剂投加量为 5.2～6.5 mg/L 时，PACl-CBF 对胶体表面电荷的效果最弱，而 CBF-PACl 的效果最强。

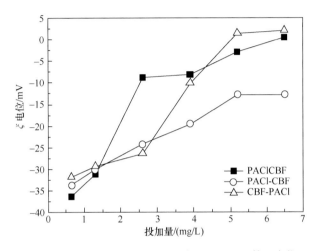

图 3-92　PAClCBF、PACl-CBF 和 CBF-PACl 的 ξ 电位

2）絮体特征

絮体的形成、破碎和恢复具有很大的现实意义。絮凝过程中絮体尺寸的变化如图 3-93 所示。当投加絮凝剂后，絮体快速生长并迅速形成。在破碎阶段，絮体颗粒尺寸明显下降。当重新进行慢搅后，絮体重新恢复，生长并达到一个新的稳定阶段。

絮体的属性如絮体尺寸、生长速率、强度系数、恢复系数和分形维数见表 3-28。由于铝的水解产物同时与高岭土颗粒和生物絮凝剂作用，CBF-PACl 具有最低的强度系数。当使用复合铝基生物絮凝剂时，生物絮凝剂和铝的水解产物生成复合物种。如此高岭土颗粒和复合物种之间的作用关系可能会更加复杂。然而不同絮体的分形维数 D_f 之间的区别很小。这说明复合铝基生物絮凝剂和复配絮凝剂形成的絮体在结构上并没有明显区别。跟复配絮凝剂相比，复合铝基生物絮凝剂具有更高的生长速率、絮体强度和恢复系数。所有絮凝剂的絮体恢复系数很低，而卷扫絮体通常在破碎后难以恢复，说明在该絮凝条件下絮凝卷扫发挥重要作用。

如前所述，一般生物絮凝的作用机理是架桥和电性中和。生物聚合物的相对分子质量和功能基团是影响其絮凝效率的重要因素，特别是当架桥为主的絮凝过程。通常具有絮凝活性的生物聚合物的相对分子质量大于 10^2 kDa。一般，相对分子质量越大，架桥过程包含的吸附点位越多。因而絮凝效率更高，絮体更大。

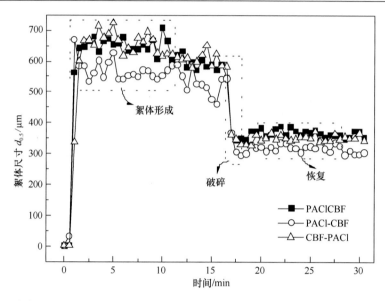

图 3-93 PAClCBF、PACl-CBF 和 CBF-PACl 的絮体形成、破碎与恢复

表 3-28 PAClCBF、PACl-CBF 和 CBF-PACl 的絮体属性

絮凝剂	絮体尺寸/μm	生长速率/（μm/min）	强度系数	恢复系数	分形维数
PAClCBF	627.5	226.2	55.2	7.8	2.44
PACl-CBF	551.6	140.3	54.6	6.5	2.46
CBF-PACl	637.7	217.2	51.9	7.1	2.48

　　而投加阳离子使颗粒表面电荷下降引起絮凝，电势从负变为正、负电性的羧基—COO⁻可与悬浮高岭土颗粒的正电点位发生反应。阳离子引发絮凝作用通过电性中和及稳定羧基剩余电荷，形成架桥将高岭土颗粒连接起来。

　　金属离子刺激絮凝活性通过中和作用，稳定功能基团剩余电荷，在颗粒之间形成架桥。生物絮凝剂使用中一般采用 Ca^{2+} 增加絮凝效果。Ca^{2+} 压缩双电层，降低胶体颗粒的表面电位，但是也能够吸附于带负电的生物絮凝剂官能团上，影响脱稳高岭土和生物絮凝剂的结合，降低吸附架桥对于颗粒的增大作用。特别当 Ca 量较大时，可用 PACl 配合使用解决。无论何种机理，架桥作用最终作用在颗粒吸附到生物絮凝剂的长链上。这些颗粒同时被其他的长链吸附，形成三维絮体，快速沉降。基于这种假设，阳离子的促进絮凝作用主要与阳离子的浓度和价态有关。

　　由之前的结论可知，复合铝基生物絮凝剂的作用机理为电性中和、卷扫絮凝和吸附架桥。无论哪种机理在絮凝过程中发挥主要作用，当高岭土颗粒吸附到复合铝基生物絮凝剂上之后，最终以架桥机理发挥作用。

2. CBF 与 AS 复配混凝机理的探讨

目前普遍认为混凝剂的作用机理主要有压缩双电层机理、吸附电中和机理、吸附架桥机理及卷扫网捕机理。但实际水处理中的混凝过程较为复杂，以上四种作用机理有时可能同时发挥作用，只是在特定情况下以某种作用机理为主。为比较探讨复配混凝剂和单独混凝剂在混凝处理高岭土-腐殖酸模拟水样时的作用机理，进而解释混凝实验中的现象，分别对三种混凝剂在不同投加量及不同 pH 下形成的絮体的 ζ 电位进行测定，结果如图 3-94 和图 3-95 所示。

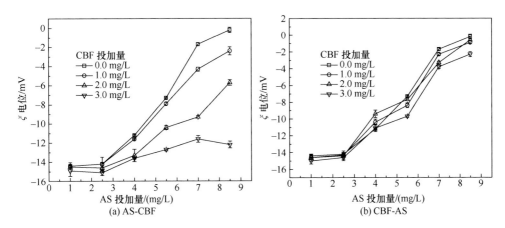

图 3-94　不同投加量下絮体的 ζ 电位

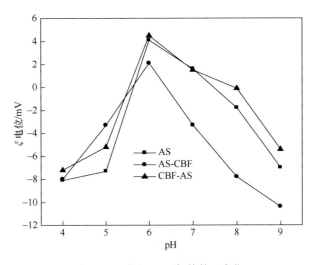

图 3-95　不同 pH 下絮体的 ζ 电位

随着 AS 投加量的增加，三种混凝剂生成的絮体的 ζ 电位均呈现逐渐升高的趋势。AS 的混凝机理研究已久，主要有电中和、吸附架桥及卷扫网捕。AS 单独投加时生成的絮体的 ζ 电位随投加量上升最为明显，在投加量 8.5 mg/L 处达到 -0.2 mV，接近等电点并在此取得最佳混凝效果。这说明在研究的投加量范围内，AS 的主要作用机理为电中和，水中带负电的大分子有机物易于被结合去除。由于水样偏碱性（pH 为 8.32～8.70），在此条件下会有明显的无定形氢氧化铝沉淀生成。因此，混凝机理更倾向于吸附电中和作用。这也使在低投加量下，出水 ζ 电位很低，余浊去除率却很高的现象得以解释。上述规律如图 3-94 所示。

AS-CBF 复配投加时生成的絮体的 ζ 电位，随着 AS 投加量的增大，升高趋势变缓。并且，在相同 AS 投加量下，CBF 投加量越大，生成的絮体的 ζ 电位越低。这是由于 CBF 本身带有较高的负电荷（-34.5 mV），其投加会导致絮体 ζ 电位的降低。投加适量的 CBF 可提高混凝效果，CBF 投加过多反而使混凝效果下降。先投加的 AS 通过其吸附电中和作用可降低胶体表面的 ζ 电位，使胶体间的斥力减弱。这有助于 CBF 发挥其吸附架桥作用，增大絮体粒径，提高絮体沉淀性能，从而提高混凝效果。但过多投加 CBF 反而会使胶体表面的 ζ 电位大大降低，导致胶体间的斥力增强，混凝效果下降，之前的研究者也有类似发现。

CBF 的投加对 CBF-AS 混凝体系中絮体的 ζ 电位随 AS 投加量的变化趋势影响不大，但是其投加仍会使 ζ 电位稍有降低。由于 CBF 与高岭土-腐殖酸颗粒均带负电，因此彼此间的排斥力较强，难以发生絮凝。继续投加 AS 后，混凝发生，并且混凝效果随着 AS 投加量的增加而提高。这说明在 CBF-AS 混凝处理高岭土-腐殖酸水样过程中，AS 发挥了重要作用。同 AS-CBF，投加适量的 CBF、CBF-AS 也可使混凝效果提高。

在相同 pH 下，AS 与 CBF-AS 生成的絮体的 ζ 电位相近；pH 大于 6 时，AS-CBF 生成的絮体的 ζ 电位明显低于 AS 与 CBF-AS 的。随着 pH 的增大，三种混凝剂产生的絮体的 ζ 电位均呈现先增大后减小的趋势，与有机物去除率的变化趋势相同。这说明 ζ 电位随 pH 的变化主要是 AS 作用的结果。pH 对絮体的 ζ 电位和混凝效果的影响与不同 pH 条件下的铝水解形态有关。pH 为 4 时，铝水解形态主要以带正电荷的单体络离子为主，易与颗粒表面所带负电荷发生电中和作用而使胶体颗粒脱稳去除。随着 pH 的继续增大，铝水解程度加深，单体络离子向带有更高电荷的多体络合离子转变，电中和能力也随之增加，因此絮体 ζ 电位增大，在 pH 为 5～6 时为正值。pH 大于 6 时，铝的优势水解形态由带正电荷的络合离子逐渐向无定形氢氧化铝沉淀转变，电中和能力逐渐降低，絮体 ζ 电位变小。此时，吸附电中和及卷扫网捕共同存在作用。pH>8 时，铝水解产物以 $Al(OH)_4^-$ 为主，系统脱稳困难，混凝效果较差。上述规律如图 3-95 所示。

3. CBF 与 PAC 复配处理地表水混凝机理的探讨

为研究 CBF 与 PAC 复配处理地表水时的混凝作用机理，进而解释混凝实验中的现象，分别测定不同混凝条件下形成的絮体的 ζ 电位。不同投加量下各混凝剂生成的絮体的 ζ 电位如图 3-96 所示。

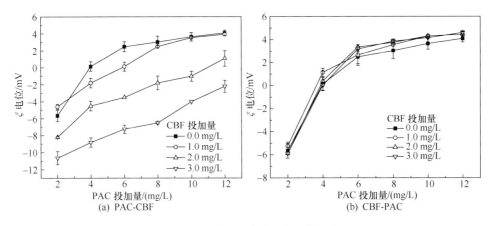

图 3-96　投加量对絮体 ζ 电位的影响

随着 PAC 投加量的增加，三种混凝剂生成的絮体的 ζ 电位均呈现逐渐升高的趋势。随着新型无机高分子混凝剂的不断发展，其混凝机理也在不断的认识之中。PAC 中最佳混凝成分 Al13 含量较高，投加后其聚集体可在一定时间内保持其原有形态并吸附在颗粒物表面，由于其相对分子质量较大而且整体电荷值较高，因而趋向吸附及电中和的能力很强，并使电中和与吸附架桥进行协同作用，从而具有更优异的混凝效能。PAC 单独投加时，絮体的 ζ 电位随投加量上升最为明显，在投加量 4.0 mg/L 处达到等电点，此时剩余余浊最低，吸附电中和为主要混凝机理。随着投加量的继续增加，ζ 电位呈现正值，水中胶体表面电荷出现反转，其间的排斥力增强，胶体在水中重新稳定，从而导致剩余余浊降低。但是随着投加量的增大，有机物去除率仍继续升高，这是因为混凝剂水解形成的缩聚产物的巨大的吸附作用而引发共沉淀的效果。上述规律如图 3-96所示。

PAC-CBF 生成的絮体的 ζ 电位，随着 PAC 投加量的增大，升高趋势变缓。并且，在相同 PAC 投加量下，CBF 投加量越大，生成的絮体的 ζ 电位越低。这是由于 CBF 本身带有较高的负电荷（-34.5 mV），其投加会导致絮体 ζ 电位的降低。CBF-PAC 的絮体 ζ 电位值及变化趋势与 PAC 的相近。CBF 与水样中的污染物质均带负电，因此彼此间的排斥力较强，难以发生絮凝。继续投加 PAC 后，混凝发生，并且混凝效果随着 PAC 投加量的增加而提高。这说明在 CBF-PAC 混凝处理高岭土-腐殖酸水样过程中，PAC 发挥了重要作用，吸附电中和作用是去除有机物的主要机理。另外，投加适量的 CBF 后，有机物去除率提高，说明 CBF 的吸附架桥作用有助于有机物的去除。

不同 pH 条件下，各混凝剂生成的絮体的 ζ 电位如图 3-97 所示。

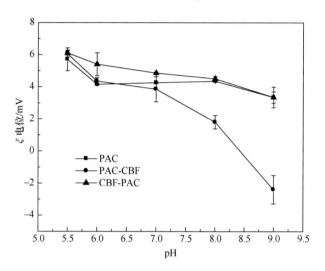

图 3-97　pH 对絮体 ζ 电位的影响

在相同 pH 下，PAC 与 CBF-PAC 生成的絮体的 ζ 电位相近；pH 大于 6 时，PAC-CBF 的 ζ 电位明显低于 PAC 与 CBF-PAC 的。随着 pH 的不断升高，PAC 与 CBF-PAC 的 ζ 电位缓慢减小，而 PAC-CBF 的 ζ 电位明显降低。pH 为 6 时，有机物去除率最佳，这与之前的研究认为铝盐混凝剂在偏酸性条件下对有机物去除率较高相符。这是因为在此条件下，PAC 中的铝水解形态带有较高的正电荷，电性中和作用强烈；并且低 pH 有助于降低有机物的电荷密度，增强有机物的疏水性，降低其溶解度，从而有机物可相对容易地吸附到大量存在的高电荷多核络合物上发生共沉淀，因而有机物去除效果较佳。高 pH 下的出水余浊较低，这是由于此 pH 条件下，PAC 中的铝优势水解形态为带正电的 $Al(OH)_3$ 凝胶沉淀，它对水中胶体主要表现为较强的凝聚吸附和卷扫作用，有助于余浊的去除。其他学者的研究也表明，当混凝体系的 pH 大于 6 时，金属混凝剂主要依靠金属氢氧化物的吸附及卷扫作用去除水体中的有机物，也从一定程度上解释了碱性条件下有机物去除效果降低的原因。

3.5 生物复合絮凝剂实际废水应用数据库建设

生物复合絮凝剂的大规模推广应用,还需要能为用户提供简便的使用参数和絮凝效能等指引。通过收集不同生物复合絮凝剂在各种废水中最佳絮凝参数及絮凝效果,建立应用数据库,能为生物复合絮凝剂的实际应用推广提供参考。

如图 3-98 所示,取自肇庆、东莞、广州、郴州等地企业实际废水样品,样品涵盖制药废水、造纸废水、线路板废水、玻璃制造废水、电镀行业废水、食品废水、酱油废水、毛纺行业废水、染整行业废水、喷涂废水、饮用水水源水、生活污水、选矿废水、垃圾渗滤液、含藻废水、烟草废水等行业废水,基本上包括了大部分门类工业废水及生活污水。

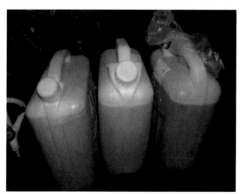

(a) 采集的实际废水   (b) 复合生物絮凝剂处理后待测的出水

图 3-98 复合生物絮凝剂应用数据库建设

利用 PAC+CBF-1、PAC+MBF+CAD 处理实际废水,获得数据库主要资料,同时广泛收集已有生物絮凝剂处理实际废水的文献,建立数据库。确定生物复合絮凝剂的最佳应用条件与技术参数(包括 pH、投加量、水温、搅拌强度等),考察生物复合絮凝剂在水中残留量与使用条件之间的关系;确定生物复合絮凝剂的适用范围,建立水质特点、絮凝条件、净化效果与生物絮凝剂种类选择相对应的数据库,为生物复合絮凝剂在各类水处理中的应用提供依据。具体建立方法如下。

1. 需求分析

用户需求:用户可以使用该系统查询具体某种絮凝剂在废水中的使用。
设想场景:假设数据库中有电镀废水,提供如下信息。

假设查询"某种废水"能用什么方法处理，我们要提供这样的查询途径：

输入"废水种类"—输入"废水 pH、余浊、COD 浓度、色度"—输入"絮凝剂"种类—输出"使用方法"—输出"出水效果"。

2. 软件系统设计

本系统采用了传统的 C/S 架构，使用该架构能够方便地进行数据查询。

开发语言选择：综合考虑，选择了 C#作为开发语言。

开发环境选择：集成 IDE：VS2010。

数据库：MSSQLSERVER2005。

3. 废水数据库设计

如表 3-29 和表 3-30 所示，常见废水的成分分割如下：

表 3-29　废水处理数据示例

项目	内容
废水种类	电镀废水
废水水质	（1）pH 为 6～9； （2）余浊 20～200 NTU； （3）COD 浓度 50～500 mg/L； （4）色度 80～200 倍
絮凝剂种类	烟曲霉菌发酵絮凝剂
使用方法	若 pH 小于 6，则先调节 pH 至 6，若 pH 大于 9，则先调节 pH 至 9，pH 为 6～9 不需调节，搅拌程序为：先快搅拌（150 r/min）30 s，加入 PAC［投加量以 Al_2O_3（mg/L）计］，搅拌 30 s 后加入 MBF8，搅拌 30 s 后加入 CAD，继续搅拌 30 s 进入慢搅拌。慢搅拌（50 r/min）15 min 后静置沉淀 10 min，出水
出水效果	COD 浓度 10～50 mg/L，余浊 45 NTU 以下，色度 20 倍以下

表 3-30　数据库查询方式与结果示例

项目	内容
输入	输入"电镀废水"— pH 5、余浊 50 NTU、COD 浓度 200 mg/L、色度 100 倍—烟曲霉菌发酵絮凝剂
输出	先调节 pH 至 6，快搅拌（150 r/min）30 s，加入 PAC［投加量以 Al_2O_3（mg/L）计］，搅拌 30 s 后加入 MBF8，搅拌 30 s 后加入 CAD，继续搅拌 30 s 进入慢搅拌。慢搅拌（50 r/min）15 min 后静置沉淀 10 min，出水 COD 浓度 10～50 mg/L，余浊 45 NTU 以下，色度 20 倍以下

编号，废水种类，pH，余浊，COD 浓度，色度，絮凝剂种类，如何使用，出水效果

由此可知，废水数据表中包含的数据如下：

废水表（编号，废水名称，pH 下限，pH 上限，COD 浓度下限，COD 浓度上限，色度下限，色度上限，絮凝剂类型，如何使用，出水效果）

waste_water（ID，w_name，ph_min，ph_max，cod_min，cod_max，turd_min，turd_max，color_min，color_max，floc_name，directions，result）（表 3-31）

数据库设计如下：

数据库名：w_water

表名：waste_water

表 3-31　废水处理数据示例

序号	列名	数据类型	长度	小数位	标识	主键	允许空	默认值	说明
1	id	int	4	0	是	是	否	无	编号
2	w_name	nvarchar	50	0	否	否	否	无	废水名称
3	ph_min	int	4	0	否	否	否	无	pH 下限
4	ph_max	int	4	0	否	否	否	无	pH 上限
5	cod_min	int	4	0	否	否	否	无	COD 值下限
6	cod_max	int	4	0	否	否	否	无	COD 值上限
7	turd_min	int	4	0	否	否	否	无	余浊下限
8	tur_max	int	4	0	否	否	否	无	余浊上限
9	color_min	int	4	0	否	否	否	无	色度下限
10	color_max	int	4	0	否	否	否	无	色度上限
11	floc_name	nvarchar	50	0	否	否	否	无	絮凝剂名称
12	directions	nvarchar	200	0	否	否	否	无	使用方法
13	result	nvarchar	50	0	否	否	否	无	出水效果

实体结构如图 3-99 所示。

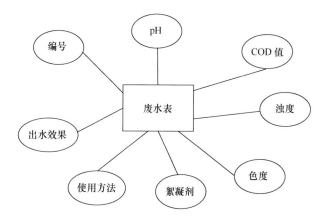

图 3-99　废水处理数据实体结构图

更改后的数据库关系图如下：

废水_菌种表（编号，菌种类型，废水类型，废水特性，处理程序，处理效果）
waster_water（id，floc_name，w_name，properties，direction，result）（表 3-32）

表名：waste_water1117

表 3-32　废水处理数据示例

序号	列名	数据类型	长度	小数位	标识	主键	允许空	默认值	说明
1	id	int	4	0	是		否		
2	floc_name	varchar	200	0			否		
3	w_name	varchar	200	0			否		
4	properties	varchar	500	0			是		
5	directions	varchar	500	0			否		
6	result	varchar	500	0			否		

4. 测试用例

主界面拥有菜单栏，"系统"菜单和数据"数据维护"菜单，如图 3-100 所示。

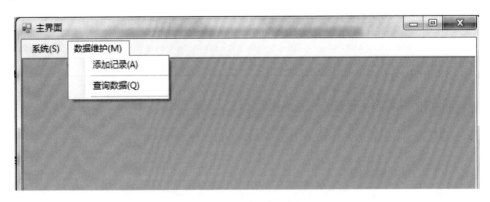

图 3-100　系统主界面

查询系统主界面如图 3-101 所示，在废水种类和絮凝剂上有下拉框供选择，其余的 pH、COD，用户可以自行输入，点击"查找"按钮进行查询操作。

查询结果如图 3-102 所示。

在主界面的下边也同时出现可供点击的列表，如图 3-103 所示，如出现多种相同查询结果，用户可自行选择使用哪种方法。

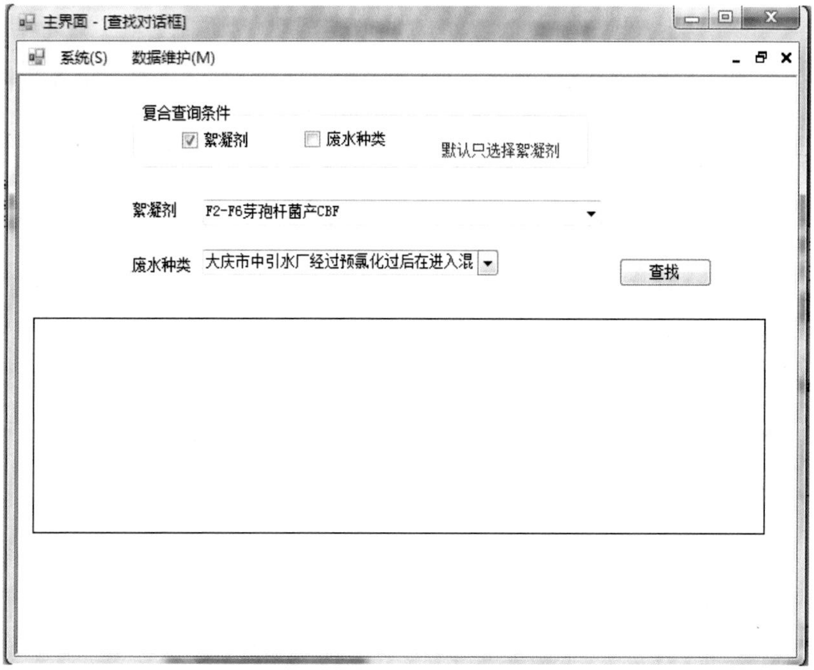

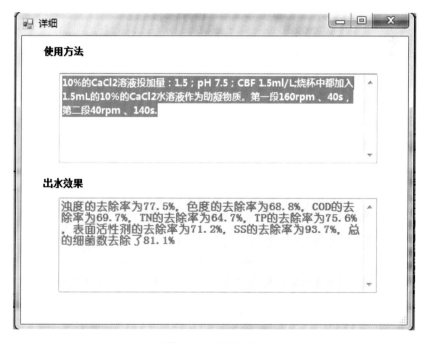

图 3-101　查询主界面

图 3-102　查询结果

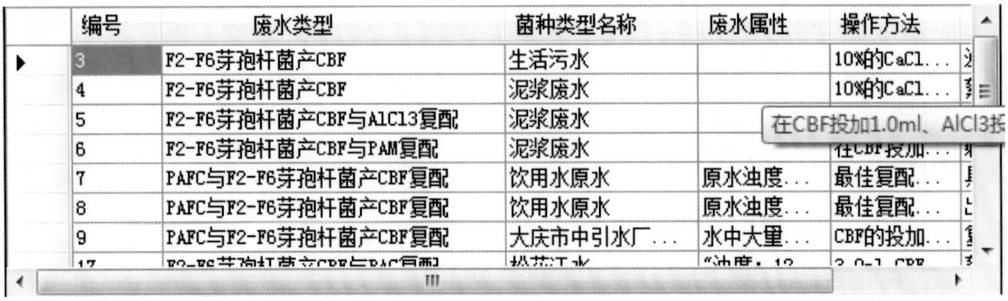

编号	废水类型	菌种类型名称	废水属性	操作方法
3	F2-F6芽孢杆菌产CBF	生活污水		10%的CaCl...
4	F2-F6芽孢杆菌产CBF	泥浆废水		10%的CaCl...
5	F2-F6芽孢杆菌产CBF与AlCl3复配	泥浆废水		在CBF投加1.0ml、AlCl3按
6	F2-F6芽孢杆菌产CBF与PAM复配	泥浆废水		在CBF投加...
7	PAFC与F2-F6芽孢杆菌产CBF复配	饮用水原水	原水浊度...	最佳复配...
8	PAFC与F2-F6芽孢杆菌产CBF复配	饮用水原水	原水浊度...	最佳复配...
9	PAFC与F2-F6芽孢杆菌产CBF复配	大庆市中引水厂...	水中大量...	CBF的投加...
17	F2-F6芽孢杆菌产CBF与PAC复配	松花江水	浊度:12...	2.0:1 CBF

图 3-103　查询方法

可在该平台中添加记录，界面如图 3-104 所示。

图 3-104　自主增加记录

3.6　生物复合絮凝剂稳定性及保质关键技术的开发

生物复合絮凝剂的主要成分为多糖与蛋白质等，具有环境友好性，但存在降解及变质的风险。所以需要明确影响生物复合絮凝剂稳定性的因素，并开发保质关键技术，用于商品化产品的质量稳定控制。下面从温度、湿度、光照、抑菌剂浓度等方面考察生物复合絮凝剂溶液及干粉的稳定性（图 3-105）。

图 3-105　温度、湿度、光照、抑菌剂浓度等因素对生物絮凝剂溶液及干粉的影响

1. 温度的影响

图 3-106 表示的是不同温度条件下絮凝剂溶液与干粉絮凝效果随时间变化的情况，从图中可以看出，储藏温度对絮凝剂干粉的影响效果较小，低温条件下有利于干粉的保存，但效果有限；而絮凝剂溶液对温度更敏感，高温下储存 30 天左右絮凝效果便有明显的下降，因此建议絮凝剂干粉在常温下保存，絮凝剂溶液在低温下保存。

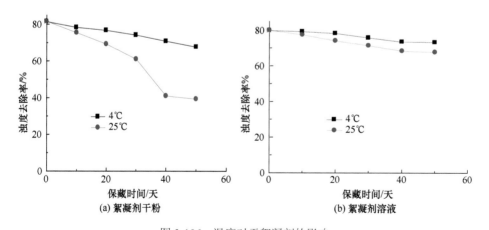

图 3-106　温度对于絮凝剂的影响

2. 湿度的影响

图 3-107 表示的是不同湿度条件下絮凝剂干粉絮凝效果随时间变化的情况，从图中可以看出，湿度对絮凝剂干粉的絮凝效果具有明显影响，高湿度条件絮凝

剂干粉的絮凝效果随时间的延长而迅速下降。

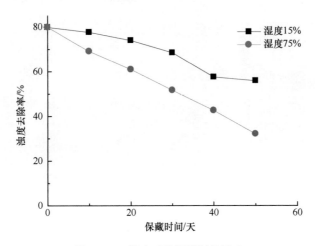

图 3-107　湿度对于絮凝剂的影响

3. 光照的影响

图 3-108 表示的是不同光照条件下絮凝剂溶液与干粉絮凝效果随时间变化的情况，从图中可以看出，光照对絮凝剂溶液与干粉的絮凝效果影响不大，不同光照条件下，絮凝效果差别不大。

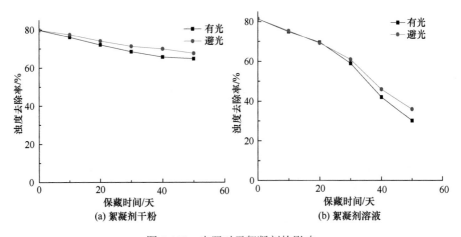

图 3-108　光照对于絮凝剂的影响

4. 抑菌剂的影响

图 3-109 表示的是抑菌剂对絮凝剂溶液絮凝效果的影响情况，从图中可以看出，抑菌剂对絮凝剂溶液的絮凝效果具有明显影响，未添加抑菌剂的絮凝剂溶液

絮凝效果随时间延长而迅速下降。

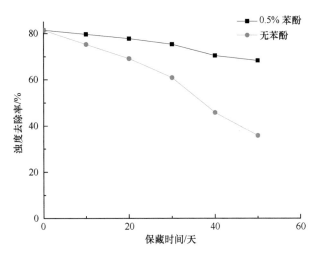

图 3-109　抑菌剂对絮凝剂溶液絮凝效果的影响

5. 生物复合絮凝剂保质关键技术

总结上述研究可以看出，温度、湿度、光照、抑菌剂等条件对絮凝剂干粉与溶液具有不同程度的影响。

（1）絮凝剂干粉的保质要求：受湿度的影响最大，温度次之，光照最小。所以絮凝剂干粉应在湿度较低的条件（＜15%）下保藏，并要求存储容器要有较高的密封性能。并最好在温度较低（4℃）的条件下保藏。

（2）絮凝剂溶液的保质要求：受抑菌剂的影响最大，温度次之，光照最小。所以保藏絮凝剂溶液时，需投加抑菌剂（如 5%的苯酚）。

第4章 生物复合絮凝剂环境安全性分析

本章内容主要包括：建立生物复合絮凝剂的生物安全检测方法；进行絮凝剂的生物安全性分析；建立生物复合絮凝剂的生物安全性评价指标体系。

4.1 生物复合絮凝剂的生物安全性分析及评价

4.1.1 生物复合絮凝剂的生物安全检测方法

1. 植物毒性分析

种子萌发与根伸长检测方法如下所述。

（1）种子用 2%的 H_2O_2 消毒 15 min，去离子水反复冲洗后，在 30℃的水中浸泡 12 h，挑出露白一致的种子整齐排列在铺有滤纸的培养皿中，每皿 20 粒。

（2）分别放入 5 mL 不同浓度的絮凝剂溶液来浸润种子，以溶液刚好浸到种子的 1/2 为宜，对照种子用去离子水培养。不同处理设置 3 次重复。

（3）置于智能光温培养箱（光强 14000 lx，26℃，16 h 光照/8 h 黑暗）中培养 48 h，以长出胚芽为萌发的标准，计算萌发率；种子萌发 5 天后，分别测定每株幼苗的芽长及最长根的长度。

2. 微生物毒性分析

1）发光细菌毒性

参照 GB/T 15441—1995 进行。

（1）将发光细菌冻干粉用 0.5 mL 3.0 g/(100 mL)氯化钠溶液溶解，迅速转入 50 mL 培养液中，于 20℃恒温培养，每隔 24 h 转接一次斜面，将培养好的第三代斜面菌种置于 4℃冰箱中备用。

（2）将培养好的第三代新鲜斜面菌种 T_3 接入装有 50 mL 培养液的 150 mL 锥形瓶中，于 20℃、180 r/min 振荡培养，直到发光强度达到测定标准为止（＞100 万）。

（3）将待测物稀释成 6 个浓度梯度，各取 100 μL 加入微光度测定板中，再加入 100 μL 菌液，暴露 15 min，测定发光强度。取 100 μL 3.0 g/(100 mL)氯化钠溶液作为空白。

（4）按 GB/T 15441—1995 方法绘制 $HgCl_2$ 标准曲线，使用氯化汞浓度表达絮凝剂毒性。

2）藻类毒性

参照 GB/T 21805—2008 进行。

（1）配制藻试液：从储备液中取出一定的藻液，接种到新鲜的无菌培养液中，接种浓度约为 10^4 个/mL。在与实验室要求相同的条件下进行预培养，要求在 2～3 天内能使藻类达到对数生长期，然后再次转移到新鲜的培养液中。如此反复转接培养 2～3 次，在藻类生长旺盛并处于对数生长期时用于制备实验中需要的藻试液。

（2）配制受试液：根据初步实验确定产生效应的浓度范围，设置 5 个构成对数间距系列的浓度，浓度比不超过 2.2。最低测定的浓度必须对藻类生长没有影响。最高测定的浓度必须抑制相比对照实验至少 50% 的绿藻生长，最好使绿藻生长完全停止。设置 3 个平行样，每一系列设置一个对照。检测前应测定受试液的 pH，必要时用盐酸或氢氧化钠溶液将 pH 调到 7.5±0.2。

（3）配制测试液：先在每个锥形瓶中加入 50 mL 藻试液，再加 50 mL 受试液。对照组只加 50 mL 培养液。

（4）藻类培养：选择 100 mL 锥形瓶，每个锥形瓶加入测试液的体积为 100 mL。培养温度为（24±2）℃；使用白色荧光灯均匀光照，光照强度为（4000±400）lx，连续光照或以 12：12（或 14：10）的光暗比光照；机械振荡 [（100±10） 次/min]；培养容器用棉塞、滤纸、纱布（2～3 层）等封闭。将各瓶摇动混匀后，放入光照培养箱中培养，每隔 24 h（即在 24 h、48 h、72 h）测定各组藻类的细胞密度。

（5）数据处理

将不同浓度的培养液和对照培养液中藻细胞浓度随测试时间变化的规律绘制成曲线图，再用下列方法确定浓度效应关系。

生长率是单位时间内（t_n–t_1）藻类细胞的增长量（N_n–N_1）。对数生长期的藻类平均生长率可用下式计算：

$$\mu = \frac{\ln N_n - \ln N_1}{t_n - t_1}$$

式中，μ 为藻类平均生长率；t 为培养时间；t_1 为起始时间；t_n 为终止时间；N 为藻类细胞生长量；N_1 为起始细胞数；N_n 为最终细胞数。

以不同浓度组中藻类生长率的下降比例与其对数浓度的关系作图，可直接从图上读出 EC_{50}，再标明测定时间，如 24 h EC_{50}，也可求出回归关系式，再算出 EC_{50}。

3. 动物毒性分析

1）急性毒性

参照 GB 15193.3—2014 进行。

（1）斑马鱼的驯养：用 1 个鱼缸驯养鱼（1±0.2）g，保证承载量 0.1～1 g/L，性别随机，用预曝气 24 h 的自来水驯养，鱼缸中加入潜水泵（12 W），实验前测定自来水以下指标：硬度（250±25）mg/L，pH 为 7.0±0.2（加入适量 NaOH 和 HCl 调节），TOC<2 mg/L，余氯<10 μg/L，有机氯<25 ng/L，溶解氧饱和度大于 90%，颗粒物<5 mg/L。驯养 7 天，期间每 24 h 换一次水，每天投喂饵料一次（1%鱼湿重），驯养期间每天测定温度 [（15±1）℃]，每天测定溶解氧、电导率和 pH 各一次。预备试验前一天不投喂。使驯养期间斑马鱼的死亡率不得超过 10%，测量死鱼体重和长度。根据 GB/T 21858—2008、GB/T 13267—1991 及水和废水监测分析方法（第四版），进入预备实验时用 5% NaCl 溶液消毒。

（2）染毒：分别设置 5 个浓度梯度的受试絮凝剂，取 30 条驯养好的鱼，分别投加到 6 组不同絮凝剂浓度的鱼缸中（其中包括一组空白对照），定时测定 pH、溶解氧、温度和电导率依次观察鱼的致死情况。定期清除代谢废物，不喂养饵料。实验条件与驯养条件相同。24 h 内观察致死情况，将致死的鱼移出并称重。确定最大全存活浓度和最低全存活浓度，记录死亡数，查表求得 LC_{50}。

2）微核检测

将 50 条驯养的斑马鱼随机分为 10 组，每组各 5 条。生物絮凝剂染毒组分分为高剂量组 0.60 g/L 干重，中剂量组 0.45 g/L 干重，低剂量组 0.30 g/L 干重；有机絮凝剂染毒组分分为高剂量组 1.5 mg/L、中剂量组 1.0 mg/L、低剂量组 0.75 mg/L，阴性对照为无菌水，阳性对照为 $K_2Cr_2O_7$ 体重。连续染毒 72 h，采用微核检测方法。

4.1.2 生物复合絮凝剂的生物安全性分析

1. 植物毒性

研究发现，敏感度大小为根伸长>发芽率>芽长，且根伸长的变化趋势很明显。因此，以根伸长半数抑制浓度（EC_{50}）来评价受试絮凝剂对水稻和小麦的急性毒性，EC_{50} 越小，急性毒性越大。PDMDAAC、CRF 和 PAC 对水稻根伸长的抑制率和浓度呈线性相关，其对水稻根伸长的抑制作用随着浓度的增加而逐渐增强；虽然 CBF 对水稻根伸长抑制率和浓度不呈线性相关，但是它和浓度呈幂相关，且显著性系数<0.05，说明它们之间的相关性关系是极显著的。

另外，6 种絮凝剂对小麦根伸长的抑制率和浓度呈线性相关，其中 PDMDAAC 对小麦根伸长的抑制率是逐渐增强的；PAC 在浓度较低时对小麦生长有促进作用，当浓度>50 mg/L 时，对小麦根伸长的抑制率逐渐增加；CRF 在浓度较低（<100 mg/L）时，对小麦根伸长的抑制作用较大，但是随着浓度的增加，抑制作用变化不大；CBF 是这 6 种絮凝剂中对小麦根伸长的抑制作用最小的。

6 种絮凝剂对根伸长的抑制效应如表 4-1 和表 4-2 所示。

表 4-1　絮凝剂对水稻根伸长的抑制效应

絮凝剂	EC_{50}/（mg/L）
PAFC	611.55
PAC	791.18
PAM-a	2796.56
PDMDAAC	678.23
CRF	6729.16
CBF	7878.96

表 4-2　絮凝剂对小麦根伸长的抑制效应

絮凝剂	EC_{50}/（mg/L）
PAFC	1047.97
PAC	956.22
PAM-a	2372.48
PDMDAAC	1052.21
CRF	3307.16
CBF	4287.68

由此可见，受试絮凝剂对水稻的急性毒性大小为：PAFC＞PDMDAAC＞PAC＞PAM-a＞CRF＞CBF。受试絮凝剂对小麦的急性毒性大小为：PAC＞PAFC＞PDMDAAC＞PAM-a＞CRF＞CBF。

2. 微生物毒性

1）生物絮凝剂对发光细菌的毒性分析

为了考察生物絮凝剂对发光细菌生长的影响，设置絮凝剂浓度范围为 0～4000 mg/L，浓度梯度为 0 mg/L、400 mg/L、600 mg/L、1000 mg/L、2000 mg/L、3000 mg/L、4000 mg/L，检测 15 min 发光细菌的发光强度，并计算出发光细菌的抑制率，如图 4-1 所示。

由图 4-1 可知，在絮凝剂浓度为 4000 mg/L 下对抑制发光细菌生长的抑制率仅为 30%，其原因可能是发光细菌对此絮凝剂不敏感，即低浓度絮凝剂对发光细菌抑制作用不明显。

为了考察絮凝剂 TGMGAAC 对发光细菌生长的影响，设置絮凝剂浓度范围为 0～140 g/L，浓度梯度为 0 g/L、26.814 g/L、53.628 g/L、80.442 g/L、107.256 g/L、134.07 g/L，检测 15 min 发光细菌的发光强度，并计算出发光细菌的抑制率，如图 4-2 所示。

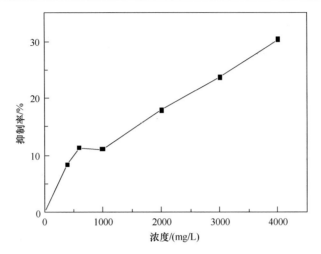

图 4-1　不同浓度生物絮凝剂对发光细菌生长的影响

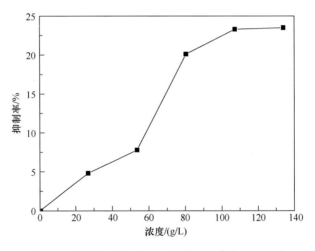

图 4-2　絮凝剂 TGMGAAC 对发光细菌生长的影响

由图 4-2 可知,在最高浓度下,此絮凝剂对发光细菌生长的抑制率低于 25%,即低浓度絮凝剂对发光细菌抑制作用不明显。因此,需要选择其他微生物作为目标菌种。

2)絮凝剂 TGMGAAC 对藻类的毒性分析

为了考察絮凝剂 TGMGAAC 对藻类生长的影响,设置絮凝剂浓度范围为 0～26.814 g/L 检测 24 h、48 h、72 h 藻类的数目,发现在 200 g/L 下对抑制藻类生长的抑制率已达到 70%以上,400 g/L 下已完全抑制藻类的生长。然后,选定絮凝剂浓度范围为 0～200 g/L,浓度梯度为 0 g/L、5.36 g/L、10.72 g/L、16.08 g/L、

21.45 g/L、26.81 g/L，检测作用 24 h、48 h 和 72 h 时藻类的数目，并计算出藻类的抑制率，如图 4-3～图 4-5 所示。

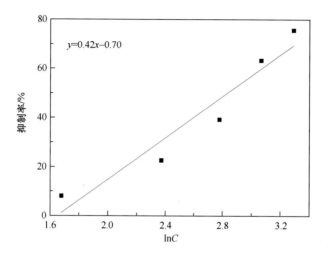

图 4-3　24 h 不同浓度生物絮凝剂对栅藻生长的影响

C 为絮凝剂 TGMGAAC 的浓度（g/L）；$y=0.5$，$x=2.857$，$EC_{50}=17.41$ g/L

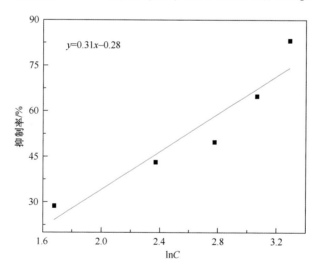

图 4-4　48 h 不同浓度絮凝剂 TGMGAAC 对栅藻生长的影响

$y=0.5$，$x=2.5161$，$EC_{50}=13.38$ g/L

由图 4-3～图 4-5 可得出作用 24 h、48 h 和 72 h 时的 EC_{50}，即该絮凝剂使得藻类半数致死的浓度，结果如表 4-3 所示。

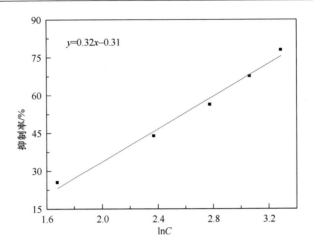

图 4-5　72 h 不同浓度絮凝剂 TGMGAAC 对栅藻生长的影响

$y=0.5$，$x=2.5313$，$EC_{50}=12.57$ g/L

表 4-3　絮凝剂 TGMGAAC 对藻类的半数致死浓度

时间/h	24	48	72
EC_{50}/（g/L）	17.41	13.38	12.57

可见，在相同时间内随着絮凝剂浓度的增加，其对栅藻生长的抑制率也逐渐增大。这说明即使在低浓度下，絮凝剂 TGMGAAC 对藻类的生长也会造成较大的影响。

3）复合生物絮凝剂 CBF 对藻类的毒性分析

为了考察生物絮凝剂对藻类生长的影响，设置絮凝剂浓度范围为 0～2000 mg/L，检测 24 h、48 h、72 h 藻类的数目。发现在 200 mg/L 下对抑制藻类生长的抑制率已达到 70% 以上，400 mg/L 下已完全抑制藻类的生长。然后，选定絮凝剂浓度范围为 0～200 mg/L，浓度梯度为 0 mg/L、30 mg/L、60 mg/L、90 mg/L、120 mg/L、150 mg/L、200 mg/L，检测作用 24 h、48 h、72 h 时藻类的数目，并计算出藻类的抑制率，如图 4-6～图 4-8 所示。

由图 4-6～图 4-8 可以得出作用 24 h、48 h 和 72 h 时的 EC_{50}，即该絮凝剂使得藻类半数致死的浓度，结果如表 4-4 所示。

表 4-4　生物絮凝剂 CBF 对藻类的半数致死浓度

时间/h	24	48	72
EC_{50}/（mg/L）	82.58	102.86	74.86

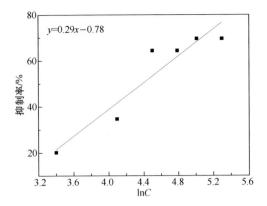

图 4-6　24 h 不同浓度生物絮凝剂对栅藻生长的影响

C 为生物絮凝剂的浓度（mg/L）；$y=0.5$，$x=4.4138$，$EC_{50}=82.58$ mg/L

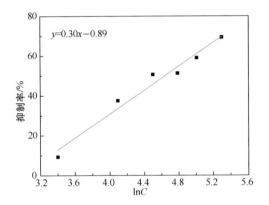

图 4-7　48 h 不同浓度生物絮凝剂对栅藻生长的影响

$y=0.5$，$x=4.633$，$EC_{50}=102.86$ mg/L

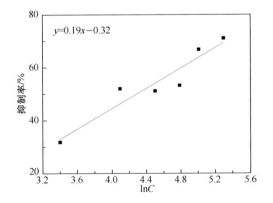

图 4-8　72 h 不同浓度生物絮凝剂对栅藻生长的影响

$y=0.5$，$x=4.3158$，$EC_{50}=74.86$ mg/L

由上图得知，在相同时间内随着絮凝剂浓度的增加，其对栅藻生长的抑制率也逐渐增大。这说明即使在较低浓度下，这种生物絮凝剂对藻类的生长也会造成较大的影响。可用此微生物指标来评价生物絮凝剂的毒性。

3. 动物毒性

不同絮凝剂对斑马鱼急性毒性的水质情况如表4-5和表4-6所示。

表 4-5（a）　　1 组生物絮凝剂（CBF）对斑马鱼急性毒性的水质情况

时间/h	温度/℃	pH	电导率/（MS/cm）
0	20	5.76	$1.22×10^3$
4	20.4	5.68	$1.21×10^3$
8	20.3	5.64	$1.17×10^3$
12	20	5.75	$1.15×10^3$
16	19.1	5.74	$1.16×10^3$
20	19	5.72	$1.14×10^3$
24	18.9	5.78	$1.15×10^3$

表 4-5（b）　　2 组生物絮凝剂（CBF）对斑马鱼急性毒性的水质情况

时间/h	温度/℃	pH	电导率/（MS/cm）
0	20	5.76	$1.22×10^3$
4	20.2	5.68	$1.21×10^3$
8	20.1	5.64	$1.17×10^3$
12	20.1	5.75	$1.15×10^3$
16	19.1	5.74	$1.16×10^3$
20	19	5.72	$1.14×10^3$
24	18.9	5.78	$1.15×10^3$

表 4-5（c）　　3 组复合型生物絮凝剂（CBF）对斑马鱼急性毒性的水质情况

时间/h	温度/℃	pH	电导率/（MS/cm）
0	20	5.78	$1.09×10^3$
4	20.2	5.76	$1.10×10^3$
8	20.4	5.77	$1.05×10^3$
12	20	5.85	$1.05×10^3$
16	19.4	5.83	$1.05×10^3$
20	19	5.82	$1.04×10^3$
24	18.7	5.87	$1.04×103$

表 4-5（d）　4 组复合型生物絮凝剂（CBF）对斑马鱼急性毒性的水质情况

时间/h	温度/℃	pH	电导率/（MS/cm）
0	20	5.93	1.00×10^3
4	20.2	5.92	1.00×10^3
8	20.2	5.94	0.95×10^3
12	20	6.02	0.95×10^3
16	19.5	5.98	0.95×10^3
20	19.1	5.97	0.94×10^3
24	18.9	6.04	0.94×10^3

表 4-5（e）　5 组复合型生物絮凝剂（CBF）对斑马鱼急性毒性的水质情况

时间/h	温度/℃	pH	电导率/（MS/cm）
0	20	6.07	0.86×10^3
4	20.3	6.06	0.89×10^3
8	20.5	6.10	0.85×10^3
12	20	6.16	0.85×10^3
16	19.3	6.11	0.88×10^3
20	19.1	6.12	0.83×10^3
24	18.9	6.18	0.84×10^3

表 4-5（f）　6 组复合型生物絮凝剂（CBF）对斑马鱼急性毒性的水质情况

时间/h	温度/℃	pH	电导率/（MS/cm）
0	20	7.00	0.26×10^3
4	20.1	6.48	0.35×10^3
8	20.3	6.48	0.32×10^3
12	20	6.54	0.30×10^3
16	19.5	6.60	0.32×10^3
20	19.4	6.69	0.32×10^3
24	18.9	6.69	0.33×10^3

表 4-6（a）　1 组 PDMDAAC 对斑马鱼急性毒性的水质情况

时间/h	温度/℃	pH	电导率/（MS/cm）
0	20	6.76	1.23×10^3
4	20.3	6.68	1.21×10^3
8	20.2	6.64	1.20×10^3
12	20.1	6.75	1.18×10^3
16	19.6	6.74	1.17×10^3
20	19.3	6.72	1.16×10^3
24	19	6.78	1.15×10^3

表 4-6（b）　　2 组 PDMDAAC 对斑马鱼急性毒性的水质情况

时间/h	温度/℃	pH	电导率/（MS/cm）
0	20	6.76	1.20×10^3
4	20.4	6.68	1.19×10^3
8	20.3	6.64	1.18×10^3
12	20.2	6.75	1.17×10^3
16	19.7	6.74	1.14×10^3
20	19.5	6.72	1.13×10^3
24	19.1	6.70	1.12×10^3

表 4-6（c）　　3 组 PDMDAAC 对斑马鱼急性毒性的水质情况

时间/h	温度/℃	pH	电导率/（MS/cm）
0	20	6.78	1.19×10^3
4	20.4	6.76	1.17×10^3
8	20.3	6.77	1.13×10^3
12	20.1	6.75	1.10×10^3
16	19.7	6.63	1.09×10^3
20	19.5	6.62	1.08×10^3
24	18.2	6.67	1.07×10^3

表 4-6（d）　　4 组 PDMDAAC 对斑马鱼急性毒性的水质情况

时间/h	温度/℃	pH	电导率/（MS/cm）
0	20	6.73	1.09×10^3
4	20.4	6.69	1.07×10^3
8	20.3	6.64	1.05×10^3
12	20.1	6.62	1.00×10^3
16	19.8	6.58	0.99×10^3
20	19.5	6.60	0.97×10^3
24	18.4	6.57	0.95×10^3

表 4-6（e）　　5 组 PDMDAAC 对斑马鱼急性毒性的水质情况

时间/h	温度/℃	pH	电导率/（MS/cm）
0	20	6.77	1.06×10^3
4	20.5	6.66	1.00×10^3
8	20.3	6.55	0.99×10^3
12	20.1	6.50	0.97×10^3
16	19.7	6.51	0.95×10^3
20	19.4	6.50	0.93×10^3
24	18.9	6.51	0.91×10^3

表 4-6（f）　6 组 PDMDAAC 对斑马鱼急性毒性的水质情况

时间/h	温度/℃	pH	电导率/（MS/cm）
0	20	7.00	1.06×10^3
4	20.5	6.88	1.00×10^3
8	20.3	6.78	0.96×10^3
12	20	6.74	0.95×10^3
16	19.8	6.60	0.93×10^3
20	19.0	6.69	0.91×10^3
24	18.5	6.69	0.90×10^3

生物絮凝剂 CBF 和 PDMDAAC 的急性毒性实验记录情况如表 4-7～表 4-10 和照片所示。

表 4-7　生物絮凝剂（CBF）急性毒性实验记录表

组别	斑马鱼编号	斑马鱼体重/g	出现中毒症状的时间/h	死亡时间/h	长度/cm
1	1	0.2950	6	8	3.3
1	2	0.1833	10	16	2.7
1	3	0.2539	14	20	3.5
2	4	0.2562	22	24	3.1

表 4-8　PDMDAAC 急性毒性实验记录表

组别	斑马鱼编号	斑马鱼体重/g	出现中毒症状的时间/h	死亡时间/h	长度/cm
1	5	0.1778	6	8	3.1
1	6	0.2749	18	20	3.2
1	7	0.3627	18	20	3.0
1	8	0.3343	22	24	2.7
2	9	0.3400	22	24	3.1
2	10	0.4126	22	24	2.9

照片：

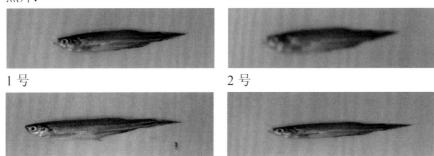

1 号　　　　　　　　　　　2 号

3 号　　　　　　　　　　　4 号

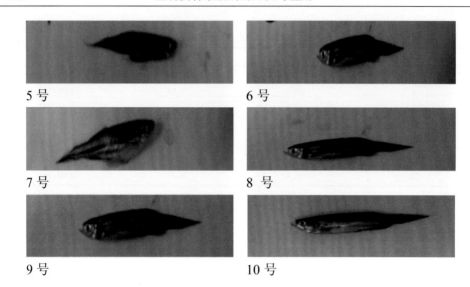

5 号　　　　　　　　　　　　　6 号

7 号　　　　　　　　　　　　　8 号

9 号　　　　　　　　　　　　　10 号

表 4-9　生物絮凝剂（CBF）急性毒性数据表

组别	剂量/ (g/L 干重)	鱼尾数 n_1	死亡数 n_2	死亡率 p/%	存活率 q/%	pq/%
1	0.60	6	3	50	20	1000
2	0.45	6	1	17	83	1411
3	0.30	6	0	0	100	0
4	0.15	6	0	0	100	0
5	0.05	6	0	0	100	0
空白	0	6	0	0	100	0

表 4-10　PDMDAAC 急性毒性数据表

组别	剂量/ (g/L 干重)	鱼尾数 n_1	死亡数 n_2	死亡率 p/%	存活率 q/%	pq/%
1	1.50	6	4	67	33	2211
2	1.25	6	2	33	67	2211
3	1.00	6	0	0	100	0
4	0.75	6	0	0	100	0
5	0.50	6	0	0	100	0
空白	0	6	0	0	100	0

　　根据上述数据，利用 SPSS 软件的 Probit 分析可得到概率单位模型方程，Probit=21.09459+55.78783x，可得出复合型生物絮凝剂（CBF）的 LC$_{50}$= 599.5 mg/L，聚二甲基二烯丙基氯化铵（PDMDAAC）的 LC$_{50}$=1.3751 mg/L。

　　同时，由结果可知生物絮凝剂（CBF）和 PDMDAAC 对斑马鱼死亡率的规律性不强，因此，不宜作为絮凝剂对动物的毒性评价指标。基于此，又进行了絮凝剂的微核检测，结果如表 4-11 和表 4-12 所示。

表 4-11　不同浓度生物絮凝剂（CBF）对斑马鱼微核率的影响

组别	数量	PCE 数量	微核数量	微核率/‰
高剂量组	5	5000	7	1.4
中剂量组	5	5000	5	1.0
低剂量组	5	5000	4	0.8
阴性对照	5	5000	3	0.6
阳性对照	5	5000	25	5

表 4-12　不同浓度 PDMDAAC 对斑马鱼微核率的影响

组别	数量	PCE 数量	微核数量	微核率/‰
高剂量组	5	5000	12	2.4
中剂量组	5	5000	10	2
低剂量组	5	5000	8	1.6
阴性对照	5	5000	3	0.6
阳性对照	5	5000	25	5

根据表 4-11 和表 4-12 所示，染毒不同剂量的复合型生物絮凝剂（CBF）和聚二甲基二烯丙基氯化铵（PDMDAAC），均可引起细胞微核率增加，与阴性对照组比较有显著性差异，并且在此浓度范围内，微核率随着染毒浓度的增加而升高。因此，微核率可作为絮凝剂对动物的毒性评价指标。

4.1.3　生物复合絮凝剂的生物安全性评价指标体系

基于上述分析，建立了如图 4-9 所示的生物复合絮凝剂的生物安全性评价指标体系。

图 4-9　生物复合絮凝剂的生物安全性评价指标体系

4.2　生物复合絮凝剂的水质安全性分析及评价

本节内容主要包括：建立生物复合絮凝剂的水质安全检测方法；进行絮凝剂的水质安全性分析；建立生物复合絮凝剂的水质安全性评价指标体系。

4.2.1　生物复合絮凝剂的水质安全检测方法

1. 饮用水源水

（1）常规水质分析：根据生活饮用水卫生标准（GB 5749—2006）。
（2）生物毒性分析：详见上述生物安全检测方法。

2. 二级生化处理出水

（1）常规水质分析：根据城镇污水处理厂污染物排放标准（GB 18918—2002）。
（2）生物毒性分析：详见上述生物安全检测方法。

3. 工业污水

（1）常规水质分析：按照污水综合排放标准（GB 8978—1996）。
（2）生物毒性分析：详见上述生物安全检测方法。

4.2.2　生物复合絮凝剂的水质安全性分析

以生物复合絮凝剂处理饮用水源水为例。

首先，以剩余余浊为指标，考察了生物絮凝剂（CBF）、PAC、CBF+PAC（质量比为 1∶10）对饮用水水质的影响。

由图 4-10 可见，随着生物絮凝剂浓度逐渐增加至 30 mg/L，剩余余浊先出现一定的降低（28.5%），但当絮凝剂浓度超过 30 mg/L 时，剩余余浊增加较为明显。而对于絮凝剂 PAC 和复合絮凝剂 CBF+PAC，在混凝剂增加的过程中剩余余浊有很大幅度的降低。当 PAC 浓度超过 40 mg/L 或 CBF+PAC 浓度超过 30 mg/L 时，剩余余浊的变化不大，二者余浊去除率分别达 85.6% 和 90.8%。其中，后者的余浊可达到生活饮用水水质标准。可见，CBF+PAC 复合絮凝剂处理饮用水源水具有明显的优势。

另外，根据上述生物复合絮凝剂的生物安全性分析可知，藻类生长抑制 EC_{50}、根伸长半数抑制浓度、斑马鱼的微核率和急性毒性（LC_{50}）等指标均不适合作为生物复合絮凝剂水质安全性的评价指标。因此，尝试选择发光细菌的光抑制率作为水质的毒性评价指标，如表 4-13 所示。

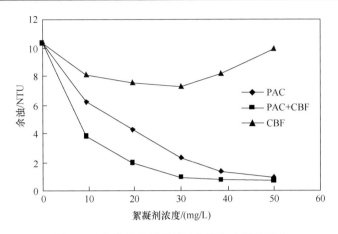

图 4-10　生物复合絮凝剂对饮用水水质的影响

表 4-13　复合生物絮凝剂对水质毒性的影响

浓度/（mg/L）	PAC+CBF 光抑制率/%	PAC 光抑制率/%
10	2.23	4.81
20	6.85	7.66
30	5.76	11.78
40	8.83	14.35
50	9.55	13.72

由表 4-13 可见，PAC 和 CBF+PAC 两种絮凝剂用于处理水源水后，其水质毒性随着絮凝剂浓度的增加而增加，当两者分别达到 40 mg/L 和 20 mg/L 后，水质毒性逐渐降低。整体而言，水源水经 CBF+PAC 处理后，其毒性更低，安全性更高。

另外，在适宜的作用条件下（30 mg/L PAC+CBF 和 50 mg/L PAC），水源水经分别处理后，其他水质指标如表 4-14 所示。

表 4-14　复合生物絮凝剂对水源水质指标的影响

检测指标	处理前	处理后 PAC+CBF	处理后 PAC
色度/度	19	5	5
余浊/NTU	10.6	0.95	0.98
COD_{Mn}/（mg/L）	6.5	2.9	2.8
臭味	无	无	无
铝含量/（mg/L）	0.08	0.12	0.19

续表

检测指标	处理前	处理后 PAC+CBF	处理后 PAC
砷含量/（mg/L）	0.01	<0.001	<0.001
镉含量/（mg/L）	0.004	<0.001	<0.001
铬含量（六价）/（mg/L）	0.02	0.005	0.006
铅含量/（mg/L）	0.013	<0.001	<0.001
汞含量/（mg/L）	0.001	<0.001	<0.001
硒含量/（mg/L）	0.009	<0.001	<0.001
硝酸盐（N）含量/（mg/L）	3.23	2.72	2.75
三氯甲烷含量/（μg/L）	0.61	0.46	0.42
四氯化碳含量/（μg/L）	0.009	0.005	0.005
铁含量/（mg/L）	0.11	0.03	0.02
锰含量/（mg/L）	0.093	0.005	0.006
铜含量/（mg/L）	0.071	<0.005	0.005
锌含量/（mg/L）	0.032	0.008	0.006

由表 4-14 可见，PAC 和 CBF+PAC 两种絮凝剂处理水源水后，其水质指标均达到生活饮用水卫生标准（GB 5749—2006）。而 CBF+PAC 用量更少，安全性更高。

4.2.3 生物复合絮凝剂的水质安全性评价指标体系

基于上述分析，建立生物复合絮凝剂处理饮用水源水的水质安全性评价指标体系，如图 4-11 所示。

图 4-11 生物复合絮凝剂的水质安全性评价指标体系

4.3 生物絮凝剂保质措施研究

4.3.1 絮凝剂酸碱稳定性

分别配制质量分数为 4% 的两种絮凝剂的粗絮溶液。CBF 粗絮溶液的 pH 为 5.24，PDMDAAC 初始 pH 为 5.5，将其 pH 分别调试为 2、3、4、5、6、7、8、

10、11、12，测定相应的絮凝率，结果如图 4-12 和图 4-13 所示。不难看出，pH 对于絮凝剂的絮凝效率有着显著的影响，两种絮凝剂在碱性环境中表现出更好的絮凝活性。此外，PDMDAAC 的活性明显比 CBF 要好。

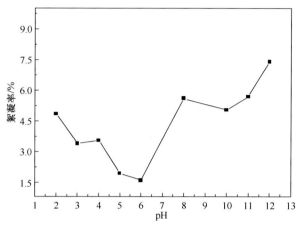

图 4-12　pH 对 CBF 活性的影响

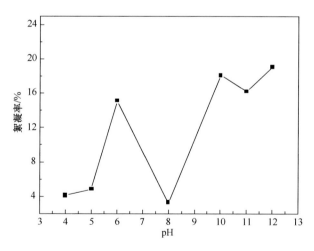

图 4-13　pH 对 PDMDAAC 活性的影响

4.3.2　高温对絮凝剂稳定性的影响

取适量的絮凝剂粗絮溶液置于 121℃高温灭菌锅内进行处理，分别灭菌 20 min、30 min、60 min、120 min，同未进行处理的絮凝剂活性进行对比，结果如图 4-14 和图 4-15 所示。

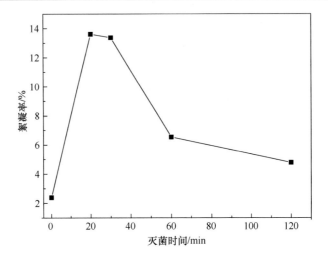

图 4-14　高温对 CBF 活性的影响

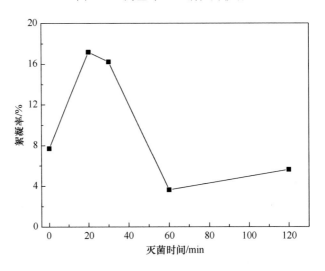

图 4-15　高温对 PDMDAAC 活性的影响

由以上数据不难看出，随着灭菌时间的变化，两种絮凝剂表现出相似的变化趋势。同未进行任何处理的絮凝剂相比，灭菌 40 min 以内的絮凝剂活性有着显著的提高，然而伴随着灭菌时间的延长，两种絮凝剂的表现各异。CBF 的活性在 60 min 以后的活性虽较 20 min、40 min 时的活性有显著下降，但仍比未经处理的絮凝剂活性要高。反观 PDMDAAC，60 min 后的活性大幅下降，较未经处理的絮凝剂的活性还要低。

4.3.3　保存温度对絮凝剂稳定性的影响

将两种絮凝剂的粗絮溶液分别置于 4℃和室温下长期保存，分别在 0 天、6 天、13 天、18 天、23 天定点取样，测定絮凝率，观察在同一时间下不同的储藏温度对絮凝剂活性的影响，数据如图 4-16 和图 4-17 所示。

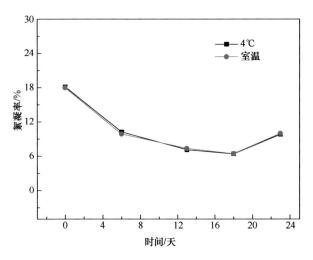

图 4-16　不同环境下 CBF 活性随时间的变化

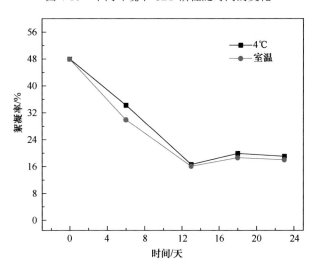

图 4-17　不同环境下 PDMDAAC 活性随时间的变化

由图分析可知，两种絮凝剂的活性在最初的 4 天内活性较高，然后随着时间的推移，CBF 的活性略有降低，PDMDAAC 的活性下降很多，大约在一周之后活性基本保持不变。与此同时，在 4℃ 和室温下絮凝剂标线大致相同，并无多大区别。

4.3.4 光照对絮凝剂活性的影响

采用光照强度为 10 000 lx 白炽灯对粗絮凝液进行光照处理，分别以 0 h、2 h、4 h、6 h、8 h 作为处理时间，测定絮凝率，并与放于暗处的粗絮凝液进行对比分析。

由图 4-18 可以看出，CBF 在白炽灯的照射下，絮凝率先降低，随着时间的延长，絮凝剂的絮凝率略有上升，后来保持稳定状态，说明 CBF 在白炽灯的照射下，能够维持较稳定的状态。

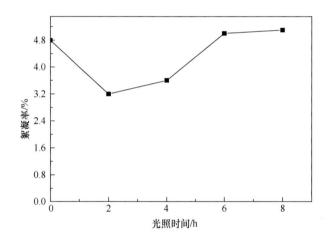

图 4-18　不同光照时间对 CBF 絮凝率的影响

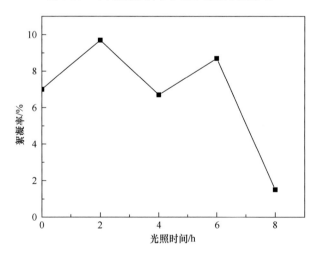

图 4-19　不同光照时间对 PDMDAAC 絮凝率的影响

由图 4-19 可以看出，PDMDAAC 在白炽灯的照射下，PDMDAAC 絮凝效率呈现出波动的现象，6 h 后絮凝率出现比较大的下降，说明 PDMDAAC 在白炽灯的照射下，可能导致了液体絮凝剂中的活性物质活性降低。说明 PDMDAAC 受白炽灯照射的影响比较大。

4.3.5 超声对絮凝剂活性的影响

采用功率为 200 W 超声清洗器对粗絮凝液进行超声处理，其中水温在 30～40℃附近波动，分别以 15 min、30 min、60 min、120 min 作为处理时间，测定絮凝率，并与未经超声处理的粗絮凝液进行对比分析。

由图 4-20 可以看出，CBF 在超声作用下，前 60 min 时，絮凝率能保持稳定的状态，随着超声作用时间的延长，絮凝率发生一定的变化，此时，絮凝剂的絮凝效果开始下降。原因可能是在较长时间的超声作用下，CBF 的有效成分失活，最终导致絮凝率下降。

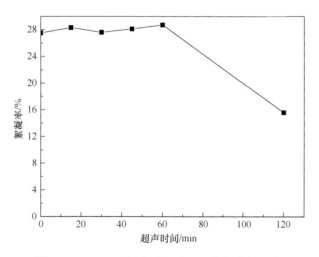

图 4-20 200W 下超声时间对 CBF 絮凝率的影响

在图 4-21 中，PDMDAAC 在超声的作用下，絮凝率先上升，到达一定时间后，又出现小幅度的下降，絮凝率在 60 min 后又开始上升。可能是由于超声对液体絮凝剂中的成分起到了一定的作用，絮凝剂的絮凝效果增加。

4.3.6 室内与室外条件下对比

分别将一定量的两种絮凝剂放置于室内和室外不同的时间，分别在 0 天、2 天、4 天、6 天、8 天取样测得不同时间段的絮凝剂絮凝效果，考察室内与室外不同条件下的絮凝剂絮凝效果。

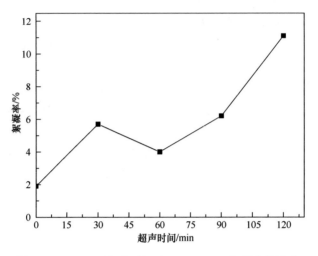

图 4-21　200W 下超声时间对 PDMDAAC 絮凝率的影响

由图 4-22 可以看出，在室内和室外不同的条件下，CBF 的絮凝效率呈现出不同的絮凝效果。整体来看，在室内保存的絮凝剂能够维持 CBF 的絮凝效果，使得絮凝率要比室外的高。在室外可能受到紫外线、风速及其他因素的影响，使絮凝剂活性发生变化。

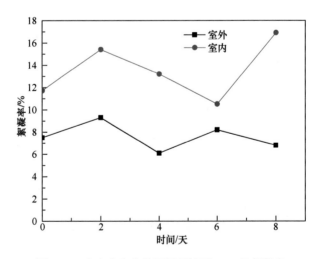

图 4-22　在室内和室外不同环境下 CBF 的絮凝率

由图 4-23 可以看出，PDMDAAC 在室内能够维持较稳定的絮凝作用，在室外，絮凝剂受到外界因素的影响比较大，絮凝率出现较大幅度的变化。这主要是由于在室外，风速、日照及其他因素的影响，絮凝剂中的活性物质活性发生变化。因此，絮凝剂在室内常温下更加稳定。

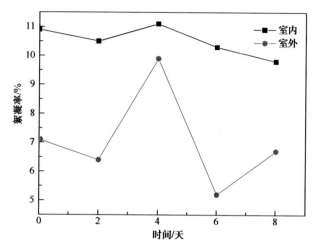

图 4-23　在室内和室外不同环境下 PDMDAAC 的絮凝率

第5章 生物复合絮凝剂规模化生产关键技术及工程应用示范

5.1 生物复合絮凝剂的产业化

在生物复合絮凝剂制备的小试和中试基础上,开展了相应生产产业化示范工程,本产业化示范工程依托黑龙江宏达生物工程有限公司的生产车间及设备,哈尔滨工业大学实验人员及该公司技术人员共同进行,建立了100吨/年生产规模的生物复合絮凝剂产业化生产线。生物复合絮凝剂经过进一步检验,符合产品技术规范及合同要求的相关经济、技术指标,产品已具备投放市场的条件。

生物复合絮凝剂生产主要由复合型生物絮凝剂制备、与铝盐预混、生物复合絮凝剂生产、膜分离、包装与外运等几部分工序组成,生物复合絮凝剂生产工艺简图如图5-1所示。车间生产情况如图5-2所示,生产工艺各步骤主要设备列于表5-1。

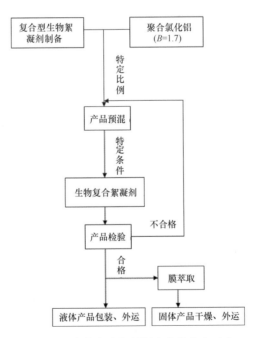

图 5-1 生物复合絮凝剂产业化生产工艺

(a) 生物絮凝剂制备种子罐

(b) 复合型生物絮凝剂生产设备

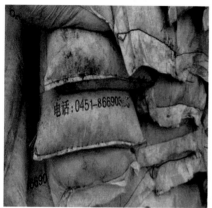

(c) 聚合氯化铝 (B=1.7)

(d) 生物复合絮凝剂生产预混设备

(e) 大功率鼓风设备

(f) 产品检验室一角

图 5-2　车间生产情况

表 5-1　主要设备投资预算一览表

设备名称	外形尺寸/m	数量
生物絮凝剂发酵罐 3000 L	$\Phi 2.0 \times 5.03$	3
生产预混罐 5000 L	$\Phi 2.5 \times 5.2$	5
膜萃取装置	$3.53 \times 1.51 \times 1.70$	2
发酵种子罐 500 L	$\Phi 0.5 \times 1.5$	2
大功率鼓风装置	$1.83 \times 1.51 \times 1.70$	2

　　本书作者课题组创新性地将膜过滤浓缩技术用于生物絮凝剂的浓缩中，如图 5-3 所示。该工艺可以在发酵产物中提取约 10 g/L（发酵液）的絮凝剂。生物絮凝剂经膜过滤后，可提高有效成分的浓度，同时减少后续提取过程中酒精的用量，大大降低提取成本，提高生物絮凝剂的保存时间。

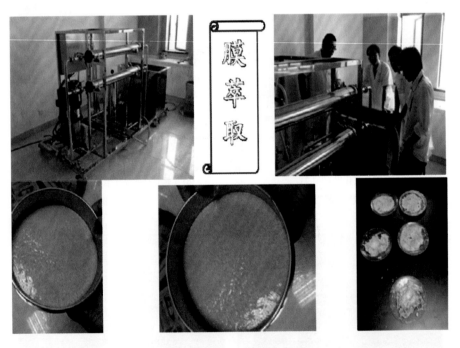

图 5-3　膜提取装置及产品

　　所制备的生物絮凝剂与聚合氯化铝在特定条件下迅速混合，若在常规条件下进行反应，会不断生成固体微小颗粒导致絮凝剂絮凝效率降低，证明了生物絮凝剂分子和铝离子之间存在很强的作用，特定条件进行预混的过程在提高产量和产品稳定率的同时，极为有效地简化了其他操作工艺。所生产的固体生物复合絮凝剂固形物含量≥70%，pH=5.5～7.5（1%水溶液），相对分子质量≥200 万，产品保质期在 1 年以上；生物复合絮凝剂中砷（以 As 计）含量≤0.05 mg/L，铅（以 Pb 计）含量≤0.01 mg/L。

5.2　生物复合絮凝剂中试示范工程应用

5.2.1　技术方案与工艺路线

通过上述小试研究，将 PAC 及复合型生物絮凝剂复配，可以起到减少投加药量、有效去除水中余浊等污染指标的效果，对于有效地处理地表水，特别是低温低余浊水，提供了一条良好的解决途径；同时，在烧杯实验中，由于边际效应及水力流态的不均匀等条件，进行了生产级别的中试实验去模拟生产实际，以获得切实可行的结果。

本项目组开发出一套强化混凝实验设备——渐变网格强化混凝沉淀一体化设备，该设备由网格反应池及絮凝沉淀池组成，一体化设备占用空间少，增加药剂与原水接触时间，通过改变液体在设备中的流速，让余浊等污染物质充分接触絮凝剂；絮凝剂采用电性中和、卷扫网捕及吸附架桥等机理，最大程度地去除水中的污染物质。在沉淀单元内，采用斜板沉淀及降低流速的方法，增加颗粒物与斜板接触面积及时间，达到最大去除率的效果。主要技术和工艺路线如图 5-4 所示，设备工艺流程如图 5-5 所示。

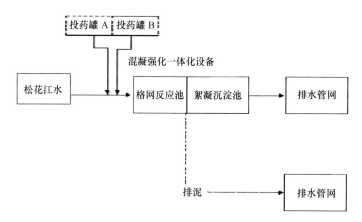

图 5-4　强化混凝中试示范工程工艺路线图

5.2.2　中试示范工程实验研究

本研究制备复合型生物絮凝剂，研究了复合型生物絮凝剂与常规絮凝剂 PAC

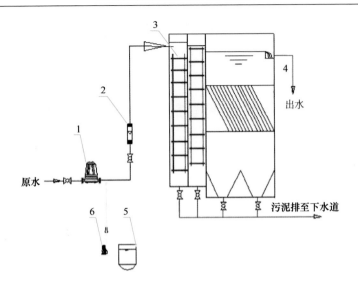

图 5-5　设备工艺流程

1. 管道泵；2. 转子流量计；3. 反应设备；4. 沉淀设备；5. 加药罐；6. 计量泵

进行复配，探讨对不同季节（春秋转换期、夏季高温期、冬季低温期）、不同水质松花江饮用水源水处理的效能，再分别针对不同水质参数的最佳处理工艺进行一定时间的稳定性运行，状态良好，出水水质稳定。通过开发生物絮凝剂复配中试处理技术对即将开展的生物复合絮凝剂处理地表水工程示范具有重要的理论意义，以及为示范工程提供有力的技术保障奠定基础。图 5-6～图 5-8 为中试示范工程现场图片。

1. 春秋转换期强化混凝效能的研究

1）CBF 与 PAC 复配对余浊去除的研究

一般天然水中均有一定余浊，产生余浊的原因主要是泥土中的某些物质溶于水中形成的胶状物、泥沙等悬浮颗粒及一些动植物的代谢产物等，新版的《生活饮用水卫生标准》规定 2012 年 7 月 1 日水厂出水余浊不能超过 1 度。

由图 5-9 可以看出，不同复配组合的投加量对水中余浊的去除率不同。在 PAC 投加量低时，絮凝现象不明显，矾花较小，沉降速度较慢。应用 CBF 的混凝实验中添加 PAC，对余浊的去除率有显著提高，并且在达到相同处理效果时，CBF 与 PAFC 的投加量均明显减少。而且复配结果好于单独添加 PAC 的结果，在 CBF 与 PAC 的投加量分别为 2 mg/L 和 50 mg/L 时，余浊为 1.47 NTU，去除率达到所有处理的最高值 90.28%。综合考虑处理效果与经济因素，确定 CBF 与 PAC 的投加量分别为 2 mg/L 和 30 mg/L，余浊去除率 84.93%。

图 5-6　混凝强化设备管道及水泵安装过程

图 5-7　生物絮凝剂、无机常规絮凝剂及运行中的混凝强化设备

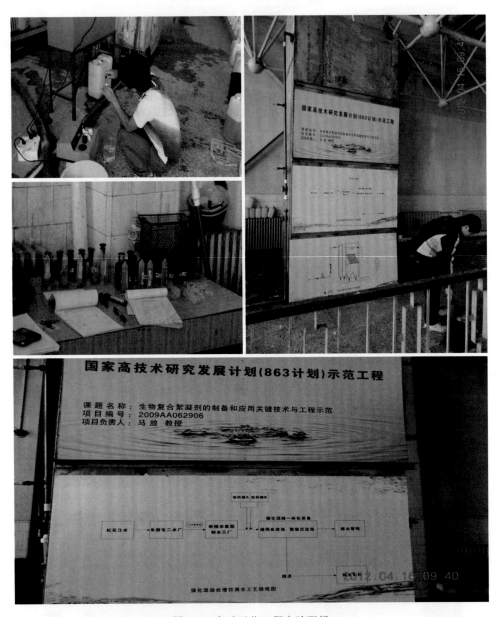

图 5-8　中试示范工程实验现场

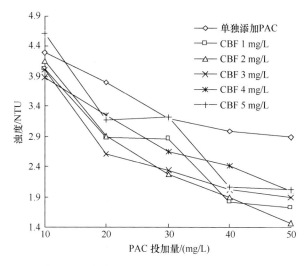

图 5-9　复合型生物絮凝剂与聚合氯化铝复配强化混凝对余浊的去除

2）CBF 与 PAC 复配对色度去除的研究

水中色度是水质指标之一。规定 1 mg 铂/L 和 0.5 mg 钴/L 水中所具有的颜色为 1 度，作为标准色度单位。水中能产生色度的物质是水中溶解的或胶态的带有生色基团的有机物，如酚类、三氮、偶氮化合物，天然有机物，如腐殖酸、黄腐酸、鞣酸等，都会产生不同程度的色度。对于色度的去除，主要是通过对产生颜色的有机分子进行吸附去除或者通过破坏这些有机分子上的生色基团来实现。复配不同量的生物絮凝剂，经过混凝搅拌及静沉之后，取上清液测定其色度，测定结果如图 5-10 所示。

由图 5-10 可以看出，复合型生物絮凝剂与聚合氧化铝复配强化混凝对降低江水中的色度有显著作用，在 CBF 与 PAC 的投加量分别为 2 mg/L 和 50 mg/L 时，色度为 10 度，去除率达到所有处理的最高值 88.89%。但随着 CBF 的投加量继续增大，色度去除效果开始降低，当 CBF 投加量为 5 mg/L 及以上时，相应色度值比单独添加 PAC 还要大，说明过量生物絮凝剂引起色度残留。综合考虑处理效果与经济因素，确定 CBF 与 PAC 的投加量分别为 2 mg/L 和 30 mg/L。色度去除率83.33%，此时色度为 15 度，已经达到生活饮用水卫生标准（GB5749—2006）中对色度的要求。

3）CBF 与 PAC 复配对铝浓度残留的研究

原水铝离子浓度范围为 0.4007~0.6038 mg/L，如图 5-11 所示，铝的去除效果在复配使用两种药剂的实验中也得到明显加强。由于 CBF 的存在，遏制了由 PAC 引入水中的铝而导致的残余铝浓度升高的现象，在 CBF 与 PAC 的投加量分别

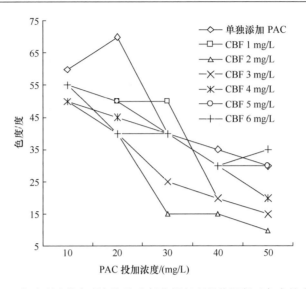

图 5-10　复合型生物絮凝剂与聚合氯化铝复配强化混凝对色度的去除

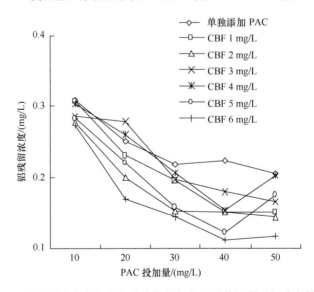

图 5-11　复合型生物絮凝剂与聚合氯化铝复配强化混凝对铝残留的影响

为 6 mg/L 和 40 mg/L 时，铝离子浓度仅为 0.1116 mg/L，去除率达到所有处理的最高值 75.82%。综合考虑处理效果与经济因素，确定 CBF 与 PAC 的投加量分别为 2 mg/L 和 30 mg/L，确定最佳复配比（质量比）为 CBF∶PAC=2∶30，铝离子去除率为 65.3%，此时铝离子浓度为 0.1536 mg/L，已经达到了新饮用水的标准。

4）CBF 与 PAC 复配对铁浓度残留的研究

原水铁离子浓度范围为 0.3077～0.4628 mg/L，由图 5-12 可以看出，复合添加 PAC，对去除铁离子有显著作用，在 CBF 与 PAC 的投加量分别为 2 mg/L 和 50 mg/L 时，铁离子浓度为 0.042 mg/L，去除率达到所有处理的最高值 89.46%。综合考虑处理效果与经济因素，确定 CBF 与 PAC 的投加量分别为 2 mg/L 和 30 mg/L。铁离子去除率为 74.25%，此时铁离子浓度为 0.1016 mg/L，已经达到了新饮用水 0.3 mg/L 的标准。

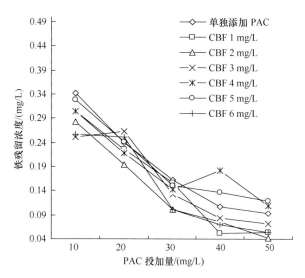

图 5-12　复合型生物絮凝剂与聚合氯化铝复配强化混凝对铁的去除

5）CBF 与 PAC 复配对 TOC 去除的研究

原水水质 TOC 浓度范围为 5.327～8.975 mg/L，结果如图 5-13 所示。添加 CBF 1～2 mg/L 与 PAC 复配对原水 TOC 去除效果较好，在 CBF 与 PAC 的投加量分别为 2 mg/L 和 50 mg/L 时，TOC 浓度为 2.082 mg/L，去除率达到所有处理的最高值 76.8%。但随着 CBF 的投加量继续增大，TOC 去除效果开始降低，在 CBF 投加量为 3 mg/L 时，TOC 去除效果比较好，但是与单独添加 PAC 对比，CBF 投加量与对应 PAC 复配对 TOC 去除效果并不理想。单独添加 PAC 50 mg/L 时，去除率为 59%，而投加 CBF 3 mg/L 与 PAC 50 mg/L 时，去除率为 58.14%。说明在投加 3 mg/L CBF 时，复配效果已经不理想。随着 CBF 投加量的继续增大，TOC 在出水中浓度也在增加。当添加 CBF 6 mg/L 时，TOC 的去除效果比较低，浓度高于单独添加 PAC 时所对应的 TOC 浓度，甚至高于江水原水的初始值，说明是絮凝剂本身的有机物残留造成的结果，但是复配低浓度的生物絮凝剂对 TOC 去除率增加仍然明显。综合考虑处理效果与经济因素，确定 CBF

与 PAC 的投加量分别为 2 mg/L 和 20 mg/L。TOC 去除率为 62.09%，此时 TOC 浓度为 3.402 mg/L。

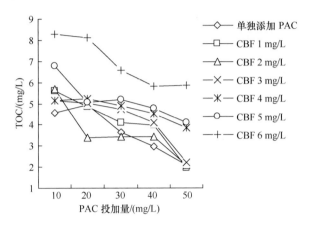

图 5-13　复合型生物絮凝剂与聚合氯化铝复配强化混凝对 TOC 的去除

6）CBF 与 PAC 复配对 UV$_{254}$ 去除的研究

紫外吸光度（UV$_{254}$）是 20 世纪 70 年代提出的评价水中有机污染物的指标，是衡量水中有机物指标的一项重要控制参数。日本已于 1978 年将 UV$_{254}$ 值列为水质监测的正式指标，欧洲也已将其作为水厂去除有机物效果的监测指标。国内外许多资料表明水中 UV$_{254}$ 值的大小和水中色度、TOC、DOC、COD 等具有一定的相关性，可间接反映水中有机物污染的程度。

原水水质 UV$_{254}$ 的范围为 0.15～0.242，如图 5-14 所示，添加 CBF 1～2 mg/L 对原水 UV$_{254}$ 去除效果较好，在 CBF 与 PAC 的投加量分别为 2 mg/L 和 20 mg/L 时，UV$_{254}$ 为 0.076，去除率达到所有处理的最高值 62.93%。但随着 CBF 的投加量继续增大，UV$_{254}$ 去除效果开始降低，当投加 CBF 为 4 mg/L 以上时，UV$_{254}$ 去除效果比较小，去除率低于单独添加 PAC 时所对应的实验去除率。甚至在各组复配 PAC 10 mg/L 和 20 mg/L 时，UV$_{254}$ 的值高于江水原水的初始值，说明是絮凝剂本身的有机物残留造成的结果。因此，确定 CBF 与 PAC 的投加量分别为 2 mg/L 和 20 mg/L。

2. 冬季低温期混凝强化效能的研究

1）CBF 与 PAC 复配对余浊去除的研究

一般天然水中均有一定余浊，产生余浊的原因主要是泥土中的某些物质溶于水中形成的胶状物、泥沙等悬浮颗粒及一些动植物的代谢产物等，新的饮用水标准对余浊已经有明确的要求，指标趋于严格。

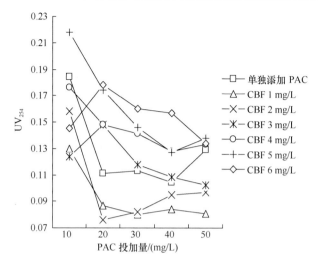

图 5-14　复合型生物絮凝剂与聚合氯化铝复配强化混凝对 UV_{254} 的去除

由图 5-15 可以看出，不同的复配组合投加量对水中余浊的去除率不同。当 PAC 投加量低时，絮凝现象不明显，矾花较小，出现较为明显的反混现象，余浊升高。当单独投加量加大后，余浊逐渐降低，但是容易出现絮体上浮现象，当投加 50 mg/L 时，余浊最低，为 3.96 NTU，去除率为 67.86%。应用 CBF 的混凝实验中添加 PAC，对余浊的去除率有显著提高，并且在达到相同处理效果时，CBF 与 PAC 的投加量均明显减少。而且复配结果好于单独添加 PAC 的结果，同时较好地避免了絮体上浮的现象。在 CBF 与 PAC 的投加量分别为 1 mg/L 和 50 mg/L 时，余浊为 2.52 NTU，去除率达到所有处理的最高值 79.55%。综合考虑处理效

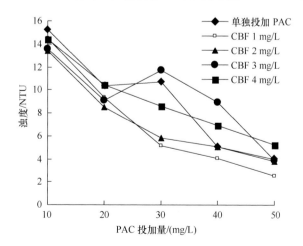

图 5-15　复合型生物絮凝剂与聚合氯化铝复配强化混凝对余浊的去除

果与经济因素，确定 CBF 与 PAC 的投加量分别为 1 mg/L 和 30 mg/L，余浊去除率为 58.36%。

2）CBF 与 PAC 复配对色度去除的研究

复配不同量的生物絮凝剂，经过网格反应及斜板沉淀之后，取出水样测定其色度，原水色度的平均为 100 度，测定结果如图 5-16 所示。由图已知，在 CBF 与 PAC 的投加量分别为 1 mg/L 和 40 mg/L 时，色度为 25 度，去除率达到所有处理的最高值 75.00%。但随着 CBF 的投加量继续增大，色度去除效果开始降低，当投加 CBF 为 5 mg/L 及以上时，相应色度值要比单独添加 PAC 还要大，说明过量生物絮凝剂引起色度残留的问题。综合考虑处理效果与经济因素，确定 CBF 与 PAC 的投加量分别为 1 mg/L 和 30 mg/L。色度去除率 70.00%，此时色度为 30 度，虽未达到生活饮用水卫生标准（GB 5749—2006）中对色度的要求，但是可以为后续工艺减轻处理负荷，提高出水效率。

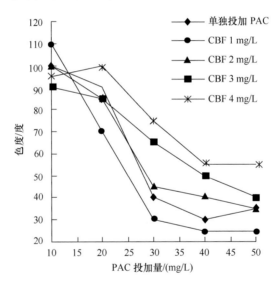

图 5-16　复合型生物絮凝剂与聚合氯化铝复配强化混凝对色度的去除

3）CBF 与 PAC 复配对铝浓度残留的研究

冬季铝残留一直是比较关注的问题，在低温时，铝的处理效果比较差，为了解决这一问题，本课题将 CBF 与 PAC 复配来解决处理江水中铝残留过大的问题，效果较好。如图 5-17 所示，铝的去除效果在复配使用两种药剂的实验中也得到明显加强，由于 CBF 的存在，遏制了由 PAC 引入水中的铝而导致的残余铝浓度升高的现象。单独投加 PAC 实验组表明，随着投加量的增加，铝浓度逐渐下降，但下降幅度较小，在投加量为 50 mg/L 时，铝离子浓度为 0.3549 mg/L，

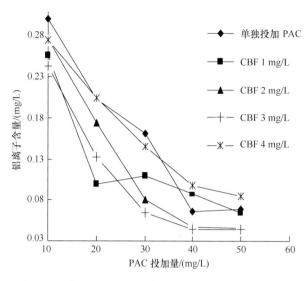

图 5-17　复合型生物絮凝剂与聚合氯化铝复配强化混凝对铝残留的影响

去除率仅为 35.49%。而在 CBF 与 PAC 的投加量分别为 1 mg/L 和 40 mg/L 时，铝离子浓度仅为 0.1548 mg/L，去除率达到所有处理的最高值 57.58%。综合考虑处理效果与经济因素，确定 CBF 与 PAC 的投加量分别为 2 mg/L 和 20 mg/L，此时铝离子去除率达到 45.68%，铝离子浓度为 0.1982 mg/L。已经达到了新饮用水 0.2 mg/L 的标准。

　　4）CBF 与 PAC 复配对铁浓度残留的研究

　　由图 5-18 可以看出，复合添加 PAC 对去除铁离子有显著作用，并没有出现

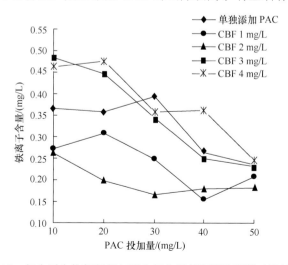

图 5-18　复合型生物絮凝剂与聚合氯化铝复配强化混凝对铁的去除

低温去除铁效率低的问题，在 CBF 与 PAC 的投加量分别为 3 mg/L 和 40 mg/L 时，铁离子浓度为 0.044 mg/L，去除率达到所有处理的最高值 87.05%。综合考虑处理效果与经济因素，确定 CBF 与 PAC 的投加量分别为 2 mg/L 和 30 mg/L。铁离子去除率 76.29%，此时铁离子浓度为 0.08 mg/L，达到了新饮用水 0.3 mg/L 的标准。

5）CBF 与 PAC 复配对 TOC 去除的研究

实验结果如图 5-19 所示。单独投加 PAC 时，随着投加量的增加，TOC 去除率也随之增大，当投加 PAC 为 50 mg/L 时，TOC 浓度为 3.45 mg/L，去除率为 33.78%。添加 CBF 1～2 mg/L 与 PAC 复配对原水 TOC 去除效果较好，虽然复配后投加 PAC 初期都略有增加，但是随着 PAC 投加量的增加，TOC 都有很好的去除效果，在 CBF 与 PAC 的投加量分别为 1 mg/L 和 50 mg/L 时，TOC 浓度为 3.289 mg/L，去除率达到复配处理组的最高值 36.87%。但随着 CBF 的投加量继续增加，TOC 去除效果开始降低，TOC 在出水中浓度也在增加。当添加 CBF 4 mg/L 时，该处理组 TOC 浓度普遍高于原水浓度，说明絮凝剂本身的有机物残留造成的结果，但是复配低浓度的生物絮凝剂对 TOC 去除率效果明显。综合考虑处理效果与经济因素，确定 CBF 与 PAC 的投加量分别为 1 mg/L 和 30 mg/L。TOC 去除率为 32.61%，此时 TOC 浓度为 3.511 mg/L。

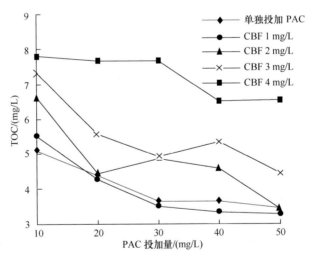

图 5-19 复合型生物絮凝剂与聚合氯化铝复配强化混凝对 TOC 的去除

6）CBF 与 PAC 复配对 UV_{254} 去除的研究

原水 UV_{254} 的平均值为 0.227，由图 5-20 可见，复合型生物絮凝剂复配 PAC，更有利于 UV_{254} 的去除。添加 CBF 1～2 mg/L 对 PAC 对原水 UV_{254} 的去除效果较好，对应该组最佳处理率都在 45% 以上，在 CBF 与 PAC 的投加量分别为 1 mg/L

和 50 mg/L 时，UV$_{254}$ 为 0.112，去除率达到所有处理的最高值 50.66%。但随着 CBF 的投加量继续增大，UV$_{254}$ 去除效果开始降低，当投加 CBF 为 3～4 mg/L 时，UV$_{254}$ 去除效果比较小，去除率低于单独添加 PAC 时所对应的实验去除率。复配 CBF 为 3 mg/L 和 4 mg/L 两实验组添加 PAC 10～30 mg/L 时，UV$_{254}$ 的值高于江水原水的初始值，说明是絮凝剂本身的有机物残留造成的结果。因此，综合考虑处理效果与经济因素，确定 CBF 与 PAC 的投加量分别为 1 mg/L 和 30 mg/L，UV$_{254}$ 去除率为 42.73%，此时 UV$_{254}$ 为 0.13。

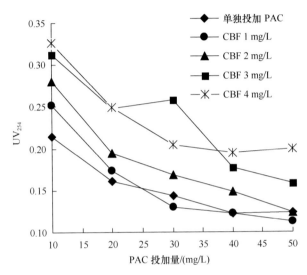

图 5-20　复合型生物絮凝剂与聚合氯化铝复配强化混凝对 UV$_{254}$ 的去除

3. 夏季高温期混凝强化效能的研究

1）CBF 与 PAC 复配对余浊去除的研究

一般天然水中均有一定余浊，产生余浊的原因主要是泥土中的某些物质溶于水中形成的胶状物、泥沙等悬浮颗粒及一些动植物的代谢产物等，夏季余浊及其他污染指标比其他时期污染物指标高很多。

由图 5-21 可以看出，不同的复配组合投加量对水中余浊的去除率不同。在 PAC 投加量低时，当单独投加量加大后，余浊逐渐降低，当投加 PAC 50 mg/L 时，余浊最低，为 4.00 NTU，去除率为 91.11%。CBF 的混凝实验中添加 PAC，对余浊的去除率有显著提高，两者具有协同作用，复配结果好于单独添加 PAC 的结果。在 CBF 与 PAC 的投加量分别为 2 mg/L 和 50 mg/L 时，余浊为 2.50 NTU，去除率达到所有处理的最高值 96.20%。综合考虑处理效果与经济因素，确定 CBF 与 PAC 的投加量分别为 2 mg/L 和 30 mg/L，余浊去除率为 95.05%。

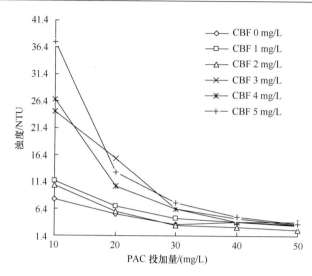

图 5-21　复合型生物絮凝剂与聚合氯化铝复配强化混凝对余浊的去除

2）CBF 与 PAC 复配对色度去除的研究

原水色度为 220～440，测定结果如图 5-22 所示。在 CBF 与 PAC 的投加量分别为 1 mg/L 和 50 mg/L 时，色度为 15 度，去除率达到所有处理的最高值 96.05%。但随着 CBF 的投加量继续增大，色度去除效果开始降低，当投加 CBF 为 4 mg/L 及以上时，相应色度值比单独添加 PAC 时还要大，说明过量生物絮凝剂引起色度残留的问题。综合考虑处理效果与经济因素，确定 CBF 与 PAC 的投加量分别为 2 mg/L 和 30 mg/L。色度去除率 90.79%，此时色度为 35 度。

3）CBF 与 PAC 复配对铝浓度残留的研究

夏季江水原水铝浓度比较高，浓度为 1.174～2.69 mg/L，铝残留一直是比较关注的问题。如图 5-23 所示，铝的去除效果在复配使用两种药剂的实验中也得到明显加强，CBF 的存在遏制了由 PAC 引入水中的铝，从而导致了残余铝浓度升高的现象。单独投加 PAC 实验组表明，随着投加量的增大，铝浓度逐渐下降，但下降幅度较小，在投加量为 50 mg/L 时，铝离子浓度为 0.35 mg/L，去除率仅为 70.19%。而在 CBF 与 PAC 的投加量分别为 1 mg/L 和 40 mg/L 时，铝离子浓度为 0.3113 mg/L，去除率达到所有处理的最高值 88.42%。综合考虑处理效果与经济因素，确定 CBF 与 PAC 的投加量分别为 2 mg/L 和 20 mg/L，此时，铝离子去除率达到 85.66%，铝离子浓度为 0.376 mg/L。

4）CBF 与 PAC 复配对铁浓度残留的研究

由图 5-24 可以看出，复配后对去除铁离子有显著作用，在 CBF 与 PAC 的投加量分别为 2 mg/L 和 50 mg/L 时，铁离子浓度为 0.050 mg/L，去除率达到所有处

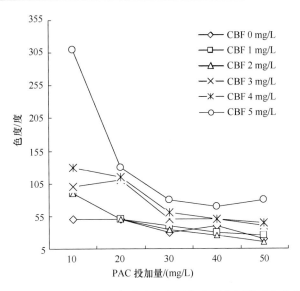

图 5-22 复合型生物絮凝剂与聚合氯化铝复配强化混凝对色度的去除

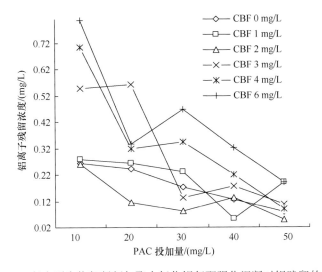

图 5-23 复合型生物絮凝剂与聚合氯化铝复配强化混凝对铝残留的影响

理的最高值 97.15%。综合考虑处理效果与经济因素，确定 CBF 与 PAC 的投加量分别为 2 mg/L 和 20 mg/L。铁离子去除率 93.50%，此时，铁离子浓度为 0.114 mg/L，达到了新饮用水 0.3 mg/L 的标准。

5）CBF 与 PAC 复配对 TOC 去除的研究

实验结果如图 5-25 所示。单独投加 PAC 时，随着投加量的增加，TOC 去除率也随之增大，当投加 PAC 为 40 mg/L 时，TOC 浓度为 1.586 mg/L，去除率为

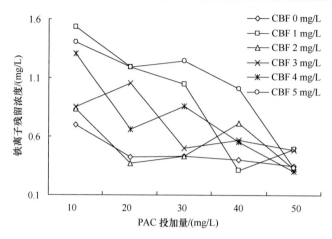

图 5-24 复合型生物絮凝剂与聚合氯化铝复配强化混凝对铁的去除

61.87%。添加 CBF 1～2 mg/L 与 PAC 复配对原水 TOC 的去除效果较好，在 CBF 与 PAC 的投加量分别为 1 mg/L 和 50 mg/L 时，TOC 浓度为 2.273 mg/L，去除率达到复配处理组的最高值 55.77%。但随着 CBF 的投加量继续增大，TOC 去除效果开始降低，TOC 在出水中浓度也在增加。当添加 CBF 5 mg/L 时，该处理组 TOC 浓度普遍高于原水浓度，说明是絮凝剂本身的有机物残留造成的结果，但是复配低浓度的生物絮凝剂对 TOC 的去除率效果明显。综合考虑处理效果与经济因素，确定 CBF 与 PAC 的投加量分别为 1 mg/L 和 20 mg/L，TOC 去除率为 41.64%，此时 TOC 浓度为 2.999 mg/L。

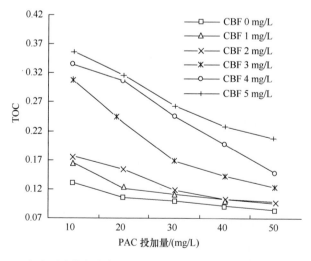

图 5-25 复合型生物絮凝剂与聚合氯化铝复配强化混凝对 TOC 的去除

6）CBF 与 PAC 复配对 UV_{254} 去除的研究

夏季原水 UV_{254} 值为一年中最高，平均为 0.487，如图 5-26 所示，复合型生物絮凝剂复配 PAC，更有利于 UV_{254} 的去除。添加 CBF 1～4 mg/L 对 PAC 对原水 UV_{254} 去除效果较好，对应该组最佳处理率都在 70%以上，在 CBF 与 PAC 的投加量分别为 1 mg/L 和 50 mg/L 时，UV_{254} 为 0.099，去除率达到所有处理的最高值 79.55%。但随着 CBF 的投加量继续增大，UV_{254} 去除效果逐渐降低，当投加 CBF 为 5 mg/L 时，UV_{254} 去除效果比较小，去除率低于单独添加 PAC 时所对应的实验去除率。说明是絮凝剂本身的有机物残留对 UV_{254} 去除率造成了一定影响。因此，综合考虑处理效果与经济因素，确定 CBF 与 PAC 的投加量分别为 1 mg/L 和 20 mg/L，UV_{254} 去除率 75.00%，此时 UV_{254} 为 0.121。

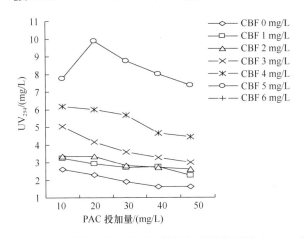

图 5-26　复合型生物絮凝剂与聚合氯化铝复配强化混凝对 UV_{254} 的去除

5.3　生物复合絮凝剂示范工程应用

本示范工程总处理水量 20 000 m^3/d，以哈尔滨段上游松花江水源水作为原水，重点研究以生物复合絮凝剂为新型絮凝剂的强化混凝为核心的除浊、除铝等污染指标的技术；通过对松花江水源水进行混凝沉淀、过滤等常规工艺投加生物复合絮凝剂进行强化混凝实验，实现对松花江水的高效除浊、脱色，去除铝铁，污水的余浊去除率可达 85%以上；其他指标去除率也比较高，通过强化混凝，可实现余浊等指标的有效去除，特别针对低温地浊水铝残留容易超标的问题有了明显改善，经过生物复合絮凝剂强化混凝后出水为后续工艺处理减少负荷，提高出水水质，能够满足人民对健康饮用水的要求。

本示范工程位于哈尔滨供排水集团第三制水厂绍和车间内，在原有处理工艺上进行改造，新建生物复合絮凝剂投药设备，工程于 2012 年初启动建设，2012 年 4 月建成运行，该工艺水处理后水为哈尔滨"三沟"清水水源水，同时为哈尔滨市区饮用水备用水。本处理工艺对春秋转换期、夏季高温高浊期及低温低浊期不同时期的水质进行了处理，处理效果与原来处理技术相比得到了明显改善。图 5-27 为示范工程工艺流程图，图 5-28 为示范工程现场照片。

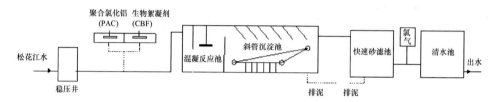

图 5-27　20 000 m³/d 地表水源水强化混凝处理工程工艺流程简图

本示范工程处理水源水的净化效果见表 5-2。

表 5-2（a）　示范工程春秋转换期水质处理效果

水质指标	进水	常规工艺斜板沉淀池出水	强化混凝后斜板沉淀池出水
温度/℃	15.3±3.0	15.4±3.0	15.4±3.0
pH	6.5～7.5	6.5～7.5	6.5～7.5
COD_{Mn}/（mg/L）	9.28±0.6	≤5.01	≤4.82
色度/度	200±20	≤55	≤30
余浊/NTU	25.2±2.5	≤3.0	≤2.5
Al/（mg/L）	0.43±0.05	≤0.153	≤0.124

表 5-2（b）　示范工程低温低浊期水质处理效果

水质指标	进水	常规工艺斜板沉淀池出水	强化混凝斜板沉淀池出水
温度/℃	1.0±0.5	1.1±0.5	1.1±0.5
pH	6.5～7.5	6.5～7.5	6.5～7.5
COD_{Mn}/（mg/L）	8.91±1.5	≤4.55	≤4.65
色度/度	100±10	≤50	≤30
余浊/NTU	10.3±1.5	≤3	≤2.2
Al/（mg/L）	0.31±0.05	≤0.184	≤0.162

表 5-2（c）　示范工程高温高浊期水质处理效果

水质指标	进水	常规工艺斜板沉淀池出水	强化混凝后斜板沉淀池出水
温度/℃	25.4±3	25.2±3	25.3±3
pH	6.5～7.5	6.5～7.5	6.5～7.5
COD_{Mn}/（mg/L）	8.87±1.23	≤4.75	≤4.85
色度/度	250±30	≤60	≤40
余浊/NTU	68.5±10	≤4.2	≤3.5
Al/（mg/L）	0.815±0.15	≤0.23	≤0.19

(a) 生物复合絮凝剂自动投药设备

(b) 绍和车间斜管沉淀池

(c) 绍和车间大门掠影

(d) 水厂工程师现场指导工艺调试

(e) 实验人员查看混凝反应设备运行情况

(f) 实验人员查看斜管沉淀池情况

图 5-28　示范工程现场

经过对水源水不同季节及水质的强化混凝处理，处理效果较为理想，达到了课题组设置的目标，生物复合絮凝剂强化混凝处理典型季节地表水源水的出水水质与常规工艺处理水质相对比，各项指标处理效果均好于常规工艺出水指标，并大幅降低了后续设备处理负荷及处理成本。

　　相比传统铝盐混凝工艺处理效果好，特别是余浊及残留铝，去除率分别提高了 20.5%、10.09%。同时节约铝盐使用成本近 30%，总体运行成本大幅降低。本工艺污泥排放量少，适用于不同水体水质，本示范工程的正式投产对北方地区水源水处理具有重要的借鉴及指导意义。

参 考 文 献

布坎南 R E, 吉本斯 N E. 1984. 伯杰氏细菌鉴定手册. 8 版. 北京: 科学出版社.

曹建平, 张平, 戴友芝, 等. 2004. 生物絮凝强化一级处理城市污水的实验研究. 湘潭大学自然科学学报, 26(3): 83-86.

常青. 2005. 水处理絮凝学. 北京: 化学工业出版社, 1- 234.

陈欢, 张建法, 蒋鹏举, 等. 2002. 微生物絮凝剂 SC06 的化学组成和特性. 环境化学, 21(4): 360-364.

陈烨, 陈勤怡, 连宾. 2004. 啤酒厂废水的生物处理. 食品科学, 25(10): 148-150.

陈宗洪. 1984. 胶体化学. 北京: 高等教育出版社.

成文, 胡勇有. 2004a. 4 种微生物絮凝剂的相对分子量及化学组成. 环境化学, 23(2): 227-228.

成文, 胡勇有. 2004b. 4 种微生物絮凝剂特性的研究. 精细化工, 21(2): 141-143.

成文, 黄晓武, 胡勇有, 等. 2003. 微生物絮凝剂的研究与应用. 华南师范大学学报(自然科学版), (4): 127-134

成文, 黄晓武, 胡勇有. 2006. 影响微生物絮凝剂产生的因素研究. 华南师范大学学报(自然科学版), (3): 81-86

崔建升, 郭玉凤, 耿艳楼. 2004. 微生物絮凝剂处理含油废水. 城市环境与城市生态, 17(3): 33-34.

崔子文, 郝红英. 1999. 水处理中絮凝剂的研究应用现状. 山西化工, 19(1): 58-61.

邓述波, 余刚, 蒋展鹏, 等. 2001. 微生物絮凝剂 MBFA9 的絮凝机理研究. 水处理技术, 27(1): 22-25.

董军芳, 林金清, 曾颖, 等. 2002. 微生物/硫酸铝复合絮凝剂在自来水原水中的应用. 应用化工, 31(2): 35-38.

董双石, 王爱杰, 任南琪, 等. 2004. 提高复合型产絮菌 F2-F6 产絮能力的驯化方法. 生物加工过程, 2(3): 37-39.

甘莉, 孟召平. 2006. 微生物絮凝剂的研究进展. 水处理技术, 32(4): 5-9.

宫小燕, 王曙光, 栾兆坤, 等. 2003. 微生物絮凝剂产生菌的筛选和优化以及在水处理中的应用. 应用与环境生物学报, 9(2): 196-199.

郭雅妮, 李海红, 念宁. 2004. 酵母菌处理味精废水的研究. 陕西师范大学学报(自然科学版), 32(2): 68-70.

何宁, 李寅, 陈坚, 等. 2002. 一种新型蛋白聚糖类生物絮凝剂的分离纯化及组成分析. 化工学报, 53(6): 1022-1027.

胡勇有, 高宝玉. 2006. 微生物絮凝剂. 北京: 化学工业出版社.

胡勇有, 于琪. 2014. 利用酵母废水和啤酒废水生产的微生物絮凝剂及方法: 中国专利, 201210258988.2.

黄民生, 孙萍, 朱莉. 2000. 微生物絮凝剂的研制及其絮凝条件. 环境科学, 21(1)1: 23-26.

黄晓武, 成文, 胡勇有, 等. 2004. 微生物絮凝剂处理建材废水研究. 工业用水与废水, 35(3): 25-27.

黄晓武, 胡勇有, 蒲跃武. 2002. 微生物絮凝剂产生菌的筛选和特性研究. 工业用水与废水, 33(3): 5-7.

姜红波. 2010, 有机高分子絮凝剂的研究进展. 应用化工, 39(12): 1911-1913.

康建雄, 孟少魁, 吴磊. 2005. 生物絮凝剂普鲁兰的发酵动力学模型研究. 哈尔滨工业大学学报, 37(10): 1370-1372.

雷川华, 吴运卿. 2007. 我国水资源现状、问题与对策研究. 节水灌溉, 4: 41-43.

雷志斌, 胡勇有, 于琪. 2012. 复合生物絮凝剂 CBF-1 的制备及其絮凝特性. 环境科学学报, 32(12): 2905-2911.

李大鹏. 2006. 复合型生物絮凝剂产生菌的复壮与絮凝成分表征. 哈尔滨: 哈尔滨工业大学硕士学位论文.

李大鹏. 2010. 以秸秆和谷氨酸废液制取生物絮凝剂及其净水效能研究. 哈尔滨: 哈尔滨工业大学博士学位论文.

李桂娇, 尹华, 彭辉. 2003. 微生物絮凝剂在污水处理中的应用研究. 中国给水排水, 19(13): 60-63.

李雨虹, 梁达奉, 常国炜, 等. 2014. 微生物絮凝剂研究进展. 甘蔗糖业, 5: 51-56.

李智良, 张本兰, 裴健. 1997. 微生物絮凝剂产生菌的筛选及相关废水絮凝效果试验. 应用与环境微生物学报, 3(1): 67-70.

林俊岳, 庞金钊, 杨宗政. 2004. 高浓度洗毛废水的生物絮凝处理工艺研究. 环境污染治理技术与设备, 5(2): 60-62.

林文銮, 黄惠莉, 李天仁, 等. 2001. 微生物絮凝剂的制备及其对净化水的研究. 福建化工, 32(2): 50-53.

陆茂林, 施大林, 王蕾, 等. 1997. 微生物絮凝剂的制备及絮凝条件的研究. 食品与发酵工业, 23(3): 26-28.

吕向红. 1995. 微生物絮凝剂. 化工环保, 15(4): 211-218.

罗海龙. 2012. 微生物絮凝剂的研究及在水处理领域的应用. 广东化工, 39(2): 107-108.

马放, 刘俊良, 李淑更, 等. 2003. 复合型微生物絮凝剂的开发. 中国给水排水, 19(4): 1-4.

马放, 邢洁, 杨基先, 等. 2012. 一株高效生物絮凝剂产生菌及其筛选方法以及在处理磺胺甲恶唑中的应用: 中国专利, 201210337053.3.

马放, 杨基先, 魏利. 2010. 环境微生物图谱. 北京: 中国环境科学出版社.

满悦之, 庄源益, 辛宝平, 等. 2003. 染料生物吸附影响因素与解吸条件研究. 化工环保, 23(4): 187-190.

苗庆显, 高立芹, 秦梦华. 2006. 水处理有机絮凝剂的研究进展. 工业水处理, 26(10):14-17.

苏峰, 张家祥, 杨丽萍, 等. 2010. 微生物絮凝剂的研究进展. 山东食品发酵, (4): 3-6.

汤鸿霄. 1998. 羟基聚合氯化铝的絮凝形态学. 环境科学学报, 18(1): 1-10.

佟瑞利, 赵娜娜, 刘成蹊, 等. 2007. 无机、有机高分子絮凝剂絮凝机理及进展. 河北化工, 230(3): 3-6.

王春丽, 张鹏, 李云, 等. 2007. 微生物絮凝剂的研究进展. 环境科学与管理, 32(10): 114-117.

王金娜. 2014. 产絮菌 Agrobacterium tumefaciens F2 利用混合碳源半连续发酵制备生物絮凝剂. 哈尔滨: 哈尔滨工业大学博士学位论文.

王萍, 常青. 1993. 新型有机高分子絮凝剂对印染废水的处理. 工业水处理, 13(5): 20-22.

王曙光, 刘贤伟, 高宝玉, 等. 2006. 利用酱油酿造废水生产微生物絮凝剂及其性能研究. 应用与环境生物学报, 12(4): 574-576.

王薇. 2009. 产絮菌合成生物絮凝剂特性及絮凝成分解析. 哈尔滨: 哈尔滨工业大学博士学位论文.

王卫平, 朱凤香, 陈晓旸, 等. 2009. 微生物絮凝剂的研究进展及其应用前景. 安徽农学通报, 15(19): 45-48.

王镇, 王孔星, 谢裕敏, 等. 1995. 几株絮凝剂产生菌的特性研究. 微生物学报, 35(2): 121-127.

吴丹. 2012. 高效生物絮凝剂产生菌的特性及发酵过程的优化. 哈尔滨: 哈尔滨工业大学硕士学位论文.

夏元东, 周立繁, 武鹏崑. 2002. 制药废水絮凝过滤预处理试验研究. 青岛建筑工程学院学报, 23(4): 47-51.

肖锦, 周勤. 2005. 天然高分子絮凝剂. 北京: 化学工业出版社.

辛宝平, 庄源益, 胡国臣, 等. 1999. 菌株 NKS-3 对溴氨酸脱色特性探讨. 城市环境与城市生态, 12(5): 1-3.

杨翠香, 陈婉蓉. 1998, MTT 法检侧丙烯酰胺对神经细胞的毒性作用. 上海铁道大学学报, 19 (1, 2) : 8-10.

杨桂生, 尹华, 彭辉, 等. 2004. 微生物絮凝剂的研制及其对余浊去除的研究. 环境科学与技术, 27(2): 10-12.

杨正亮, 郑雪斌, 冯贵颖. 2007. 微生物絮凝剂的研究进展. 安徽农业科学, 35(24): 7593-7594.

尹华, 彭辉, 贾宗剑, 等. 2000. 微生物絮凝剂产生菌的筛选及其絮凝除浊性能. 城市环境与城市生态, 13(1): 8-10.

于琪, 胡勇有, 雷志斌. 2013. 改性壳聚糖 CAD 与微生物絮凝剂 MBF8 复配絮凝研究. 环境科学学报, 33(11): 2999-3006.

于琪, 雷志斌, 胡勇有. 2013. 复合生物絮凝剂 CBF-1 的絮凝作用机理研究. 环境科学学报, 33(7): 1855-1861.

张本兰. 1996. 新型高效、无毒水处理剂-微生物絮凝剂的开发与应用. 工业水处理, 16(1): 7-8.

张沫. 2006. 高效微生物絮凝菌的筛选及其特性研究. 哈尔滨: 哈尔滨工业大学硕士学位论文.

章承林, 李万德. 2004. 微生物絮凝剂发展概况. 湖北生态工程职业技术学院院刊, (1): 55-57.

赵艳, 李风亭. 2005. 天然淀粉改性絮凝剂研究与应用概况. 水处理技术, 31(12): 1-4.

郑怀礼, 刘克万. 2004. 无机高分子复合絮凝剂的研究进展及发展趋势. 水处理技术, 30(6): 315-319.

周群英, 高廷耀, 等. 2000. 环境工程微生物学. 2 版. 北京: 高等教育出版社.

周旭, 王竟, 周集体, 等. 2003. 利用废弃物生产生物絮凝剂研究. 化工装备技术, 24(4): 48-51.

朱艳彬. 2006. 复合型生物絮凝剂产絮菌特性、理化性质及絮凝过程解析. 哈尔滨: 哈尔滨工业大学博士学位论文.

朱艳彬, 冯旻, 杨基先, 等. 2004. 复合型生物絮凝剂产生菌筛选及絮凝机理研究. 哈尔滨工业大学学报, 36(6): 759-762.

庄源益, 戴树桂, 李彤, 等. 1997. 生物絮凝剂对水中染料絮凝效果探讨. 水处理技术, (6):

349-353.

Bassi R, Prasher S O, Simpson B K. 2000. Removal of selected metal ions from aqueous solutions usingchitosan flakes. Separation Science and Technology, 35 (4): 547-560.

Bo X W, Gao B Y, Peng N N, et al. 2011. Coagulation performance and floc properties of compound bioflocculant- aluminum sulfate dual-coagulant in treating kaolin-humic acid solution. Chemical Engineering Journal, 173: 400-406.

Bo X W, Gao B, Peng N, et al. 2012. Effect of dosing sequence and solution pH on floc properties of the compound bioflocculant-aluminum sulfate dual-coagulant in kaolin-humic acid solution treatment. Bioresource Technology, 113: 89-96.

Deng S B, Bai R B, Hu X M, et al. 2003. Characteristics of a bioflocculant produced by *Bacillus mucilaginosus* and its use in starch wastewater treatment. Applied Microbiology and Biotechnology, 60(5): 588-593.

GB 15193.3—2014. 2014. 急性毒性试验. 北京: 中国标准出版社.

GB 18918—2002. 2002. 城镇污水处理厂污染物排放标准. 北京: 中国标准出版社.

GB 5749—2006. 2006. 生活饮用水卫生标准. 北京: 中国标准出版社.

GB 8978—1996. 1996. 污水综合排放标准. 北京: 中国标准出版社.

GB/T 15441—1995. 1995. 水质 急性毒性的测定 发光细菌法. 北京: 中国标准出版社.

GB/T 21805—2008. 2008. 化学品 藻类生长抑制试验. 北京: 中国标准出版社.

Huang X, Hu Y. 2010. Production of a novel bioflocculant by culture of Penicillium purpurogenum HHE-P7 using confectionery wastewater. 4th International Conference on Bioinformatics and Biomedical Engineering, 1-4.

Kurane R, Toeda K, Takeda K, et al. 1986. Culture conditions for production of microbial flocculant by *Rhodococcus erythropolis*. Agricultural and Biological Chemistry, 50(9): 2309-2313.

Kurane R, Tomizuka N. 1992. Towards new-biomaterial produced by microorganism-bioflocculant and bioabsorbent. Nippon Kagaku Kaishi, (5): 453-463.

Li A, Geng J, Cui D, et al. 2011. Genome sequence of *Agrobacterium tumefaciens* strain F2, a bioflocculant-producing bacterium. Journal of Bacteriology, 193(19): 5531-5531.

Li Z, Zhong S, Lei H Y. 2009. Production of a novel bioflocculant by Bacillus licheniformis X14 and its application to low temperature drinking water treatment. Bioresource Technology, 100(14): 3650-3656.

Lin J L, Huang C, Chin C J M. 2008. Coagulation dynamics of fractal flocs induced by enmeshment and electrostatic patch mechanisms. Water Research, (42): 4457-4466.

Ma H, Zhu Z, Dong L, et al. 2010. Removal of arsenate from aqueous solution by manganese and iron (hydr) oxides coated resin. Separation Science and Technology, 46(1): 130-136.

Muzzarelli R A A, Ilari P, 1994. Chitosans carrying the methoxyphenyl functions typical of lignin. Carbohydrate Polymers, 23(3):155-160.

Nakamura J, Miyashiro S, Hirose Y. 1976a. Conditions for production of microbial cell flocculant by *Aspergillus sojae* AJ7002. Agricultural and Biological Chemistry, 40(7): 1341-1347.

Nakamura J, Miyashiro S, Hirose Y. 1976b. Screening, isolation, and some properties of microbial cell flocculants. Agricultural and Biological Chemistry, 40(2): 377-383.

Ni F, Peng X, He J, et al. 2012. Preparation and characterization of composite bioflocculants in comparison with dual-coagulants for the treatment of kaolin suspension. Chemical Engineering Journal, 213: 195-202.

Salehizadeh H, Shojaosadati S A. 2001. Extracellular biopolymeric flocculants: Recent trends and biotechnological importance. Biotechnology Advances, 19(5): 371-385.

Salehizadeh H, Vossoughi M, Alemzadeh I. 2000. Some investigations on bioflocculant producing bacteria. Biochemical Engineering Journal, 5(1): 39-44.

Shih I L, Van Y T, Yeh L C, et al. 2001. Production of a biopolymer flocculant from *Bacillus licheniformis* and its flocculation properties. Bioresource Technology, 78(3): 267-272.

Subbiah R M, Sastry C A, Agamuthu P. 2000. Removal of zinc from rubber thread manufacturing industry wastewater using chemical precipitant/flocculant. Environmental Progress, 19(4): 299-304.

Suh H H, Kwon G S, Lee C H, et al. 1997. Characterization of bioflocculant produced by *Bacillus* sp. DP-152. Journal of Fermentation and Bioengineering, 84(2): 108-112.

Takagi H, Kadowaki K. 1985. Flocculant production by *Paecilomyces* sp. Taxonomic studies and culture Conditions for production. Agricultural and Biological Chemistry, 49(11): 3151-3157.

Toeda K. 1991. Microflocculant from alcaligenes cupids KT201. Agricultural Boilogy and Chemistry, 55(11): 2793-2799.

Unz R F, Farrah S R. 1976. Exopolymer production and flocculation by *zoogloea* MP6. Applied and Environmental Microbiology, 31(4): 623-626.

Wang A, Gao L, Ren N, et al. 2010. Enrichment strategy to select functional consortium from mixed cultures: consortium from rumen liquor for simultaneous cellulose degradation and hydrogen production. International Journal of Hydrogen Energy, 35(24): 13413-13418.

Wang J N, Li A, Yang J X, et al. 2013a. Mycelial pellet as the biomass carrier for semi-continuous production of bioflocculant. RSC Advances, 3(40): 18414-18423.

Wang J P, Chen Y Z, Zhang S J. 2008. A chitosan-based flocculant prepared with gamma-irradiation-induced grafting. Bioresource Technology, (99): 3397-3402.

Wang L, Ma F, Qu Y, et al. 2011. Characterization of a compound bioflocculant produced by mixed culture of *Rhizobium radiobacter* F2 and *Bacillus sphaeicus* F6. World Journal of Microbiology and Biotechnology, 27(11): 2559-2565.

Wang L, Yang J, Chen Z, et al. 2013b. Biosorption of Pb (II) and Zn (II) by extracellular polymeric substance (Eps) of Rhizobium Radiobacter: Equilibrium, kinetics and reuse studies. Archives of Environmental Protection, 39(2): 129-140.

Watanabe M, Suzuki Y, Sasaki K, et al. 1999. Flocculating property of extracellular polymeric substance derived from a marine photosynthetic bacterium, *Rhodovulum* sp. Journal of Bioscience and Bioengineering, 87(5): 625-629.

Xing J, Yang J X, Li A, et al. 2013. Removal efficiency and mechanism of sulfamethoxazole in aqueous solution by bioflocculant MFX. Journal of Analytical Methods in Chemistry, (3-4): 1-8.

Yu B, Ma F, Qi P S, et al. 2010a. Identification of one polysaccharide gene and analysis of differentially expressed proteins from bioflocculant producing strain of F2. Advanced Materials Research, 113: 305-310.

Yu B, Ma F, Qi P S, et al. 2010b. The research on proteomic changes in two bioflocculant producing bacteria when grown in minimal media versus bioflocculant media. 4rd International Conference on Bioinformatics and Biomedical Engineering, 1-3.

Zhang Q Q, Yang B X, Sun R, et al. 2012. A near-infrared phenoxazinium-based fluorescent probe for zinc ions and its imaging in living cell. Sensors and Actuators B: Chemical, 171: 1001-1006.

Zhao S, Gao B, Li X, et al. 2012a. Influence of using Enteromorpha extract as a coagulant aid on coagulation behavior and floc characteristics of traditional coagulant in Yellow River water treatment. Chemical Engineering Journal, 200: 569-576.

Zhao Y X, Gao B Y, Cao B C, et al. 2011a. Comparison of coagulation behavior and floc characteristics of titanium tetrachloride (TiCl₄) and polyaluminum chloride (PACl) with surface water treatment. Chemical Engineering Journal, 166(2): 544-550.

Zhao Y X, Gao B Y, Qi Q B, et al. 2013a. Cationic polyacrylamide as coagulant aid with titanium tetrachloride for low molecule organic matter removal. Journal of Hazardous Materials, 258: 84-92.

Zhao Y X, Gao B Y, Rong H Y, et al. 2011f. The impacts of coagulant aid- polydimethyldiallylammonium chloride on coagulation performances and floc characteristics in humic acid-kaolin synthetic water treatment with titanium tetrachloride. Chemical Engineering Journal, 173(2): 376-384.

Zhao Y X, Gao B Y, Shon H K, et al. 2011b. Floc characteristics of titanium tetrachloride (TiCl₄) compared with aluminum and iron salts in humic acid-kaolin synthetic water treatment. Separation and Purification Technology, 81(3): 332-338.

Zhao Y X, Gao B Y, Shon H K, et al. 2011c. Effect of shear force, solution pH and breakage period on characteristics of flocs formed by Titanium tetrachloride(TiCl₄)and Polyaluminum chloride (PACl) with surface water treatment. Journal of Hazardous Materials, 187(1): 495-501.

Zhao Y X, Gao B Y, Shon H K, et al. 2011d. Coagulation characteristics of titanium (Ti) salt coagulant compared with aluminum (Al) and iron (Fe) salts. Journal of Hazardous Materials, 185(2): 1536-1542.

Zhao Y X, Gao B Y, Shon H K, et al. 2011e. The effect of second coagulant dose on the regrowth of flocs formed by charge neutralization and sweep coagulation using titanium tetrachloride (TiCl₄). Journal of Hazardous Materials, 198: 70-77.

Zhao Y X, Gao B Y, Shon H K, et al. 2012b. Anionic polymer compound bioflocculant as a coagulant aid with aluminum sulfate and titanium tetrachloride. Bioresource Technology, 108: 45-54.

Zhao Y X, Gao B Y, Shon H K, et al. 2013b. Characterization of coagulation behavior of titanium tetrachloride coagulant for high and low molecule weight natural organic matter removal: The effect of second dosing. Chemical Engineering Journal, 228: 516-525.

Zhao Y X, Gao B Y, Wang Y, et al. 2012c. Coagulation performance and floc characteristics with polyaluminum chloride using sodium alginate as coagulant aid: A preliminary assessment. Chemical Engineering Journal, 183: 387-394.

Zhao Y X, Gao B Y, Zhang G Z, et al. 2013c. Comparative study of floc characteristics with titanium tetrachloride against conventional coagulants: Effect of coagulant dose, solution pH, shear force and break-up period. Chemical Engineering Journal, 233: 70-79.

Zhao Y X, Gao B Y, Zhang G Z, et al. 2014b. Coagulation by titanium tetrachloride for fulvic acid removal: Factors influencing coagulation efficiency and floc characteristics. Desalination, 335(1): 70-77.

Zhao Y X, Gao B Y, Zhang G Z, et al. 2014c. Coagulation and sludge recovery using titanium tetrachloride as coagulant for real water treatment: A comparison against traditional aluminum and iron salts. Separation and Purification Technology, 130: 19-27.

Zhao Y X, Phuntsho S, Gao B Y, et al. 2015. Comparison of a novel polytitanium chloride coagulant with polyaluminium chloride: Coagulation performance and floc characteristics. Journal of Environmental Management, 147: 194-202.

Zhao Y X, Shon H K, Phuntsho S, et al. 2014a. Removal of natural organic matter by titanium tetrachloride: The effect of total hardness and ionic strength. Journal of Environmental Management, 134: 20-29.